中国当代
青年建筑师 X

下册

CHINESE CONTEMPORARY YOUNG ARCHITECTS X

何建国 主编

图书在版编目（CIP）数据

中国当代青年建筑师. X. 下册 / 何建国主编. --
天津 : 天津大学出版社, 2022.1
ISBN 978-7-5618-7074-7

Ⅰ. ①中… Ⅱ. ①何… Ⅲ. ①建筑师－生平事迹－中
国－现代②建筑设计－作品集－中国－现代 Ⅳ.
①K826.16②TU206

中国版本图书馆CIP数据核字(2021)第218398号

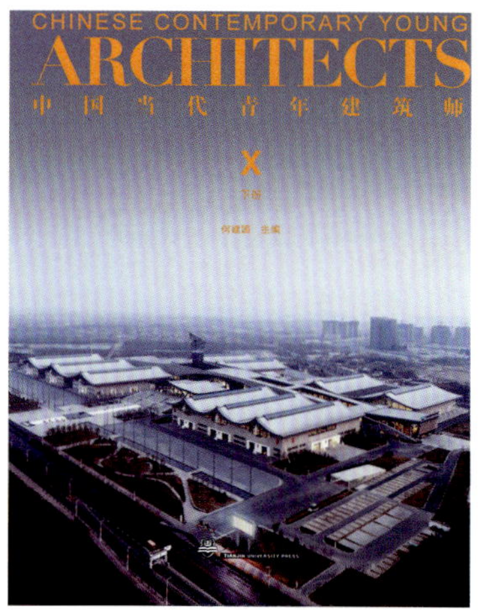

封面：清华大学建筑设计研究院有限公司/作品
——石家庄国际会展中心
［详见下册内文P263］

中国当代青年建筑师X（下册）
ZHONGGUO DANGDAI QINGNIAN JIANZHUSHI X

封底：福建省建筑设计研究院有限公司/作品
——中医药文化博物馆
［详见上册内文P56］

出版发行　天津大学出版社
地　　址　天津市卫津路92号天津大学内（邮编：300072）
电　　话　发行部：022-27403647　邮购部：022-27892072
网　　址　www.tjupress.com.cn
印　　刷　北京盛通印刷股份有限公司
经　　销　全国各地新华书店
开　　本　230mm×300mm
印　　张　23.5
字　　数　545千
版　　次　2022年1月第1版
印　　次　2022年1月第1次
定　　价　349.00元

前言
PREFACE

中国当代的青年建筑师是一股不可忽视的力量，他们在建筑界声名鹊起，他们所承接的项目的分量也在日渐加重，他们在中国建筑大发展的时代背景下，有更多的机会施展才华，有理论和实践紧密结合的成长轨迹，必将成为未来建筑设计的中坚力量！

他们作为中国建筑史发展的一个片段，展现出了这个层面应有的风貌。面对激烈的市场竞争，在复杂的建筑行业链条中，许多青年建筑师执着追求、蓄势待发，他们也需要更多的肯定和鼓励！

今天，关注青年建筑师的发展，不仅是市场需求，更是中国设计崛起的标志！

编者

中国当代青年建筑师X
CHINESE CONTEMPORARY YOUNG ARCHITECTS X

战略合作伙伴

www.cadri.cn

中国中元国际工程有限公司
www.ippr.com.cn

上海建筑设计研究院有限公司
www.isaarchitecture.com

北京市建筑设计研究院有限公司
BEIJING INSTITUTE OF ARCHITECTURAL DESIGN
www.biad.com.cn

广东省建筑设计研究院
Architectural Design and Research Institute of Guangdong Province
www.gdadri.com

江西省建筑设计研究总院集团有限公司
www.jxsjzy.com

同济大学建筑设计研究院（集团）有限公司
www.tjadri.com

中铁二院工程集团有限责任公司
www.creegc.com

中建八局第二建设有限公司设计研究院
www.8b2.cscec.com

上海中森建筑与工程设计顾问有限公司
www.johnson-cadg.com

中联西北工程设计研究院有限公司
China United Northwest Institute for Engineering Design & Research Co.,Ltd.
www.cuced.com

浙江大学建筑设计研究院有限公司
Architectural Design & Research Institute of Zhejiang University Co., Ltd.
www.zuadr.com

清華大學 建筑设计研究院有限公司
ARCHITECTURAL DESIGN & RESEARCH INSTITUTE OF TSINGHUA UNIVERSITY CO., LTD.
www.thad.com.cn

航天建筑设计研究院有限公司
www.jzsj.casic.cn

浙江省建筑设计研究院（ZIAD）
www.ziad.cn

中国建筑西北设计研究院有限公司
www.cscecnwi.com

甘肃省建筑设计研究院有限公司
www.gsadri.com.cn

哈尔滨工业大学建筑设计研究院
The Architectural Design and Research Institute of HIT
www.hitadri.cn

山西省建筑设计研究院有限公司
The Institute Of Shanxi Architectural Design And Reserch CO.,LTD
www.sxjzsj.com.cn

中国电建集团华东勘测设计研究院有限公司
www.ecidi.com

中国中建设计集团有限公司
www.ccdg.cscec.com

www.xzlssjy.com

启迪设计集团股份有限公司
Tus-Design Group Co., Ltd.
www.tusdesign.com

深圳市建筑设计研究总院有限公司
www.sadi.com.cn

广州市城市规划勘测设计研究院
www.gzpi.com.cn

中衡设计集团股份有限公司
www.artsgroup.cn

www.scutad.com.cn

www.ydi.cn

www.jsarchi.com

CCDI悉地国际
www.ccdi.com.cn

福建省建筑设计研究院有限公司
FUJIAN PROVINCIAL INSTITUTE OF ARCHITECTURAL DESIGN AND RESEARCH CO., LTD.
www.fjadi.com.cn

www.hfutdi.cn

www.xjdsjy.com

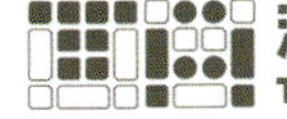
清华同衡建筑分院
T-H-U-P-D-I-T-H-T-A
www.thupdi.com

重庆市设计院有限公司
www.cqadi.com.cn

山东省建筑设计研究院有限公司
Shandong Provincial Architectural Design & Research Institute Co., Ltd.
www.sdad.cn

中国当代青年建筑师 X

下册目录

CHINESE CONTEMPORARY YOUNG ARCHITECTS X

中国当代青年建筑师 X

下册 目录

CHINESE CONTEMPORARY YOUNG ARCHITECTS X

中国当代青年建筑师 X

下册目录

CHINESE CONTEMPORARY YOUNG ARCHITECTS X

306

赵文斌

中国建筑设计研究院有限公司
生态景观建设研究院

314

赵新华

北京市市政工程设计研究总院有限公司

322

赵文冰

中国电建集团华东勘测设计研究院有限公司

328

赵志鹏

江西省建筑设计研究总院集团有限公司

334

邹俊

重庆市设计院有限公司

342

邹晓霞

清华大学建筑设计研究院有限公司

348

周厚陶

WVA建筑事务所

354

周敏

华蓝设计（集团）有限公司

360

周红雷

江苏省建筑设计研究院股份有限公司

蔡弋

职务：浙江大学建筑设计研究院有限公司
建筑五院院长助理、主任建筑师
职称：高级工程师
执业资格：国家一级注册建筑师

教育背景

2001年—2006年　浙江大学建筑学学士
2006年—2009年　东南大学建筑学硕士

工作经历

2009年至今　浙江大学建筑设计研究院有限公司

个人荣誉

UAD首届新锐计划获得者
浙江大学建筑与规划学科实践导师

主要设计作品

临安体育文化会展中心
荣获：2016年中国建筑学会建筑创作奖银奖
2019年浙江省优秀工程勘察设计一等奖
2020年美国IDA设计奖铜奖
沭阳美术馆
荣获：2017年杭州市优秀工程勘察设计一等奖
2020年德国国家设计奖提名奖
2020年美国MUSE设计奖铂金奖
2020年伦敦设计奖银奖
2020年意大利archilover年度最佳项目
2020年美国IDA设计奖银奖
绍兴滨海新城健身中心
荣获：2018年浙江省优秀工程勘察设计三等奖
2018年杭州市优秀工程勘察设计二等奖

建筑思想

建筑是人类行为发生的载体，与其所在地的生活习惯、政治人文、气候条件、环境资源均息息相关。好的建筑必然是对各种制约因素的平衡协调，其最终目标是要创造出更舒适、更安全、更优美的人居生活环境，满足人们对美好生活和精神世界的向往。

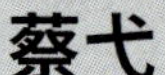

高蔚

职务：浙江大学建筑设计研究院有限公司
第一联合建筑设计研究院副总建筑师、副院长
职称：高级工程师
执业资格：国家一级注册建筑师

教育背景

2001年—2006年　浙江大学建筑学学士
2006年—2008年　浙江大学建筑学硕士

工作经历

2008年至今　浙江大学建筑设计研究院有限公司

个人荣誉

UAD首届青年建筑师奖获得者
浙江大学建筑与规划学科实践导师
浙江大学建筑设计研究院十佳员工、先进工作者

主要设计作品

浙江省绿色住宅与设计标准研究
荣获：2019年浙江省建设科学技术奖一等奖
浙江大学人才专项房
荣获：2019年教育部优秀工程勘察设计三等奖
杭州湖滨银泰五期
荣获：2020年杭州市优秀工程勘察设计三等奖
生命之“环”
荣获：雄安建筑设计竞赛专业组三等奖
浙江大学校友企业总部经济园二期项目
浙江省新时代文化艺术创研基地
咸阳职业技术学院二期工程
宝鸡职业技术学院图书综合楼
近江国际大厦
桐庐县富春未来城城市设计

建筑思想

建筑师既要有将细节做到极致的工匠精神，又要有关注社会发展和自然环境的宏观视野。不断追求从细部到环境的系统性设计，在环境中思考建筑创作，在创作中实践工艺细部。勇担责任，不断探索。

地址：浙江省杭州市天目山路148号浙江大学西溪校区内
电话：0571-85891036
传真：0571-85891080
网址：www.zuadr.com

浙江大学建筑设计研究院有限公司（简称“浙江大学建筑设计研究院”）始建于1953年，是国家重点高校中最早成立的六个建筑设计院之一。现有员工1 400余名，其中包括中国科学院和中国工程院院士3名（定聘）、全国工程勘察设计大师1名、享受国务院政府特殊津贴专家1人、中国当代百名建筑师2名、浙江省工程勘察设计大师5名、中国杰出工程师4名、中国建筑学会青年建筑师奖获得者10名。

浙江大学建筑设计研究院作为浙江大学的全资国有企业，充分依托浙江大学，坚持产学研相结合，并

彭荣斌

职务： 浙江大学建筑设计研究院有限公司
创研中心主任建筑师
职称： 高级工程师
执业资格： 国家一级注册建筑师

教育背景
2000年—2005年　浙江大学建筑学学士
2006年—2007年　浙江大学建筑学硕士

工作经历
2007年至今　浙江大学建筑设计研究院有限公司

主要设计作品
东阳剧院
荣获：2009年中国威海国际建筑设计大赛优秀奖
宁波北仑科技文化中心
荣获：2009年中国威海国际建筑设计大赛优秀奖
潍坊市市委党校
荣获：2012年浙江省优秀工程勘察设计一等奖
千岛湖天屿国际度假村
荣获：2014年浙江省优秀工程勘察设计三等奖
2017年教育部优秀工程勘察设计三等奖
浙江黄龙体育中心室内训练馆
荣获：2017年教育部优秀工程勘察设计二等奖
青源智谷
荣获：2017年美国建筑大奖（AAP）荣誉提名奖
2019年全国优秀工程勘察设计二等奖
2019年教育部优秀工程勘察设计二等奖
2019年杭州市优秀工程勘察设计二等奖
浙江大学智泉大楼

建筑思想
建筑区别于其他艺术的最大特征在于它的可体验性。建筑师通过将空间、尺度、色彩、符号、技术等多种因素的整合，使建筑与城市、建筑与人之间发生各种关系。所以建筑师最终设计的并不只是建筑，更重要的是其中所产生的可被体验的各种场景。

朱睿

职务： 浙江大学建筑设计研究院有限公司山东分公司
总经理
职称： 高级工程师
执业资格： 国家一级注册建筑师

教育背景
2001年—2006年　西安交通大学建筑学学士
2006年—2009年　东南大学建筑学硕士

工作经历
2009年至今　浙江大学建筑设计研究院有限公司

个人荣誉
UAD首届新锐建筑师奖获得者
浙江大学建筑与规划学科实践导师
浙江大学建筑设计研究院十佳员工、先进工作者

主要设计作品
宁海县人民政府办证中心大楼
荣获：2014年浙江省优秀工程勘察设计二等奖
长兴县都市中央广场
荣获：2019年教育部优秀工程勘察设计三等奖
联合国全球地理信息管理德清论坛会址
荣获：2020年浙江省优秀工程勘察设计一等奖
宁波杭州湾新区滨海小学
荣获：2020年杭州市优秀工程勘察设计二等奖
浙江理工大学科技与艺术学院
宁海桃源商务楼
杭州中兴单元小学及幼儿园

建筑思想
建筑是综合、多元的实践过程，设计师需要用空间和建造手法去应对历史、环境、生活等一系列问题，并找到一个理性的平衡点。这个动态探寻的过程和趋向得体的营造，是设计师一直追求的理想状态，而人的活动是这一系列过程的基本出发点。

出资建立浙江大学平衡建筑研究中心；提炼“平衡建筑”学术思想，沿着理性的方向，以多元的姿态站在业界的前沿，走过了一条由学术实践出发的“走向平衡”之路；积极、广泛开展国际学术交流与工程联合设计，与众多国际知名设计公司或事务所合作完成了多项建筑工程设计；建院以来在各个领域均有大量的优秀作品和成果问世，历年来共荣获近1 400项国家级、省部级优秀设计奖、优质工程奖、科技成果奖和40余项国际设计奖。

浙江大学建筑设计研究院始终秉承“营造和谐、放眼国际、产学研创、高精专强”的办院方针，以“高品位的文化、高宽远的视野、高效能的管理、高素质的人才、高精专的技术、高质量的作品”为发展目标，努力实现“设计创造共同价值”的核心价值观。

浙江大学建筑设计研究院积极参与市场竞争，先后获得当代中国建筑设计百家名院、中国勘察设计行业创新优秀企业、杭州市十佳勘察设计企业称号，是第一批国家级工程实践教育中心建设单位。

临安体育文化会展中心

Lin'an Sports and Cultural Exhibition Center

项目业主：临安新锦建设投资有限公司
建设地点：浙江 杭州
建筑功能：体育建筑
用地面积：107 300平方米
建筑面积：74 986平方米
设计时间：2011年
项目状态：建成
设计单位：浙江大学建筑设计研究院有限公司
主创设计：董丹申、陈建、倪剑、蔡弋

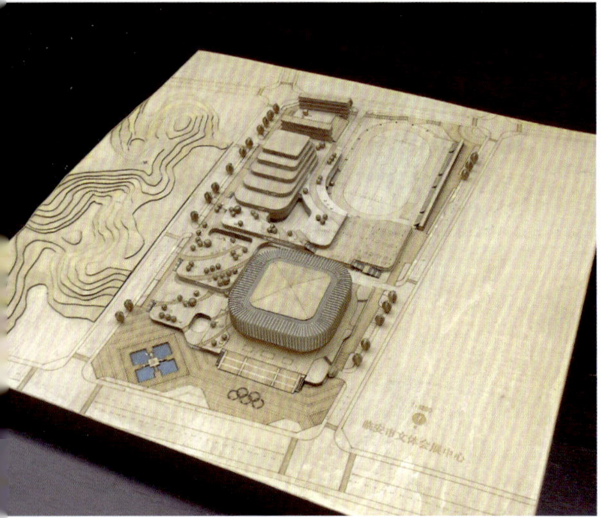

项目位于临安锦南新城，是一个以体育赛事为主题的城市综合体，是集体育健身、商业运营、市民休憩为一体的新一代体育建筑。

设计结合场地内低丘缓坡的地貌特征，以显隐有序的设计策略突出建筑“城市之光”的主体形象，通过渐变穿孔铝板包裹建筑主体，营造半透明轻盈的视觉效果。其余建筑体量采用地景化处理，形成逐层退台的绿化平台，各层平台均可与周边道路连接，一方面极大丰富了场所的可达性和参与性，另一方面和周边的山水气韵相呼应，如同一条绿脉融入周围环境。

沭阳美术馆

Shuyang Art Museum

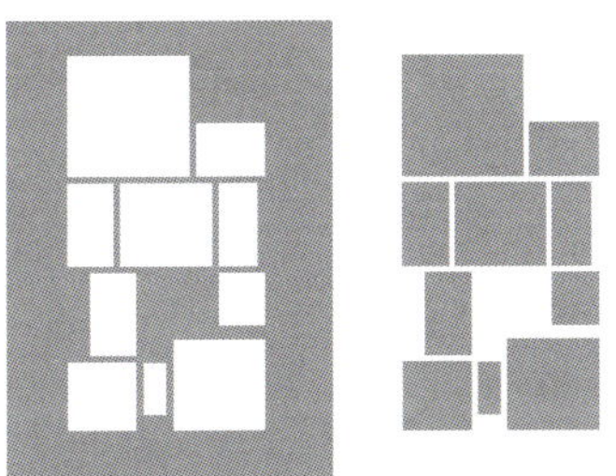

项目业主：沭阳科教新城投资有限公司
建设地点：江苏 沭阳
建筑功能：文化建筑
用地面积：10 670平方米
建筑面积：10 475平方米
设计时间：2013年
项目状态：建成
设计单位：浙江大学建筑设计研究院有限公司
主创设计：董丹申、陈建、倪剑、蔡弋

项目定位为展示和传承沭阳书法艺术的专题美术馆。整体布局提炼了书法中最为根本的黑（墨）、白（纸）、红（印）三色，以“乱石铺街”的书法构图意趣，通过纯粹色块体量间的相互关系打造充满人文气息的空间场所。沿街展厅的红砖外墙，以弧面削切的手法强化沿街的标志性形象。黑色展厅角部均做削切，墙面施以深色氟碳漆，呈现光洁水腻的质感，体现书法作品中拙朴厚重的凝重感。白色展厅墙面有朴素粗粝的质感，体量取轻盈意向，呈现出漂浮的状态，体现书法艺术中轻灵飘逸的超脱感。黑白体量错落布置，以现代的手法营造古典的意境，黑与白、轻与重、粗与细，不同的肌理质感相互映照，相互平衡。游人行走在窄巷庭院间，如行黑白画卷，其微妙变化，需待禅心品之，静心观之，素手抚之。

浙江大学人才专项房

Special Talent Room of Zhejiang University

项目业主：浙江大学
建设地点：浙江 杭州
建筑功能：居住建筑
用地面积：124 477平方米
建筑面积：438 964平方米
设计时间：2014年
项目状态：建成
设计单位：浙江大学建筑设计研究院有限公司
主创设计：董丹申、王健、高蔚、颜晓强
参与设计：陈曦、黄东丰、樊亦陈、霍飞、孙翌、沈彬彬、冯正

基于项目高品质的定位及周边环境特征，设计提出以“人文、宜居、内敛、意境”为主题的核心理念，着力于发掘浙江大学的人文气质，突出项目的文化内涵。设计有效利用周边资源的优势，减少周边不利干扰，塑造一个独有的宁静而融洽的和谐社区。建筑布局井然有序，组团景观营造出移步景异的空间感受。建筑与环境相映成趣，追求素雅自然之美，从而提升整体建筑的内在品质。设计继承中国传统园林的意境与神韵，创造具有传统人文精神和现代城市感的新式园林。

杭州湖滨银泰五期

Hangzhou Hubin Yintai 5

项目业主：杭州湖滨环球商业发展有限公司
建设地点：浙江 杭州
建筑功能：商业建筑
用地面积：5 007平方米
建筑面积：26 456平方米
设计时间：2016年
项目状态：建成
设计单位：浙江大学建筑设计研究院有限公司
主创设计：董丹申、王健、高蔚
参与设计：郑奋、陈曦、樊亦陈、杨筱菲

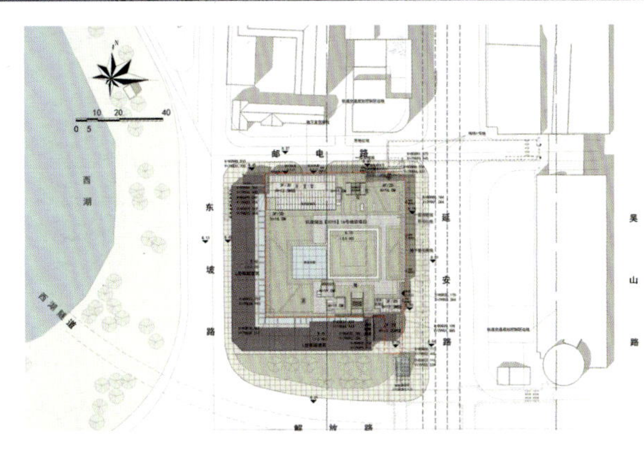

项目紧邻西湖，是杭州最繁华的商圈——湖滨商圈的重要组成部分。湖滨银泰五期定位为打造“具有特色的核心级商业”，同时形成对湖滨区域整体商业功能的补充和提升。希望借空间与形式的自主性创造，确保设计的纯粹性。项目地块属于杭州“秀城控制区”的“建筑前景线影响区”，为一级景观控制区，设计充分考量建筑与历史、建筑与城市、建筑与运营的关系，在商业建筑逻辑与建筑自主性表达之间寻求巧妙的平衡。

仪征综合体育馆

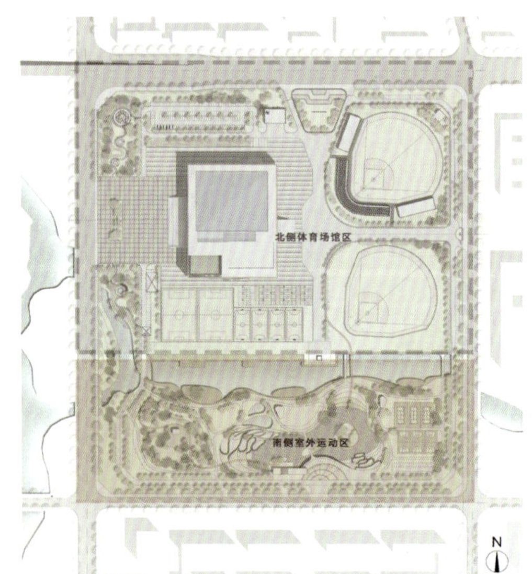

Yizheng Comprehensive Gymnasium

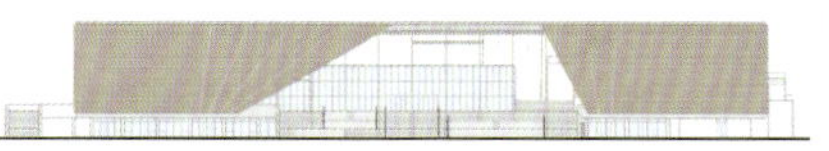

项目业主：仪征市建设发展有限公司
建设地点：江苏 仪征
建筑功能：体育建筑
用地面积：183 046平方米
建筑面积：37 378平方米
设计时间：2016年—2019年
项目状态：建成
设计单位：浙江大学建筑设计研究院有限公司
主创设计：胡慧峰、颜慧、彭荣斌、吕宁

项目位于江苏省仪征市东部区域，周边是大型沿河城市体育公园，四面与城市道路连接，用地内有保留的古运河及东西向贯穿水系。设计旨在将复杂混合的功能组合在一起，创造一个内部空间组织合理、公共空间变化丰富的综合场馆；从场所设计的开放性，延续到建筑设计的开放性，是建筑创作的宗旨。

位于北侧的主体建筑集合了体育馆（含主副馆）与会议中心两大功能建筑，通过互通的公共平台及一体化的立面形式，建立相对独立而又不失整体性的兼容互补关系。设计将多种功能空间复合为一个建筑主体，以混合开放的空间构想、方正简约而极富力度的形体设计，辅以自然流畅的景观配置，融运动性、复合性与艺术性于一体，打破传统体育建筑形象印记，使之成为场地中的核心、区域中的标志。

青源智谷

Qingyuan Zhigu

项目业主：桐庐县江南镇人民政府
建设地点：浙江 杭州
建筑功能：办公、科研建筑
用地面积：1 500平方米
建筑面积：620平方米
设计时间：2015年—2017年
项目状态：建成
设计单位：浙江大学建筑设计研究院有限公司
主创设计：胡慧峰、彭荣斌、蒋兰兰

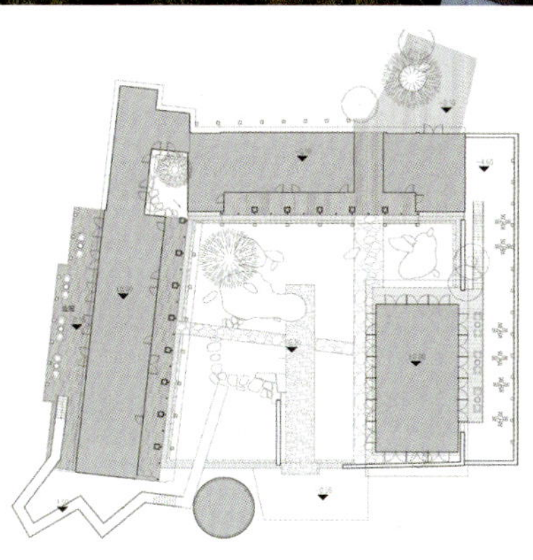

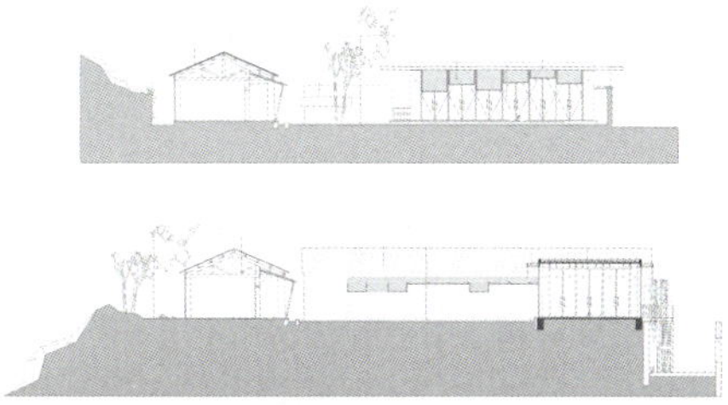

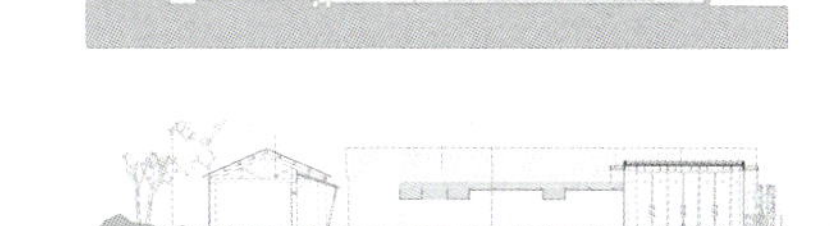

青源智谷是由杭州桐庐青源村青源小学旧址改造而成，包括两栋改造的老校舍和一栋可容纳近百人开会的新建筑。改造后的项目成为浙江大学青年教授科技创意基地，促进了青源村与浙江大学的产学研合作。

建筑师用简洁有效的设计语言控制建造成本，在景观设计上，利用原有的自然元素——草、树、藤、残破的老墙，保留建筑的淳朴和本真，克制地处理好建筑与历史的关系，和谐地安放好一座新房子，是建筑师想要表达的一种态度。在新老之间、内外之间、上下之间、远近之间，建筑师希望呈现宁静的过渡——似乎原本就是如此，只是重新激活了某些情境。

联合国全球地理信息管理德清论坛会址

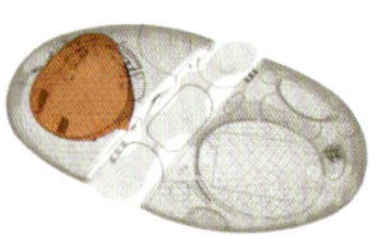
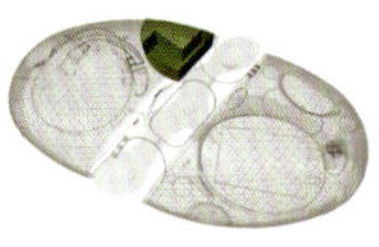
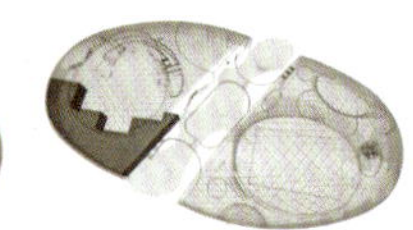
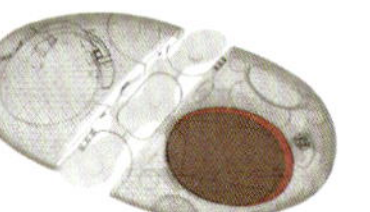
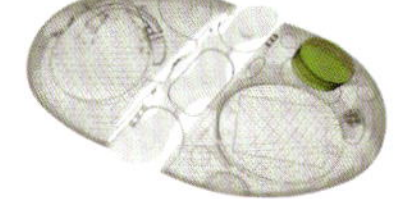
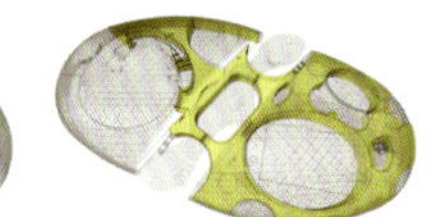

United Nations Forum on Global Geographic Information Management in Deqing County

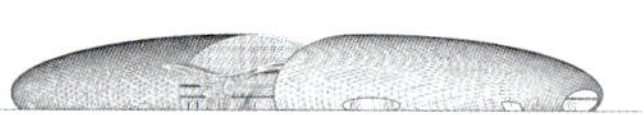

项目业主：德清联创科技新城建设有限公司
建设地点：浙江 德清
建筑功能：文化建筑
用地面积：35 718平方米
建筑面积：35 446平方米
设计时间：2011年—2018年
项目状态：建成
设计单位：浙江大学建筑设计研究院有限公司
设计团队：吴震陵、陈冰、陈瑜、朱睿、章嘉琛、方涛

项目位于德清县南部的一个小镇，主要用于承办联合国世界地理信息大会，并作为大会的主会场。建筑功能主要包含2 000人主会场、500人多功能厅、300人小报告厅和若干会议室等，各内部厅堂可通过连廊和共享大厅空间相互连接。结构采用超大跨度的单层网壳，既减轻了屋顶自重，又获得了大尺度的内部公共空间。建筑整体以“击云破晓，凤舞九天”为意向，犹如一朵洁白的祥云，朦胧透光，静卧于凤栖湖上，与周边的静谧湖水浑然一体，覆以曲园路上的立体金属镂空屋顶，犹如“腾空而起的飞凤”，充满诗意。

宁波杭州湾新区滨海小学

Binhai Primary School, Hangzhou Bay New Area, Ningbo

项目业主：宁波杭州湾新区教育发展中心
建设地点：浙江 宁波
建筑功能：教育建筑
用地面积：56 163平方米
建筑面积：47 529平方米
设计时间：2016年—2018年
项目状态：建成
设计单位：浙江大学建筑设计研究院有限公司
设计团队：吴震陵、朱睿、王英妮、徐荪、章嘉琛、范真悦

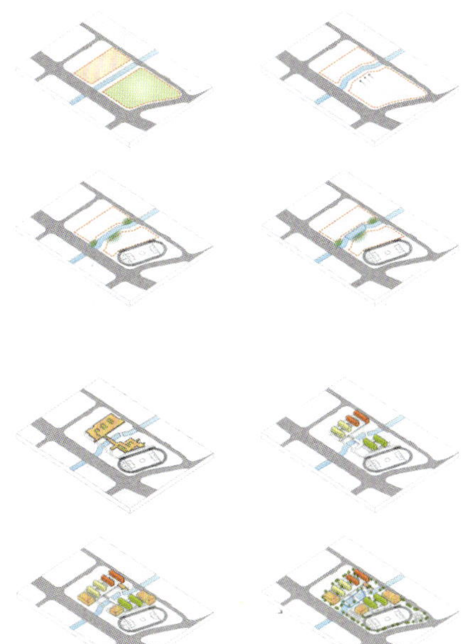

项目位于宁波杭州湾新区，设计以“湿地筑院、成长乐园”为理念，充分尊重理水成网的基地特质，将河道和沿河绿带作为校园的中心花园。整个校园由跨河天桥和二层平台连为一体，为学生提供最大化的户外交流空间和教育环境场所。专业教室与普通教室上下设置。平台之下，是曲径通幽的庭院；平台之上，是供学生肆意奔跑的乐园。同时，从学生的行动力、成长心态等方面着眼，将建筑按学生年龄分为三个组团。通过为各组团引入不同的空间尺度，实现宽窄变化，上下贯通，符合小学生藏匿、玩耍、攀爬、观望等行为特点。满足教学要求和符合小学生的行为特点是项目设计的核心切入点。

聂毅宁

职务：启迪设计集团股份有限公司南京公司总经理
职称：高级工程师
执业资格：国家一级注册建筑师

教育背景

1997年—2002年　东南大学建筑学学士
2002年—2005年　东南大学建筑学硕士

工作经历

2005年—2014年　东南大学建筑设计研究院
2014年—2017年　中通服咨询设计研究院有限公司
2017年—2019年　南京雨盛建筑设计咨询有限公司
2019年至今　启迪设计集团股份有限公司

个人荣誉

2010年获南京市优秀工程勘察设计奖
2015年获教育部优秀工程勘察设计奖
2016年获评建邺区创意文化先进个人
2019年获苏州市紫金奖银奖
2020年获土木建筑学会建筑创作奖
2020年获第七届“紫金奖·建筑及环境设计大赛“建筑设计奖
2020年获中国装饰设计大赛（CBDA设计奖）金奖

主要设计作品

栖霞佛学院涵田栖云山房
南京财富中心
重庆江北国际机场三期配套项目
明发科技城三期
盐城水上新村城市设计
江苏青商总部基地
烟台牟平区蓝色药谷项目
苏通大桥服务区
泰州国际汽车城项目
南京市小粉桥超高层项目
盐城亭湖区乾宝牧业湖羊小镇
淮安汽车客运东站
栖霞山门广场及游客中心
中共南京六合区委党校
连云港东海体育中心
南京浦口美爵酒店室内设计
徐州贾汪区群众文化艺术中心
南京汤山紫清湖度假区鳄鱼展览馆
盐城商业大厦扩建项目
南京地税江北报缴中心
合肥山水苑
中共岱山市委党校

启迪设计集团股份有限公司
Tus-Design Group Co., Ltd.

启迪设计集团股份有限公司（以下简称“启迪设计”）前身为创建于1953年的苏州市建筑设计研究院，2012年更名为苏州设计研究院股份有限公司，2016年2月在深圳证券交易所上市，2017年更名为启迪设计集团股份有限公司。

启迪设计一直秉承“传承历史、融筑未来”的使命，不断将中国优秀传统文化，尤其是苏州传统文化与现代文明相结合，传承创新、转型升级，立足苏州，走向全国，现旗下已拥有深圳毕路德、北京毕路德、中正检测等多家子公司和相关机构，未来将建成以苏州为中心，辐射华东、华北、华南、西南、华中等多区域的全国性设计服务网络，扩展业务服务半径，更好地满足公司业务发展的要求。启迪设计将发挥技术、人才、文化、品牌等方面的综合优势，集成创新、集群发展，发扬工匠精神，致力于打造精细化、专业化、集团化的建筑科技服务领军企业。

目前，启迪设计已拥有建筑工程、城乡规划编制、人防工程、风景园林、建筑智能化系统工程设计五项甲级资质，以提高人居环境品质为核心，以建设工程领域创新技术集成为特色，成为提供全方位、一体化服务的人居环境技术集成引领者。

地址：江苏省苏州市工业园区星海街9号
邮编：215021
电话：0512-65150100
网址：www.tusdesign.com
电子邮箱：service@tusdesign.com

重庆江北国际机场三期配套项目

International Airport Phase III Supporting Project In Jiangbei, Chongqing

项目业主：重庆机场集团有限公司
建筑功能：酒店建筑
建筑面积：70 000平方米
项目状态：在建
设计单位：上海民航新时代机场设计研究院有限公司
东南大学建筑设计研究院
主创设计：聂毅宁
参与设计：盛春陵、刘劲松

建设地点：重庆
用地面积：35 637平方米
设计时间：2011年

建设用地内高差变化较大，通过本工程的新建，以期进一步整合场地的逻辑关系，建立场地的秩序，使拟建酒店和航站楼形成高效便捷的外部交通关系，并创造良好的场地形象。

酒店以其建筑高度和建筑规模，成为机场东区的地标性建筑，设计者力求通过细致的设计，使酒店成为令人瞩目的标志性建筑，以庄重典雅的建筑风格为机场增添一道靓丽而独特的风景。

酒店在造型设计上强调创造区域标志，美化机场天际线。圆润的建筑造型，简洁的体形关系，经典而不易过时，得以长久流传。在材料的选用上，采用干挂石材与玻璃幕墙组合，简洁明快且易清洁。

栖霞山佛学院涵田栖云山房

HantianQiyun Mountain House, Qixia Buddhist College

项目业主：南京栖霞山文化旅游开发有限公司
建设地点：江苏 南京
建筑功能：佛学院+主题宾馆
用地面积：45 000平方米
建筑面积：42 685平方米
设计时间：2014年—2017年
项目状态：一期已建成、二期建设中
设计单位：中通服咨询设计研究院有限公司
主创设计：聂毅宁、黄金辰、杨佳
参与设计：吴大江、欧阳明晖、葛渝涵、张磊、王洋、袁佳

项目设计旨在通过对栖霞中学原有建筑的改造，将其打造为佛学院和禅修宾馆，既让这一组山脚下的老建筑焕发新的活力，也是对栖霞山景区现有接待功能的重要补充，目前主题宾馆已由涵田酒店管理公司入驻管理。

通过对项目独特区位的分析研判，设计力求充分发挥自然环境和人文环境的双重优势，以“禅修”为核心，营造一处与传统文化相呼应的场所，为人们提供集体禅修课程，从而使人净化内心、提升生命的内在品质，安享生命中的清凉自在。在空间上采用“奥旷兼用”的设计手法去塑造禅意空间，即让游者于“奥”中忽“旷”，豁然开朗，从而获得“柳暗花明”“迷中得悟”的心理感受。

建筑组群布局均衡，每个组团形成标志性形象。外立面采用了新中式的设计手法及玻璃、石材、百叶、金属构件相结合的形式，通过虚实对比，突出建筑的现代感，使老建筑焕发新的活力。设计中，主体采用了四坡顶屋面的设计，既体现了传统中式建筑的大气，又避免了局部屋顶的小变化完全对称所带来的呆板印象，整体造型颇具新意。

南京财富中心

Nanjing Fortune Center

项目业主：南京通亚置业有限公司
建设地点：江苏 南京
建筑功能：办公、商业、住宅建筑
建筑面积：120 000平方米
设计时间：2009年
项目状态：建成
设计单位：东南大学建筑设计研究院
主创设计：聂毅宁、于泳
参与设计：盛春陵、孙逊、周毅雷、周桂祥

南京的老城区有着复杂的旧城肌理，从整体上来说缺乏亮点和标志性的建筑。财富中心A幢塔楼的设计就以此为出发点，希望建成后成为带有标志性的财富之钻。A幢塔楼呈三角形，并在角部和各边做变形，从而使得标准层呈现出钻石的形态。同时塔楼从下到上在角部做层层的退台，使得三条边对应的三个面各有收分，形态的整体性和雕塑感很强。塔楼主体竖向的玻璃肋遮阳板更使得建筑在不同的时间段以及从不同的视角展现出不同的光影变化。真正达到了整体性、丰富性和标志性的统一。

在裙房部分，首层的入口大堂高大气派，局部的玻璃顶处理使得室内光影斑驳，生机盎然，极大地提升了作为高档写字楼的品质。在入口处还设置了一个高为10米、宽为10米的由钢筋混凝土构造的雨棚，高大、舒适且现代。而在沿太平南路一侧的裙房设置精巧，为日后银行的入驻打下良好的基础。外墙以深灰色石材为主要饰面材料，配以灯光及广告等，为整栋建筑增色不少。

B幢建筑的造型从项目的整体出发，因为高度和功能性质的定位，它应该以突出和衬托A幢为主，所以风格简洁明快，以金属百叶、窗下飘板等水平向元素对整体造型进行切分，增加了立面的变化。整体建筑的高低变化充分满足北侧住宅的日照需求。裙房采用深灰色的饰面材料，与A幢塔楼相互呼应。

石少峰

职务：悉地国际迈格设计业务中心总经理
职称：高级建筑师
执业资格：国家一级注册建筑师

教育背景
1996年—2001年　天津大学建筑学院
2002年—2005年　天津大学建筑学院

工作经历
2005年至今　悉地国际

主要设计作品
体育会展建筑
乐清市中心区体育中心
东营体育中心
非洲运动会刚果（布）布拉柴维尔体育中心
非洲杯加蓬让蒂尔港足球场
非洲杯加蓬手球馆
WTA 郑州中原网球中心
青岛即墨体育中心
铜仁奥体中心
南艳湖公园全民健身中心
宁夏自治区运动会石嘴山体育中心
中国东营农博会垦利会展中心
贵阳金阳网球馆
安徽省运会蚌埠跳水馆

办公与产业园建筑
青岛海天大厦一期
中国人寿研发中心二期
北京门头沟京西俱乐部综合体
青岛即墨市委党校

交通建筑
承德南站
重庆站

文旅规划及建筑
贵阳天河潭景区规划提升项目
乌鲁木齐水世界
青岛伊甸园

文化教育建筑
康斯坦丁剧院
青岛山东师范大学即墨分校
福州体育运动学校

创作思想
石少峰先生2005年从天津大学硕士毕业后加入悉地国际。在十几年的职业实践中，他主持创作了大量在国内外具有影响力的建筑作品，尤其擅长城市超大尺度建筑的创作与全过程项目管理与质量把控，在体育会展、交通、文旅规划、文化教育、办公及产业园等建筑领域成绩显著。石少峰先生是悉地国际海外EPC业务实施的主要项目负责人之一，对海外业务的全过程环节把控深有研究。
石少峰先生一直执着于追求设计作品的创新性和精神内涵，以其自身严谨负责的职业态度、扎实的专业技能和互动高效的沟通方式在设计团队中发挥着重要的领导作用。

CCDI悉地国际是一家将高品质设计服务与产品思维紧密结合、处于业界领先地位的大型工程设计咨询企业。自1994年创立以来，CCDI探索出具有中国工程设计行业特质的变革之路，实现了国际化的业务扩张，连续多年位居ENR全球工程设计百强企业行列，并且两次获得中国国家科学技术进步一等奖。CCDI在体育、商业、办公、医疗、人居、文旅、市政、交通、规划等领域设置了丰富的产品线，凭借先进的技术和市场研发，先后完成了国家游泳中心（水立方）、国家网球中心、杭州奥体博览城主体育场、平安国际金融中心、青岛海天中心、深圳华润中心、中国版画博物馆、上海松江博物馆、四川美术馆、上海迪斯尼明日世界、百度国际大厦、天津邮轮客运中心、重庆北站、哈尔滨西站交通枢纽、苏州城市快速路系统、苏州工业园区市政基础设施等多个世界水准的设计佳作，在各个专业领域获得了国内外超过700个重要奖项。

CCDI拥有近6 000名不同领域的专业人才，在上海、北京、深圳、苏州、青岛、成都等多个区域设有公司和平台，并在纽约和悉尼设置了事业基地，为推动当代城市化进程的科学发展、发挥工程专业人才的创造力而不懈努力，同时一如既往地担负起企业的社会责任。CCDI集团成员还包括澳大利亚PTW、美国Archilier、美国Link-Arc、青岛腾远等多家知名企业，以国际化、规模化、一体化、产品化为组织优势，不断为客户提供高性价比的专业服务，致力于成为“工程实践专业服务的引领者”。

地址：北京市朝阳区东土城路12号怡和阳光大厦C座
电话：010-84265555
传真：010-84265500
网址：www.ccdi.com.cn
电子邮箱：shi.shaofeng@ccdi.com.cn

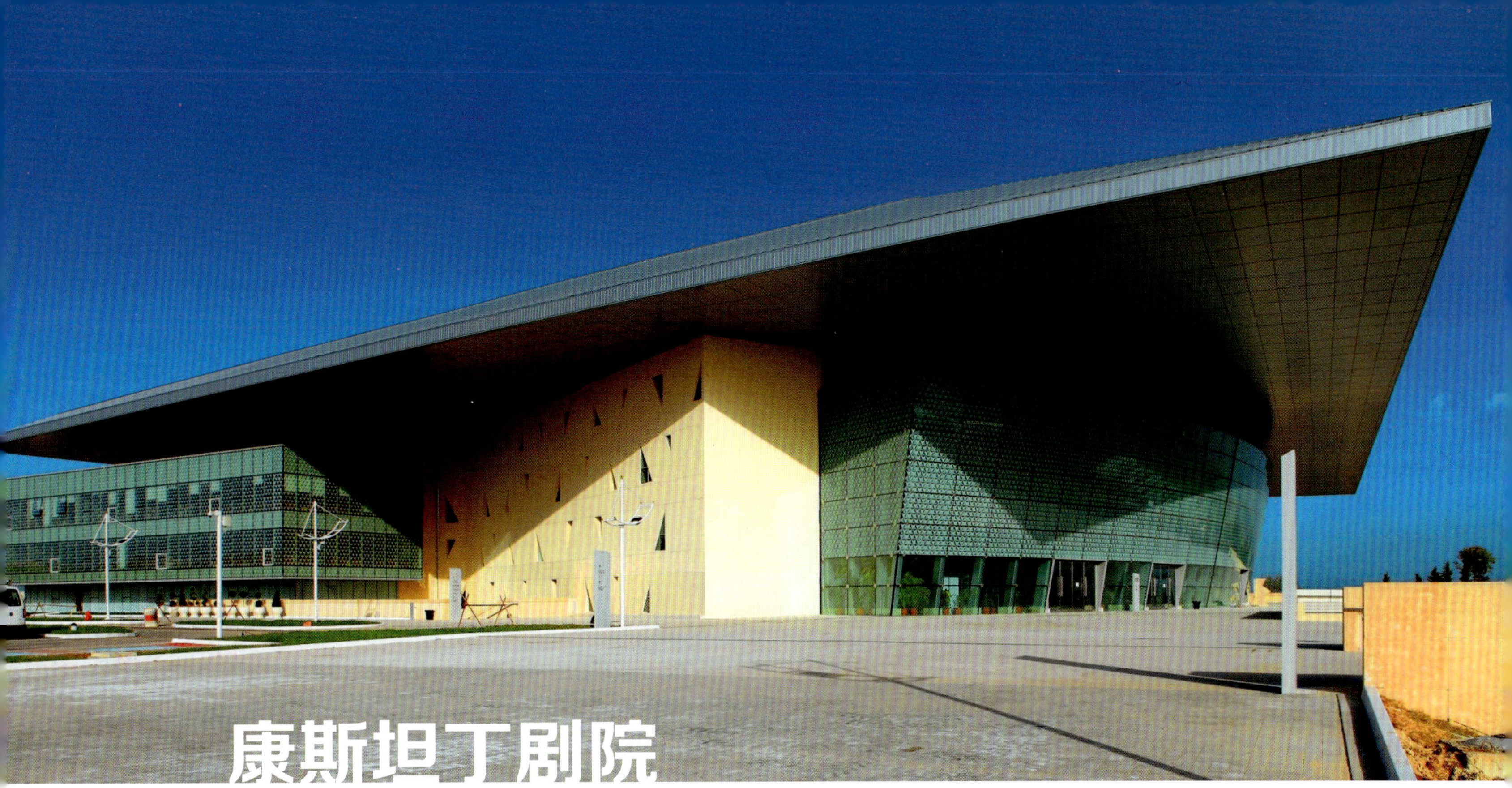

康斯坦丁剧院

The Constantine Theater

项目业主：康斯坦丁省政府
建设地点：阿尔及利亚 康斯坦丁
建筑功能：文化建筑
建筑面积：38 220平方米
设计时间：2013年
项目状态：建成
设计单位：悉地国际、PTW-Sydney
主创设计：石少峰、Mark Butler (PTW-Sydney)
参与设计：朱丹、贺海龙、郑卓华、翟若言

项目是一座可举办演唱会、音乐剧等大型活动的高档综合型剧院，拥有两个剧场，大剧场可容纳3 000人，小剧场可容纳450人，是2015年世界“阿拉伯文化节”的主场馆。

项目试图还原阿拉伯文化与音乐、舞蹈与充满活力的艺术生活。设计结合康斯坦丁城市特殊的悬崖地形，建筑最高点兼顾四面城市形象。建筑立面重复的三角形花纹图案来源于阿尔及利亚地域传统文化背景，建筑师将其抽象成为建筑语言，创造性地用于建筑幕墙以及内部装饰之上，形成具有独特韵味的建筑空间。弧面玻璃幕墙面朝广场，视野广阔。屋面挑檐的设计，使得整个建筑舒展、典雅，散发出古典建筑的魅力。整个建筑在独特的悬崖城市背景下，营造出一个现代与古老文明时空对话的场景。

2015年非洲运动会刚果共和国布拉柴维尔体育中心

2015 African Games Congo Brazzaville Sports Center

项目业主：刚果共和国大型工程委员会
建设地点：刚果共和国 布拉柴维尔
建筑功能：体育建筑
用地面积：904 000平方米
建筑面积：134 750平方米
设计时间：2012年—2013年
项目状态：建成
设计单位：悉地国际、PTW-Sydney
总设计师：石少峰
参与设计：杨想兵、孟可、朱丹、金家宇、廖新军、朱勇军、江坤生、黄艳、邹政达、姚小明、兰海民、姚立钟、单蔚颖、曾祥标、王盛、宋涛

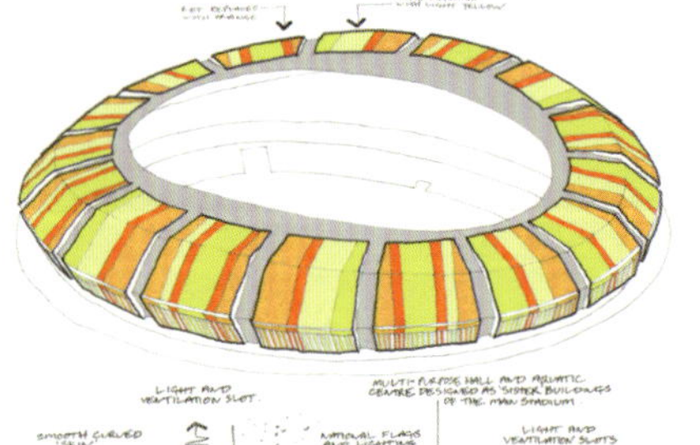

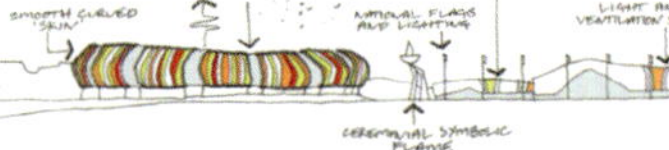

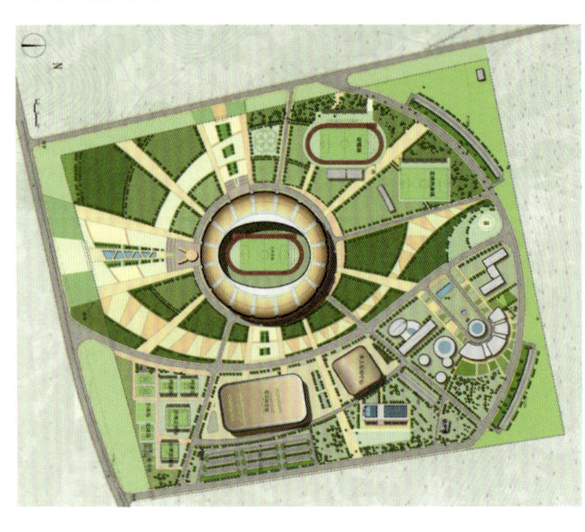

布拉柴维尔体育中心是2015年非洲运动会的主会场，包含一个具有60 000座的主体育场、一个具有10 000座的综合馆和一个具有2 000座的综合水上运动中心。项目设计以太阳为灵感，从太阳光芒引出设计，利用场地内现有的高差变化，在不同的空间层次创造出场馆区和运动员生活区；既营造出舒适、有趣的室外环境，又将非洲的地质、文化特征融入规划设计当中。主体育场是体育中心的核心建筑，在场馆布局时以主体育场为定位轴心，将其视为整块场地的太阳，万丈光芒从主体育场放射出来，在场地上形成富有变化的装饰与道路效果。

乐清市中心区体育中心

Yueqing Central District Sports Center

项目业主：乐清市中心区开发建设管理委员会
建设地点：浙江 温州
建筑功能：体育建筑
用地面积：234 316平方米
建筑面积：61 600平方米
设计时间：2008年—2014年
项目状态：建成
设计单位：悉地国际
主创设计：石少峰
参与设计：张志宏、傅学怡、董士麟、朱爱理、孟可、王盛、鞠绒赫
建筑摄影：张阳

项目设计以“山水·乐清”的地域特点为切入点，结合人文情怀，以“山水、动静”为表现形式，创造一个动静相宜、诗情画意、兼容并蓄的标志性建筑形态。规划设计之初，把项目定位为以休闲运动为主、赛事为辅的生态体育公园，这与建筑师倡导运动回归自然的设计理念不谋而合。体育运动、公园、建筑群体三者的和谐统一成为设计的思考点。

建筑师创新地提出了“刚柔”结合的理念，创造了新的索桁式弦支体结构形式，由内到外创造了一种轻盈、纯净、壮观的建筑效果。建筑师通过对建筑单体形态的塑造和对建筑群体的组织，将自然和城市等外部因素引入建筑的各个角落，为这些空间赋予生命和能量。开放、无边界的场馆设计，带动了当地人积极的生活方式和生活态度。

承德南站

和合
承德

Chengde South Railway Station

项目业主：京沈铁路客运专线京冀有限公司
建设地点：河北 承德
建筑功能：交通建筑
用地面积：93 000平方米
建筑面积：15 000平方米
设计时间：2015年—2018年
项目状态：建成
设计单位：悉地国际
主创设计：石少峰
参与设计：单蔚颖、何佩珊、王盛、张蕊
建筑摄影：张阳

建筑主体顺应周边山体的气势，整体造型宏大壮阔。建筑立面呼应承德人文地域文化，深远、舒展的大屋檐以羽翼大展的姿态欢迎南来北往的旅客。候车厅正入口门框形式呼应城门的意象，借鉴皇家建筑独有的朱红色彩，使得整个站房成为区域视觉中心，瞬间为整体建筑注入活力，成为建筑的点睛之处。

建筑高为22.5米，最多可聚集人数为1 500人。设计强调旅客进出站的便捷性，提升了承德的城市门户形象。项目选择有地方性的建筑材料和色彩，以现代的设计方法重新组合，形成简洁的、适合大尺度空间环境的界面；并在人文属性层面，暗合承德“和合”文化，使之与当地环境得到真正的融合和共同发展。

南艳湖公园全民健身中心

Nanyan Lake Park National Fitness Center

项目业主：合肥海恒投资控股集团公司
建设地点：安徽 合肥
建筑功能：体育建筑
用地面积：300 285平方米
建筑面积：78 979平方米
设计时间：2016年—2018年
项目状态：建成
设计单位：悉地国际
主创设计：石少峰、邢超
参与人员：包纯、李翔、代静、张倩楠
建筑摄影：张阳

设计充分利用现有景观资源，最大限度地保护公园生态，把当代体育健身空间合理融入自然生态环境，建立全新的空间模式，将运动健身、自然环境与市民的日常生活相融合，让体育运动回归自然。主要场馆的布置采取“化整为零，见缝插针”的设计思路，选择对现有植被破坏最小的方式，组织健身中心的各项功能。

项目包括篮球馆、网球馆、游泳馆、综合馆（乒羽馆）等室内场馆，室外布置了慢跑步道、足球场、篮球场、网球场、戏水池等设施。配套服务楼的设计也考虑了运营阶段将会引入更多的体育培训项目以及配备相应的餐饮设施的需求。设计致力将这里打造成为适合全年龄段、全天候、全季节的属于广大市民使用的多功能体育综合体。

石铁军

职务：吉林土木风建筑工程设计有限公司创始人、董事长、总建筑师
上海澄怀建筑设计事务所创始人主持建筑师
吉林建筑大学艺术设计学院副教授
职称：正高级工程师
执业资格：国家一级注册建筑师

教育背景

1986年—1990年　吉林建筑大学建筑学学士

工作经历

1990年—1999年　吉林建筑大学设计研究院
1999年—2004年　空间环境艺术设计所
2004年—2008年　吉林建筑大学艺术设计学院
2008年至今　吉林土木风建筑工程设计有限公司
2018年至今　上海澄怀建筑设计事务所

个人荣誉

吉林省首批优秀青年建筑师
吉林省第一届工程勘察设计青年大师
吉林省土木建筑学会理事
吉林省勘察设计协会副理事长
吉林省建设工程勘察设计专家委员会专家
长春市公共艺术协会副会长
长春市城市规划委员会专家

主要设计作品

吉林省广电中心
荣获：2009年吉林省优秀建筑设计一等奖
长春高新北区兴华学校中小学教学楼
荣获：2011年全国优秀勘察设计三等奖
2011年吉林省建设工程优秀建筑设计一等奖
2011年吉林省优秀建筑方案创作奖
敦化市渤海街社区文化体育活动中心
荣获：2011年吉林省优秀建筑设计一等奖
长春老年大学
荣获：2013年吉林省建筑方案创意设计二等奖
中共长春市委党校
荣获：2015年吉林省优秀建筑设计二等奖
吉林建筑大学净月校区景观设计
荣获：2015年吉林省优秀风景园林设计二等奖
长春欧亚集团仓储批发量卖场（一期）
荣获：2020年吉林省优秀工程勘察设计一等奖
吉林省老干部活动中心
长春二道区文化综合体
世界雕塑公园——魏小明艺术馆

土木風設計
TUMUFENG DESIGN

吉林土木风建筑工程设计有限公司“澄怀设计工作室”由吉林省青年设计大师石铁军任总建筑师，以一批年富力强的中青年建筑师为核心，组成了一个充满创意与朝气的创作团队。公司近些年在文化类、教育类、居住类、景观类设计等方面取得了丰硕的设计成果，多次获得省部级优秀设计奖。

公司以地域风土为切入点，探索建筑景观文化的本源，追求在地建筑的原创设计；立足关东大地，营造寒地建筑景观。

公司一直以虔诚之心，珍视每一块土地，认真对待每一个项目，使建筑成为一个有生命力的有机体。

公司持有国家住建部颁发的建筑设计、装饰设计甲级资质，规划设计、风景园林设计乙级资质。公司在上海、北京设有分支机构。公司通过设计实践不断吸收国内外优秀设计公司的成功经验和先进设计理念，努力成为省内一流、国内有影响力的设计公司。

地址：吉林省长春市瑞邦城市广场B座6楼
电话：17519431751
电子邮箱：tumufeng@126.com

吉林省老干部活动中心

Jilin Province Veteran Cadre Activity Center

项目业主：吉林省直属机关老干部管理局
建设地点：吉林 长春
建筑功能：文体建筑
用地面积：17 276平方米
建筑面积：20 281平方米
设计时间：2017年
项目状态：建成
设计单位：吉林土木风建筑工程设计有限公司
主创设计：石铁军
参与设计：初成全、李东林、郝宏明、郭涛、敖瑞松

项目位于城市主要的历史街区，新建筑力求能有机地融入其中，没有简单模仿周边的传统大屋顶建筑，而是采用现代设计手法，在体块关系、饰面材料和色彩等方面与周边历史建筑相协调。本着对历史建筑的尊重，新建筑试图谦虚低调地成为历史街区的延续与过渡。

设计尝试将建筑的功能从传统封闭的空间中解放出来，创造充满活力的公共交流空间。公共空间中设有空中图书馆、具有茶艺功能的空中花园以及各具特色的交流场所，同时将小剧场、羽毛球场、网球场、乒乓球场、舞厅、多功能厅以及各种活动用房等大小空间合理高效地布置，形成两条阳光中庭及三个高低错落的体块组合，有机地融入环境中。

长春老年大学

Changchun University for the Aged

项目业主：长春老年大学
建设地点：吉林 长春
建筑功能：教育建筑
用地面积：43 100平方米
建筑面积：43 300平方米
设计时间：2012年
项目状态：建成
设计单位：吉林土木风建筑工程设计有限公司
主创设计：石铁军
参与设计：初成全、李东林、郝宏明

老年大学设计不仅要满足教学功能的需求,还应该是充满情感交流和有温度的学习殿堂。

建筑的主立面及入口面对城市的高架桥，为了减少高架桥对建筑的视觉冲突和噪声干扰，设计时将建筑有意后退，形成一个城市绿地公园。由于主立面面宽较窄，设计采用大尺度体块穿插的手法,增加建筑沿街立面体量的厚重感及可识别性。同时，将一个可容纳800人的剧场、一个标准游泳馆、一个多功能体育馆、一个可容纳300人的教室以及各种专业教室集中布置、有机组织，形成一个内部空间变化丰富、到处充满阳光的教育综合体，为学员及教师提供多种交流互动的公共空间。

長春老年大学

长春二道区文化综合体

Changchun Erdao District Cultural Complex

项目业主：长春市二道区政府
建设地点：吉林 长春
建筑功能：文化建筑
用地面积：18 702平方米
建筑面积：66 284平方米
设计时间：2019年
项目状态：在建
设计单位：吉林土木风建筑工程设计有限公司
主创设计：石铁军
参与设计：初成全、郝宏明、郭涛、敖瑞松

项目位于城市的老工业基地旧址，作为社区的文化综合体，集展览厅、文化馆、图书馆、档案馆、老年大学社区服务中心、社区医院及办公等多种功能于一体，是一个高集中度的“容器”。

项目探索建筑与城市的关系，将转角处主入口空间架空，形成面向城市的市民广场，并使城市街道空间与建筑形成有机渗透。设计充分考虑老工业基地的背景，建筑底层基座与室内中庭的核心筒采用老厂房的清水砖墙，保留工业遗产的记忆；建筑上部漂浮的体块采用现代钢构手法，传统与现代形成鲜明对比。

孙建新

职务：中科院建筑设计研究院有限公司建筑五所所长
执业资格：国家一级注册建筑师

教育背景

1990年—1994年　西北建筑工程学院建筑学学士

工作经历

1994年至今　中科院建筑设计研究院有限公司

主要设计作品

中国农业大学生命科学楼
荣获：北京市十五届优秀工程设计三等奖
石龙立思辰科技中心
北票四合屯鸟化石保护区核心区保护项目建设一期、二期工程
山东省食品药品检验研究院检验实验楼
吉林省药品检验研究院疫苗批签发实验室
中国科学院大学天文教学与实验中心
空间环境地基综合监测网（子午工程二期）
空间天气科学中心地方配套项目
北京北陆药业有限公司科技创新基地二期
天津银行后台运营中心大楼维修改造
北京京广中心有限公司写字楼外立面改造
方正国际大厦品质提升工程改造
秦淮数据总部基地建设项目2号楼、3号楼数据机房
抚州希尔顿欢朋酒店及配套项目
振鹏新能源汽车产业园一期
北京房山蒙牛乳业有限公司房山现代产业园
吉林保税物流中心（B型）
通化保税物流中心（B型）
中科印刷有限公司新建工程
北京化工出版社印刷厂新建工程
北京万科星园四期
新奥特集团上地办公楼

中科院建筑设计研究院有限公司
ADCAS 1951
Institute of Architecture Design and Research, Chinese Academy of Sciences

中科院建筑设计研究院有限公司（以下简称“中科院设计院”）成立于1951年，是中国科学院直属的唯一一家建筑设计与研究机构，2001年由事业单位整体转制为企业。中科院设计院在北京总部设有建筑、结构、机电、热力、照明、规划等28个设计所，并在广东、浙江、江苏、河南等12个省市设有分公司。公司现有员工860余人，拥有全国工程勘察设计大师1人、高级以上职称者119人、各专业国家一级注册人员77人、国家发改委项目评审中心专家库入库专家7人、北京市评标专家库入库专家15人。公司有建筑行业建筑工程甲级、市政公用行业（热力）甲级、城乡规划编制甲级、工程咨询乙级等资质以及对外承包工程资格，致力于提供建筑行业总承包业务，能够实现全过程、全专业的设计服务，包括城乡规划、建筑设计、市政热力设计、室内设计、光环境设计、景观设计、BIM信息化设计、视觉艺术设计、工程咨询、水环境研究咨询、标准化研究咨询等。作为国内最权威的科研及实验室建筑设计研究机构，中科院设计院是国家《科研建筑设计规范》《科学实验室建筑设计规范》《科研建筑工程规划面积指标》的主编单位，并主编国家建筑标准设计图集《实验室建筑设备》及《建筑设计资料集》的科研建筑部分。公司是国家高新技术企业、北京市设计创新中心，被中国勘察设计协会评为首批“全国建筑设计行业诚信单位”，被中国建筑学会评为“当代中国建筑设计百家名院”，被住建部中国建筑文化中心评为“中国最具影响力建筑设计机构”，被地产界评为“北京地产十佳建筑设计机构”，获得万科集团最佳设计合作伙伴，并已通过ISO 9001质量管理体系、ISO 14001环境管理体系和OHSAS 18001职业健康安全管理体系认证。

中科院设计院成立70年来成绩斐然，建筑创作水平在国内名列前茅，曾先后获得国家及省部级奖励百余项。

70年来，中科院设计院始终热心投入各项社会公益事业。2011年起，中科院设计院累计捐款125万元，在中国科学院大学教育基金会设立了“中科设计志愿者基金”，倡导“奉献、友爱、互助、进步”的青年志愿者精神，支持高校志愿者活动。

中科院设计院秉承“尽责、规范、协作、发展”的院训，精心设计，诚信守约，追求精品，锐意创新，凭借自身的实力和优势为客户提供无边界的服务，致力于成为一流的城乡建设技术服务商，实现“客户满意、员工满意、股东满意、社会满意”的企业目标。

地址：北京市海淀区北三环西路45号院
电话：13701249503
传真：010-62550658
网址：www.adcas.cn
电子邮箱：sunjx@adcas.cn

石龙立思辰科技中心

Shilong Lischen Technology Center

项目业主：北京石龙立思辰投资发展有限公司
建设地点：北京
建筑功能：办公建筑
用地面积：9 600平方米
建筑面积：45 820平方米
设计时间：2017年—2019年
项目状态：方案
设计单位：中科院建筑设计研究院有限公司
主创设计：孙建新、唐明、刘涛、何立业、涂雁飞

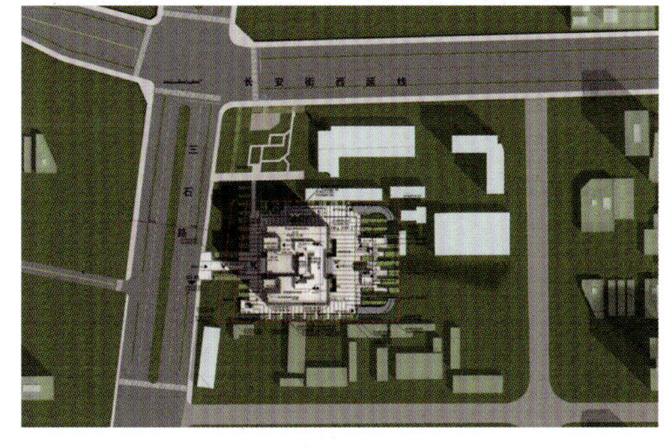

项目位于北京市长安街西侧零起点位置，建筑设计遵循长安街设计导则要求，以“中正，典雅”为主要设计原则，通过东西及南北两条主要轴线，与长安街及西侧街道相呼应，通过前后广场及内部庭院的设置，组织引导各方向的人流。

建筑物南侧自然采光良好，西侧为延绵起伏的西山风景，北侧为长安街，东侧为内部庭院，建筑物各方向均为有利朝向。外部采用玻璃幕墙及铝合金竖向构件，强调建筑物的科技感，同时更利于对外视线的通透。西侧四层以上可看到西山自然景观，设计了高度达37米的采光中庭连接南北侧办公部分，为内部办公人员提供丰富的景观视野。

北票四合屯鸟化石保护区核心区保护项目建设一期、二期工程

Beipiao Sihetun Bird Fossil Reserve Core Area Protection Project Construction Phase I and Phase II Projects

项目业主：辽宁北票鸟化石国家级自然保护区管理局
建设地点：辽宁 朝阳
建筑功能：文化建筑
用地面积：43 863平方米
建筑面积：11 811平方米
设计时间：2014年—2015年
项目状态：在建
设计单位：中科院建筑设计研究院有限公司
主创设计：孙建新、刘陆阳、郑海丽、马新刚、冉冉、付兴东

项目位于朝阳市北票鸟化石国家级自然保护区，是一座在鸟化石发掘原址上建设的博物馆。设计结合地形现状及展示现场，采用南、西、北向围合的模式，最大限度地利用地形，形成东侧最低，向西侧逐级升高的建筑形体组合，在有限的建筑面积限制下，力争形成较为震撼的建筑群。

在距今约2.5亿一约6 500万年的中生代，温暖湿润的辽西南局部地区，突然遭受一场巨大的火山喷发，中华龙鸟等原始鸟类瞬间被黑色的火山灰覆盖，建筑设计取意于此，将欲展翅高飞的飞鸟形象凝固成建筑形象，定格在火山喷发瞬间。该地址同时还发掘出热河眼子菜、陈氏辽西草、常氏似画眉草、古尔万果（未定种）、单子叶植物、辽宁古果、梁氏朝阳序等植物化石，考古界称之为“第一朵花”发掘地，设计也将此寓意体现在西侧主体建筑物中部，结合入口大厅设置。

山东省食品药品检验研究院检验实验楼

Inspection and Test Building of Shandong Institute of Food and Drug Inspection

项目业主：山东省食品药品检验研究院
建设地点：山东 济南
建筑功能：科研、办公建筑
用地面积：12 864平方米
建筑面积：15 766平方米
设计时间：2015年
项目状态：建成
设计单位：中科院建筑设计研究院有限公司
主创设计：孙建新、郭恒宇、何立业、付兴东、李洪远

标准层通排风竖井

洁净层专用机房机管井

标准层给排水竖井

标准层气路及废液收集

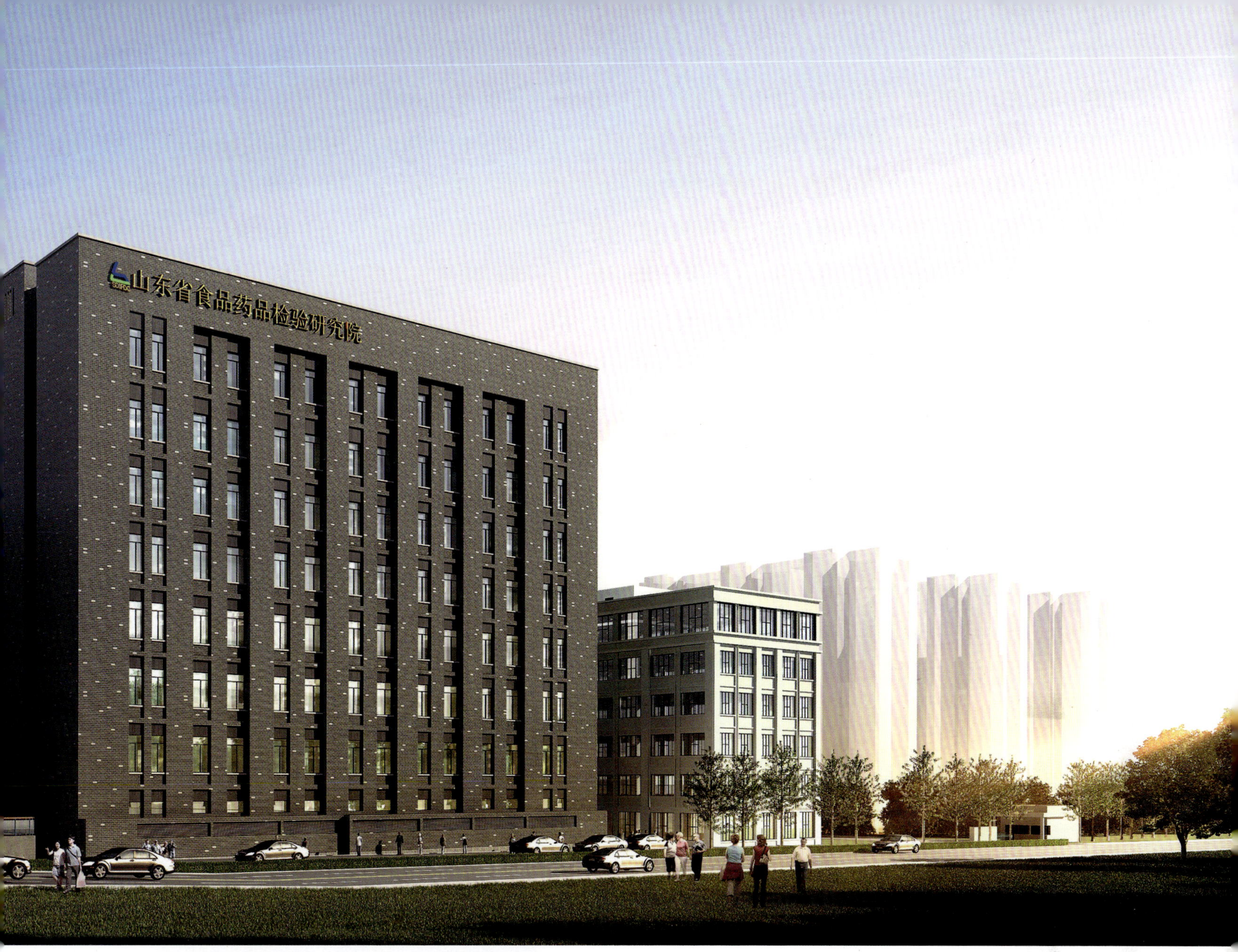

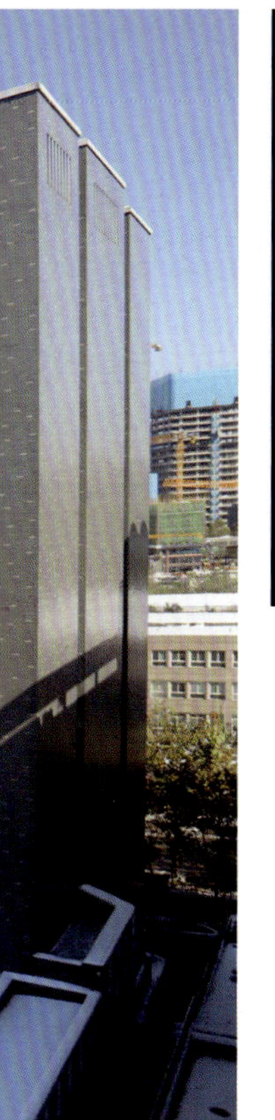

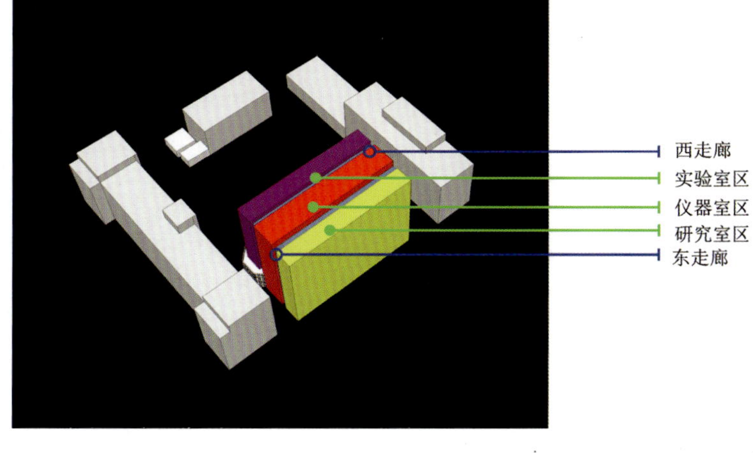

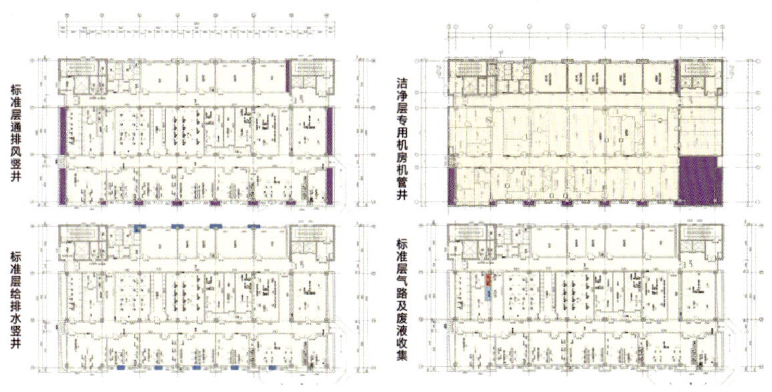

项目设计依据功能出发，采用双走廊模式（西侧实验室+工作走廊+中部仪器室+参观走廊+东侧研讨室），满足实验室和研讨室对自然采光的需求，同时考虑到仪器室区域需要稳定的环境，将之设置在中部，避免外部自然环境的干扰，减少能耗。

食品药品检验流程较为复杂，每层科室的要求及布局均有很大的不同。因此设计将工艺通排风管道围绕建筑物外墙及端部山墙设置，在外墙通风竖井之间设置较小的工艺给水以及屋面雨水竖井，最大限度地保证了每层检验科室平面布局的自由性；同时西侧外墙形成的竖向深凹槽也在一定程度上起到了竖向遮阳的作用。

顶部女儿墙高出结构板顶4.8米，为屋面密密麻麻的设备做了防护，引导屋面废气的排出，同时也保证了建筑物外观的完整性。

秋韬

职务：西安建筑科技大学建筑设计研究院
三院副院长、副总建筑师
职称：高级工程师

教育背景

1991年—1996年　西安建筑科技大学建筑学学士

工作经历

1996年—2001年　中国建筑西北设计研究院有限公司
2001年—2005年　浙江当代建筑设计研究院有限公司
2005年至今　西安建筑科技大学建筑设计研究院

个人荣誉

彬州市行政审批服务局特聘专家库专家
西安经济技术开区建筑评审专家
西安建筑科技大学建筑设计研究院优秀项目负责人

主要设计作品

西安锦园小区
荣获：2002年陕西省优秀工程勘察设计一等奖
西安延长住宅小区
荣获：2010年西安建筑科技大学艺术设计类创作二等奖
西安高新NEWORLD商业综合体
荣获：2015年—2018年西安市重点建设项目
西安浪琴湾住宅小区
高山流水和城小区
旭光光明城
台州浪琴湾住宅小区
光机所西安友谊路职工住宅
山东曹县中建北街花园
三原泰禾富凤凰府
宝鸡东岭机床厂
西安高新未来住宅

西安建筑科技大学建筑设计研究院成立于1958年，隶属于西安建筑科技大学，是西安建筑科技大学产、学、研一体化的综合设计研究机构及教学实习和研究生培养基地。设计院具有建筑工程设计、工程咨询、工程造价咨询、工程监理、风景园林工程设计、建材行业专项等甲级资质和市政、冶金行业专项乙级资质，并通过了ISO 9001质量管理体系认证，2012年荣获当代中国建筑设计百家名院。

设计院现有工程技术人员300余人，其中包括中国工程院院士2人、高级职称以上人员103多人、国家一级注册建筑师27人、一级注册结构工程师41人、注册设备工程师29人、注册咨询工程师11人,有近一半的技术人员具有硕士及以上学位，并拥有一批具有较高学术造诣的技术带头人。

设计院现设有3个建筑院、钢结构装配式建筑专项设计研究院、既有建筑改造更新专项设计研究院、2个综合设计所、建筑经济所、市政工程设计研究所、建材设计研究所、消防技术咨询研究所、建筑智能化设计研究所、建筑幕墙设计所、体育场馆规划设计研究所、方案创作中心、文化遗产研究中心、城市设计协同创新中心、特色小镇与美丽乡村规划设计研究中心、城市规划与文化旅游研究中心、BIM研究中心、信息中心、工程管理分院及施工图审查中心等机构。

设计院依托于西安建筑科技大学深厚广博的学术、科研及教学资源，作为建筑学院、艺术学院、土木工程学院、环境与市政工程学院和管理学院等院系教学、科研、实践相结合的重要基地，在学术研究与科技成果的转化和应用方面具备了得天独厚的优势。设计院十分重视国际交流合作，和多个国家的科研机构、设计单位保持着良好的合作关系。

设计院以全新的设计理念、独特的设计风格，融汇中外优秀传统建筑文化；溯本求源、大胆创新，以优质的技术服务于社会；遵循“求源创新、精设广厦”的院训，承载梦想，演绎经典，构筑城市生活的美好未来。西安建筑科技大学建筑设计研究院正以自强不息、奋发有为的精神，继续向中国建筑设计事业辉煌的高峰迈进。

地址：陕西省西安市雁塔路13号
电话：029-82205131
传真：029-82205131
网址：www.xjdsjy.com
电子邮箱：xjdsjy@xauat.edu.cn

高山流水和城小区

Gaoshan Liushui Hecheng Community

项目业主：西安和成置业有限公司
建设地点：陕西 西安
建筑功能：居住建筑
用地面积：36 800平方米
建筑面积：220 700平方米
设计时间：2008年—2015年
项目状态：建成
设计单位：西安建筑科技大学建筑设计研究院
主创设计：秋韬

项目位于西安高新技术产业开发区，由数个小高层或高层单元组成，每个小组团由住宅单体围合成归属感强的半开放空间院落，增强住户之间的交往，增加邻里感。建设用地平整，交通便捷，现已成为西安高新技术产业开发区一道亮丽的风景线。该项目的规划建筑设计具有较强的前瞻性和严谨的科学性。景观设计上，将小区中心绿化引入组团内部，使整个小区处于被绿色包围之中。组团内部景观主要以静态展示为主，同时，不同组团的中心活动场地采用不同设计主题，特点鲜明，以增强可识别性和居民的认同感。

高新NEWORLD

西安高新NEWORLD商业综合体

Xi'an High Tech NEWORLD Commercial Complex

项目业主：西安海科重工投资有限公司
建设地点：陕西 西安
建筑功能：商业综合体
用地面积：36 572平方米
建筑面积：210 000平方米
设计时间：2010年—2018年
项目状态：建成
设计单位：西安建筑科技大学建筑设计研究院
主创设计：秋韬

项目位于西安市高新区科技四路与团结南路交口东北角，处于高新区“万亿现代服务业产业带”中“总部经济聚集区”中心地段。项目以西安的高品质标杆商务功能为驱动，以高效商业购物中心为形象标杆，致力于打造西安高新区CBD总部经济聚集区、商务综合价值标杆，成就城市活力新中心。

整体建筑设计风格简洁明快，设计尊重建筑功能的本来风格并加以概括，商业裙房及高层部分充分体现各自的功能特色。设计利用材质、造型手法的对比及统一，以及虚实、线面的对比，使建筑具有强烈的时代感和现代感，体现出现代城市的精神风貌及文化内涵。

西安浪琴湾住宅小区

Xi'an Longqinwan Residential Community

项目业主：西安市城市建设开发总公司
建设地点：陕西 西安
建筑功能：居住建筑
用地面积：51 898平方米
建筑面积：220 000平方米
设计时间：2010年
项目状态：建成
设计单位：西安建筑科技大学建筑设计研究院
主创设计：秋韬

项目位于西安市北郊，小区由13幢高层住宅楼组成，传承中国传统围合式院落风格，楼宇排列北高南低。设计以创造“文明居住环境”为中心，贯彻可持续发展的方针，精心处理“人、建筑、环境”三者之间的关系。立面造型采用简洁、明快、活泼的现代风格，业主可在自家充分感受到蓝天的高远和阳光的灿烂，体验健康居家的幸福感受。

西安锦园小区

Xi'an Jinyuan Community

项目业主：西安龙安实业开发有限责任公司
建设地点：陕西 西安
建筑功能：居住建筑
用地面积：95 381平方米
建筑面积：234 000平方米
设计时间：1998年—2002年
项目状态：建成
设计单位：中国建筑西北设计研究院有限公司
主创设计：秋韬

项目位于西安市桃园南路，设计以人为本，满足不同家庭构成需要，套型多样，利用新材料、新技术改善居住功能。住宅采用院落式布置，按照现代家庭生活行为规律和市场需求进行住宅设计，采用节能、节水、环保、智能化等住宅建设新技术及其他新型材料设备，以达到节能、智能、舒适、生态、安全的建造要求。

西安延长住宅小区

Xi'an Yanchang Residential Community

项目业主：陕西宏源房地产开发有限责任公司
建设地点：陕西 西安
建筑功能：居住建筑
用地面积：111 800平方米
建筑面积：317 000平方米
设计时间：2005年—2010年
项目状态：建成
设计单位：西安建筑科技大学建筑设计研究院
主创设计：秋韬

项目是延长油田在西安建设的职工住宅小区，位于西安市文景南路。规划设计围绕自然化、生态化和现代化的主题展开，坚持“以人为本”的设计原则，平面布局自由灵活，分区明确合理，兼容流动布局因素，以人的行为规律为准则，突出了人性化和个性化特征。小区的绿化设计采取集中与分散相结合、点线面相结合、平面与立体相结合的布置手法，保持居住环境与自然环境的连续性，创造“园林式”的居住空间。

任妍丽

职务：机械工业勘察设计研究院有限公司工程设计院总建筑师
职称：高级工程师
执业资格：国家一级注册建筑师

教育背景
1990年—1994年　长安大学建筑学学士
2010年—2012年　西安交通大学陕MBA工程管理硕士

工作经历
2019年至今　机械工业勘察设计研究院有限公司

个人荣誉
2012年陕西省五一巾帼标兵荣誉称号
2015年长安大学兼职副教授

主要设计作品
兰州新区瑞玲雅苑小区
荣获：2014年陕西省优秀工程咨询二等奖
　　中国机械工业勘察设计协会优秀工程咨询勘察设计奖
首创国际城
荣获：2012年中国机械工业勘察设计协会优秀工程勘察设计奖
东方航空公司西安总部办公大楼
西安临潼新区管委会办公大厦
渭南国际大酒店
西安首创国际
华润置地西安曲江九里
融创西安曲江印
西安当代惠尔满堂悦MOMΛ小区

罗盟

职务：机械工业勘察设计研究院有限公司工程设计院副总工程师
职称：规划设计高级工程师
　　高级景观设计师
　　高级室内建筑师

教育背景
2004年—2008年　西安美术学院建筑环境设计学士

工作经历
2010年至今　机械工业勘察设计研究院有限公司

个人荣誉
中国民族建筑研究会中国人居年度最佳设计师

主要设计作品
中国茯茶文化博物馆
荣获：中国建筑装饰协会中国建筑装饰奖
西安曲江楼观华夏正财神庙
荣获：陕西省优秀建筑工程设计一等奖
陕西省西咸新区泾河崇文中学
荣获：陕西省优秀建筑工程设计二等奖
陕西省崇文重点镇住宅建筑
荣获：中国民族建筑研究会中国人居金奖
韩城古城总体旅游规划
荣获：中国艾景奖旅游规划金奖
西安曲江唐城墙新开门遗址公园规划设计
西安空港新城城市绿地系统规划设计
荣获：中国建筑学会艾景奖金奖

李玉峰

职务：机械工业勘察设计研究院有限公司第二设计所总建筑师
职称：高级工程师
执业资格：国家一级注册建筑师

教育背景
2004年—2009年　长安大学建筑学学士
2009年—2012年　长安大学建筑技术科学硕士

工作经历
2012年至今　机械工业勘察设计研究院有限公司

主要设计作品
肃南祁连玉文化产业园（玉水苑）
荣获：2016年院级优秀建筑创作三等奖
陕西省潼关古城景区建设项目
荣获：2017年院级优秀建筑创作二等奖
阿拉善国际岩画博物馆
荣获：2018年院级优秀建筑创作二等奖
安康瀛湖清泉汉水文化街
荣获：2019年院级优秀建筑创作二等奖
西安汉诺威国际学校
荣获：2020年院级优秀建筑创作二等奖

贾夙

职务：机械工业勘察设计研究院有限公司第五设计所所长
职称：工程师

教育背景
2005年—2010年　长安大学建筑学学士

工作经历
2013年至今　机械工业勘察设计研究院有限公司

主要设计作品
西乡县人民医院
荣获：陕西省建筑专项工程设计三等奖
　　　公司优秀工程设计一等奖
德令哈固始汗文化商业步行街
荣获：公司优秀工程设计一等奖
唐山市文化传媒交流中心

郝欣

职务：机械工业勘察设计研究院有限公司第六设计所所长
职称：高级工程师

教育背景
2005年—2010年　西安建筑科技大学建筑学学士
2013年—2015年　清华大学工业工程管理硕士

工作经历
2010年至今　机械工业勘察设计研究院有限公司

主要设计作品
西乡县人民医院
荣获：2016年陕西省建筑专项工程设计三等奖
泾河新城崇文中学
荣获：2016年陕西省建筑专项工程设计二等奖
中国茯茶文化博物馆
荣获：中国建筑装饰协会中国建筑装饰奖
　　　2019年陕西省青年建筑师优秀作品奖
西宁中惠万达广场

史晓军

职务：机械工业勘察设计研究院有限公司第七设计所所长
职称：工程师、高级装配式建筑设计师

教育背景
2004年—2009年　哈尔滨工业大学建筑学学士

工作经历
2019年至今　机械工业勘察设计研究院有限公司

主要设计作品
西咸新区秦汉新城项目——全运会小轮车赛场
西安交大基础教育园区体育馆——全运会柔道馆
榆林职业技术学院体育馆——全运会拳击馆
韩城合阳机场航站楼
渭南市大荔县人民体育运动中心
武功体育中心
牙买加孔子学院
韩城市文史公园司马追风阁

机械工业勘察设计研究院有限公司

CHINA JIKAN RESEARCH INSTITUTE OF ENGINEERING INVESTIGATIONS AND DESIGN, Co.,Ltd.

机械工业勘察设计研究院有限公司（原国家机械工业部勘察设计研究院），始创于1952年，是国家大型综合性勘察设计单位，现隶属于中央企业——中国机械工业集团有限公司（世界500强企业）。

公司现有员工800余人，专业技术人员占95%，其中包括高级工程师200余人（各类国家注册师300余人）、享受国务院政府特殊津贴专家和省部级有突出贡献专家40余人；拥有张苏民、张旷成、张炜、郑建国4位“全国工程勘察设计大师”，技术水平居国内行业一流。

公司秉持“创新·包容·共享”的企业文化，弘扬“人·生活·事业”的核心价值观，坚持“为顾客创造价值”的经营理念和“诚信·感恩·责任·争先·和谐”的团队精神，为打造“业务特色鲜明、国际知名的科技型工程公司”而努力奋斗！

地址：陕西省西安市新城区
　　　咸宁中路51号
电话：029-83281271、62658800
传真：029-83231354
网址：www.jk.com.cn
电子邮箱：yuan@jk.com.cn

西安航天基地小镇客厅

Xi'an Space Base Town Living Room

项目业主：西安航天城市发展控股集团有限公司
建筑功能：办公建筑
用地面积：11 227平方米
建筑面积：17 716平方米
设计时间：2019年
项目状态：建成
设计单位：机械工业勘察设计研究院有限公司
设计团队：任妍丽、金姝倩、宋露、张向武

项目位于西安市航天拓展中心区域，具有较好的公共交通便利性，地理区位优势明显，主要为小镇入驻企业提供一站式服务，展示西安航天小镇规划及产业发展方向。设计整合周边景观资源，根据用地范围切割广场空间，引入中庭采光，在丰富内部空间的同时，增强建筑造型张力，从视觉体验上扩大小镇客厅的影响范围。设计积极利用南北贯通的西侧边界，将车行道、地库出入口、景观台阶设置于西侧，并合理利用场地高差，设置架空层景观大平台，巧妙地解决了机动车及非机动车停车问题。建筑造型独特，功能齐全，流线清晰，分区合理，是航天新城的重要地标性建筑。

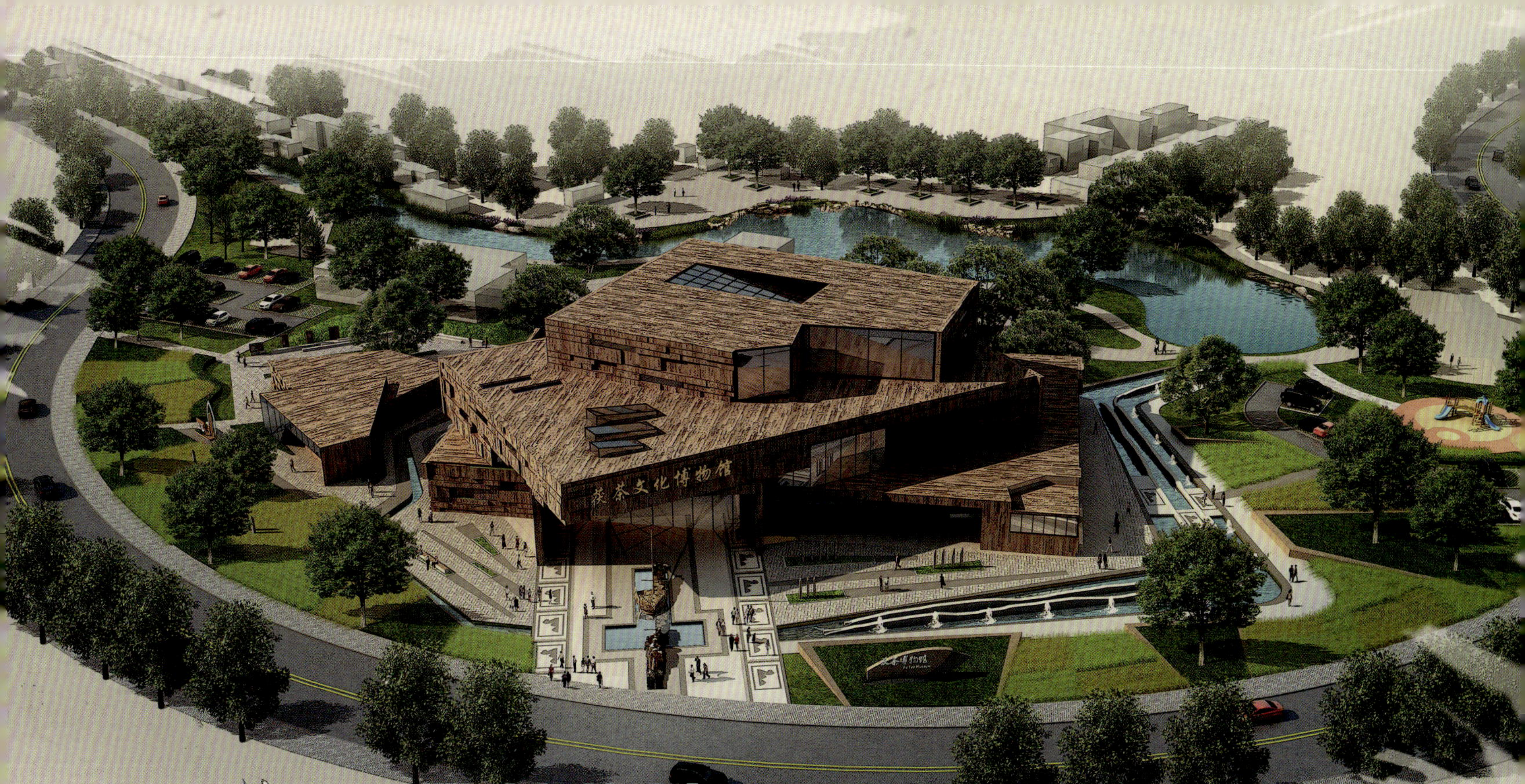

中国茯茶文化博物馆

China Fu Tea Culture Museum

项目业主：陕西省西咸新区泾河新城开发建设（集团）有限公司
建设地点：陕西 西安
建筑功能：文化建筑
用地面积：11 300平方米
建筑面积：6 000平方米
设计时间：2017年
项目状态：建成
设计单位：机械工业勘察设计研究院有限公司
主创设计：罗盟
参与设计：郝欣、贾夙、韩刘转、王树平、石克家、刘彬、尚兆珊、贺蒙、李霞、杨文江、马玉洁

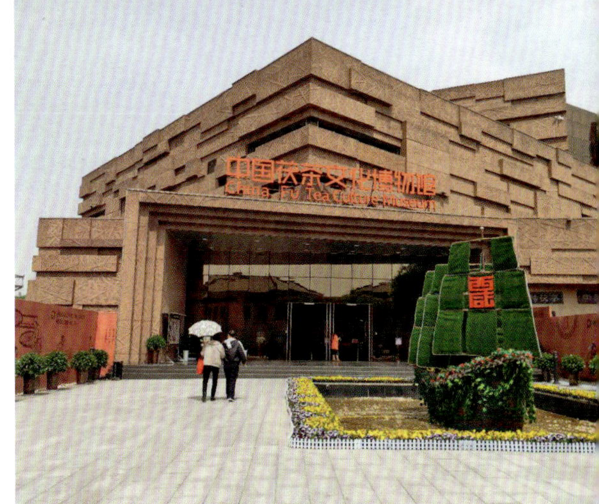

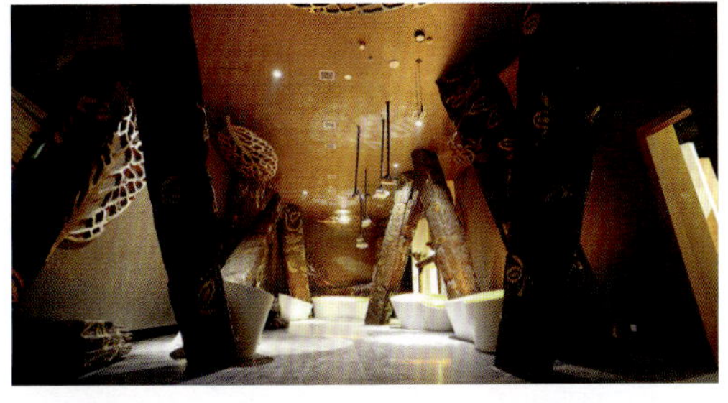

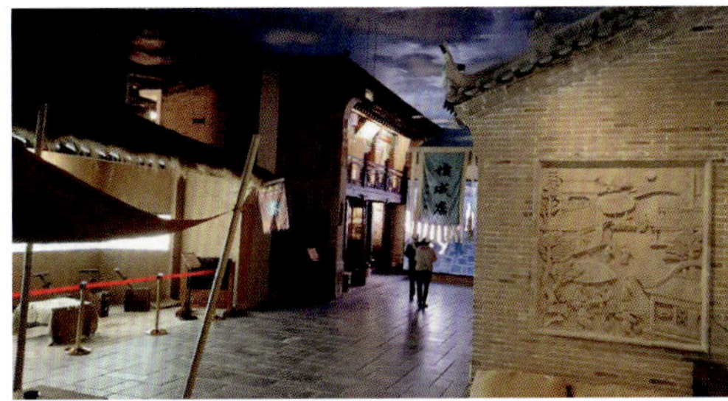

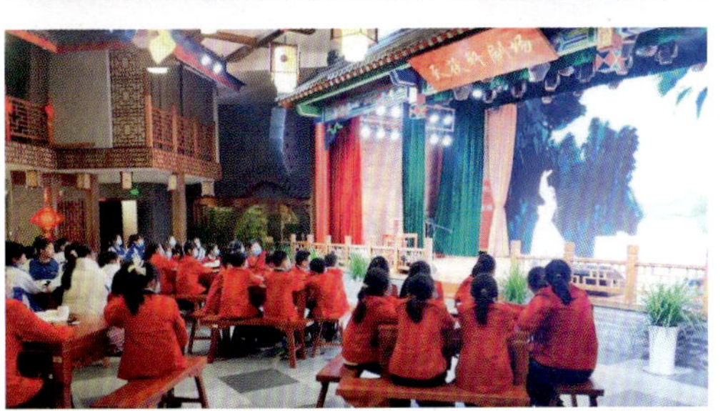

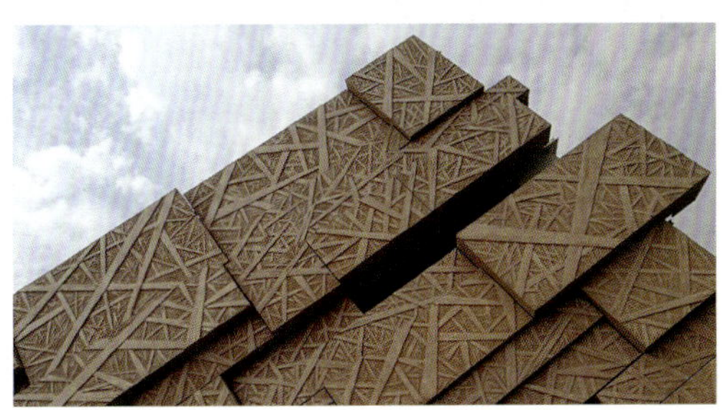

平面图

图例：

1 茶马古道　2 泾阳漫谈　3 "茯茶"展陈馆　4 "茯茶印象"演绎厅　5 办公室　6 茶艺社　7 制茶工艺地雕　8 农田肌理　9 院落餐饮　10 停车场　11 水漫云间　12 文化活动广场

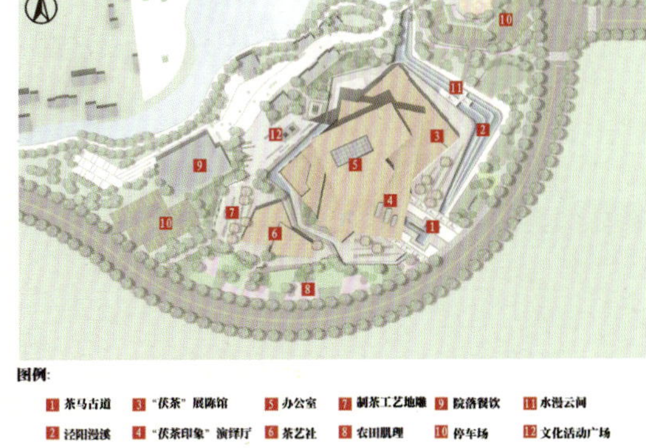

中国茯茶文化博物馆集丝路茯茶文化展览、游学培训、剧场演艺、主题餐饮、茯茶储藏等功能于一体。第一层建筑为沉浸式丝路茯茶体验展；第二层建筑为茯茶演艺剧场、茯茶老字号商铺；第三层建筑为茯茶文化培训和国际交流中心；主场馆左翼为茯茶主题餐饮中心。

建筑以堆叠的茯砖茶解构重组出建筑内外部空间形态，从茯茶形态符号抽象出现代建筑语言，视觉向上的线条象征了茯茶作为“一带一路”交流符号的前行活力。同时作为中国茯茶之都的地标性建筑，博物馆在外立面材料上以陕西乡土建筑夯土墙为源头研发了茯茶混凝土外墙挂板，用材料语言生动展现了“丝绸之路上盛开的金花茯茶”的美妙形态。

清涧县高家洼塬北国风光景区主展馆及附属建筑

North Country Scenic Spot Main Exhibition Hall and Ancillary Buildings of Gaojiawa, Qingjian County

项目业主：陕西省榆林市清涧县文体广电局
建设地点：陕西 榆林
建筑功能：文旅建筑
用地面积：39 473平方米
建筑面积：6 297平方米
设计时间：2014年
项目状态：建成
设计单位：机械工业勘察设计研究院有限公司
主创设计：李玉峰

项目位于清涧县城东55千米处的高杰村镇高家洼村，景区包含一期藏雪楼和二期主展馆及附属用房等建筑。它是一个集旅游休闲、诗词研讨、艺术创作、革命再教育为一体的AAA级景区，也是红色文化与自然风景名胜旅游地、青少年爱国主义和社会主义教育基地、陕北特色风情与文化展示地、红军长征纪念地。高家洼塬北国风光景区是榆林南大门的龙头景区，并被纳入延安红色旅游大圈。

在满足功能的舒适性和使用性的基础上，建筑立面体现展览及博物馆建筑特征，简洁明快是立面设计的基本原则。建筑以现代的设计手法，体现传统建筑的时代精神，注重黄土文化的再现，层次丰富，体量方正，展现庄重大气的建筑时代风采。

唐山市文化传媒交流中心

Tangshan Cultural Media Exchange Center

项目业主：唐山市文化旅游投资集团有限公司
建设地点：河北 唐山
建筑功能：商业、办公建筑
用地面积：26 623平方米
建筑面积：22 277平方米
设计时间：2020年
项目状态：在建
设计单位：机械工业勘察设计研究院有限公司
主创设计：贾夙
参与设计：黄冲、史海彦、唐珂、刘彬、尚兆姗

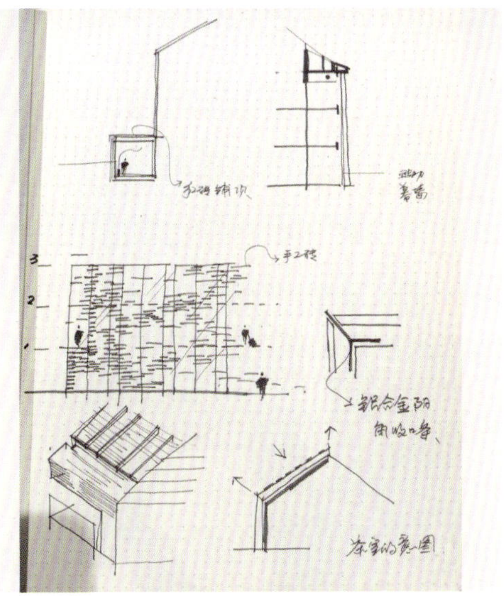

项目位于唐山市建设北路东侧、长虹东道北侧，建筑集会议、餐饮、住宿、酒店、交流等功能于一体。设计以展现东方人文情怀、延续城市文脉为设计理念。以当代的建筑诉说东方的故事，中式的院落、连廊，坐北朝南的建筑姿态，延续着城市的记忆。

规划设计尊重城市文脉，顺应自然气候，采用庭院式布局，让每个居住单元均有各自的庭院景观。中心区域有集中式庭院，给客人提供优质的居住体验。设计定位为庭院式花园酒店，在完成酒店本质商务功能外，增设花园式环境，丰富酒店整体品质，增加体验感。项目运用陶板等建筑材料，给人以朴素沉稳的印象。

西宁中惠万达广场

Xining Zhonghui Wanda Plaza

项目业主：青海中惠房地产实业有限公司
建设地点：青海 西宁
建筑功能：商业、居住建筑
用地面积：41 258平方米
建筑面积：256 230平方米
设计时间：2019年
项目状态：在建
设计单位：机械工业勘察设计研究院有限公司
主创设计：郝欣、石克家、贺蒙

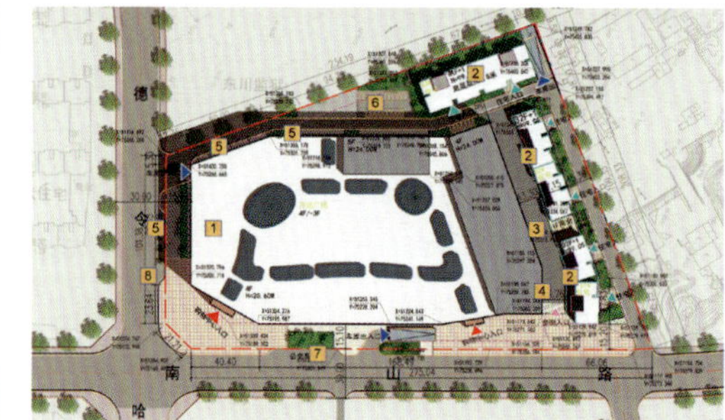

项目设计灵感源于场地文脉，项目的南侧为西宁南山，又名凤凰山。相传南凉时，有凤凰飞临西宁南山，“凤台留云”为西宁的一大胜景，乃古八景之一。

商业建筑以“凤台留云”作为设计理念，以白色为主色调，以流畅的红色线条贯穿其间，从不同角度呈现出不同的流线形态，富有动感，宛如凤凰翱翔云中。住宅公寓采用相同的理念，以白色横条纹贯穿建筑，弱化了建筑的封堵感，增强了通透感。建筑立面以红色线条勾勒出飞翔的凤凰形态，使建筑呈现出较强的标志性。优越的地理位置及自然环境，将整个基地的景观与建筑各功能体系融会贯通，突出了绿色建筑主题，实现了可持续发展。

榆林职业技术学院体育馆——全运会拳击馆

Gymnasium of Yulin Vocational and Technical College: National Games Boxing Gym

建设主体：榆林市职业技术学院
建设地点：陕西 榆林
建筑功能：体育建筑
用地面积：47 116平方米
建筑面积：29 188平方米
设计时间：2019年
项目状态：建成
设计单位：机械工业勘察设计研究院有限公司
合作单位：北京华茂中天建筑规划设计有限公司
主创设计：史晓军
参与设计：王小牛、何佳霏、刘怡、崔羊羊、王小刚

项目为乙级综合体育馆，基地平面布置分为两大功能区：体育馆区和游泳训练馆区。它是西北地区唯一的双螺旋网壳体育建筑、西北地区檐口最低的体育建筑、西北地区训练教学面积比率最高的高校体育建筑，也是第十四届全国运动会拳击馆的比赛场馆。

项目建设符合竞赛标准，满足训练要求，也是服务社会兼顾举行文娱活动的现代化体育场馆与符合学校发展要求的多功能报告厅。项目在整体布局上做到与环境有机结合，合理布局，巧妙设计，展现榆林毛乌素沙漠的雄浑气势。设计利用竖向铝镁锰板直立锁边分水槽、遮阳隔热格栅形成的韵律来展示波浪谷的特征纹理，宣扬榆林作为陕北重镇的地理风貌与文脉遗存。

谭东

职务：上海砼森建筑规划设计有限公司总建筑师

教育背景

同济大学建筑学硕士

德国斯图加特大学建筑学博士

工作经历

1993年—1998年　同济大学建筑与城市规划学院建筑系

1998年—2000年　同济大学建筑与城市规划学院建筑技术教研室

2001年—2006年　德国斯图加特大学建筑系建筑设计与构造技术研究所

2006年—2007年　同济大学建筑设计研究院都市分院

2007年至今　上海砼森建筑规划设计有限公司

TOPSUM | 砼森建筑

ARCHITECTURAL & STRUCTURAL DESIGN • URBAN PLANNING

上海砼森建筑规划设计有限公司（以下简称“TOPSUM砼森建筑”）是一家综合性的工程设计企业，具备建筑工程设计甲级、规划乙级、园林景观乙级等资质。自2006年成立以来，TOPSUM砼森建筑累计完成各类规划和工程设计近3 000万平方米，业务范围涵盖城市规划、城市设计、建筑设计、景观设计、室内设计、房地产咨询等多个领域，并在城市综合体、集群商业、大型办公建筑、文化纪念场馆、教育建筑、医疗建筑、高档住宅社区、绿色建筑、工业建筑，以及特种建筑、钢结构设计、建筑装配化等方面积累了丰富的工程经验。

TOPSUM砼森建筑集合了一大批经验丰富、勇于创新的建筑师和工程师，通过15年的创作和建设实践，逐步形成了独特的设计风格和严谨的工作流程。

TOPSUM砼森建筑强调发掘设计过程的内在逻辑，积极推行整体化的成本控制和设计解决方案，将城市设计、建筑设计、景观设计与室内设计视为完整的设计整体加以对待，努力为使用者提供最适合的工程设计方案。

TOPSUM砼森建筑特别注重建筑技术领域的研究探索，专业严密的逻辑分析和严谨的流程控制保障了设计品质和产品的价值，并使所有建设伙伴在设计作品中所倾注的理性与激情得以最大程度的实现。

用不同的梦想改变世界，砼森建筑为您创造未来！

地址：上海市淞沪路303号创智天地广场三期1101-1108室
电话：021-33623936
传真：021-33626289
网站：www.topsumchina.com
电子邮箱：topsumsd@163.com

独角兽生态岛

Unicorn Ecological Island

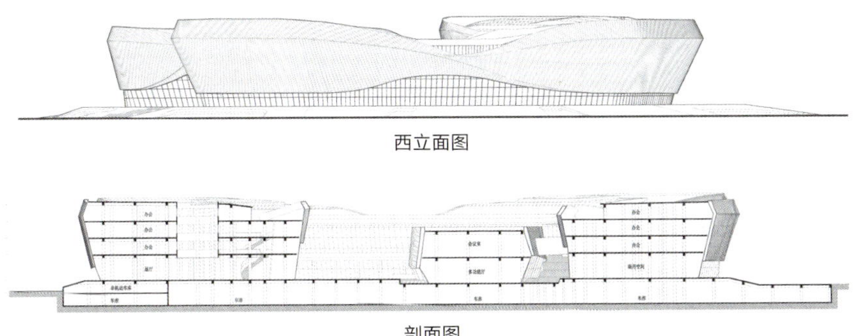

西立面图

剖面图

项目业主：淄博市高新区管委会
建设地点：山东 淄博
建筑功能：展览展厅、办公建筑
用地面积：70 000平方米
建筑面积：91 000平方米
设计时间：2020年至今
项目状态：在建
设计单位：上海砼森建筑规划设计有限公司
设计团队：谭东、余林梦、孙小琳、李昊忆、徐亚东、赖佳文、张树清、宋丽、王庆坤、刘斌

淄博市科学城 TBD

Zibo Science City TBD

项目业主：淄博市高新区管委会
建设地点：山东 淄博
建筑功能：办公、居住建筑
用地面积：2 033 300平方米
建筑面积：6 845 700平方米
设计时间：2020年至今
项目状态：在建
设计单位：上海砼森建筑规划设计有限公司
设计团队：谭东、雷凯、庞珍珍、孙鑫、赖佳文

项目位于淄博市中心城区北部，作为淄博市“两城一谷”战略规划的重要板块，旨在构建“科创人才会聚的新磁极、创业人才的新天地、产研一体的新平台”。依托淄博市高新区区位交通优势和产业资源优势，高水平规划科学城TBD，打造集金融、商务、科技、文化等功能于一体的战略要地。同时在核心湖区湖畔规划独角兽生态岛，为独角兽企业提供孵化培育平台。

淄博创业创新谷

Zibo Entrepreneurship and Innovation Valley

项目业主：淄博市基础设施和保障房投资建设有限公司
建设地点：山东 淄博
建筑功能：办公、商业、居住建筑
用地面积：194 212平方米
建筑面积：610 990平方米
设计时间：2018年至今
项目状态：在建
设计单位：上海砼森建筑规划设计有限公司
设计团队：谭东、陈志文、庞珍珍、王小强、王帅、黄杰、张维宇、赖佳文、杨国其、杨洋、张树清、宋丽、王庆坤、刘斌

项目位于淄博市华光路以北，联通路以南，天津路以东，上海路以西。淄博创业创新谷地块划分为A~H8个地块，分别为公共科技创业孵化中心、专家人才公寓、企业定制孵化中心、高端科技创业孵化中心、商业生活配套及办公、文化创意开发中心、信息技术研究中心和预留发展用地。项目一期按规划建设5个功能区：A区为公共科技创业孵化中心、B区为专家人才公寓、C区为企业定制孵化中心、D区为高端科技创业孵化中心、E区为商业生活配套及办公。

齐润南北公建项目

Qirun North South Public Construction Project

项目业主：淄博市房屋建设综合开发有限公司
建设地点：山东 淄博
建筑功能：办公、酒店建筑
用地面积：56 752平方米
建筑面积：227 200平方米
设计时间：2019年至今
项目状态：在建
设计单位：上海砼森建筑规划设计有限公司
设计团队：谭东、庞珍珍、陈志文、黄杰、张丹阳、张树清、宋丽、王庆坤、刘斌

黄金城商业地块

Golden City Commercial Plot

项目业主：山东黄金地产旅游集团有限公司
建设地点：山东 淄博
建筑功能：办公、商业建筑
用地面积：42 556平方米
建筑面积：141 600平方米
设计时间：2020年至今
项目状态：拟建
设计单位：上海砼森建筑规划设计有限公司
设计团队：谭东、黄杰、刘奇、杨国其、冯莹烨、张树清、宋丽、王庆坤、刘斌

项目是一座以金融、高端餐饮为主的城市综合体，包括商务办公、会议、高端餐饮、精品商业等建筑功能。它是张店北部地标性建筑，可为地产投资客户提升价值。两栋97米高的商业建筑和酒店建筑位于用地北侧，强调形象性和标志性。24米高的婚庆宴会楼紧邻酒店东侧，婚庆相关商业沿与西侧商业地块对应的内广场布置，强化景观与空间组合的同时，与主楼融为一体，兼适当的公共使用功能。

王岗

职务：山东省建筑设计研究院有限公司第三分院院长

职称：工程技术应用研究员

执业资格：国家一级注册建筑师

教育背景

1986年—1991年　北京建筑工程学院建筑学学士

工作经历

1991年至今　山东省建筑设计研究院有限公司

个人荣誉

中国医疗建筑设计年度杰出人物

全国十佳医院建筑设计师

全国抗击新冠肺炎疫情先进个人

山东省十佳百优建筑师

主要设计作品

呼伦贝尔人民医院新区分院

荣获：2013年全国人居经典建筑规划设计规划金奖

广州佛山妇幼保健院

荣获：2014全国人居经典建筑规划设计综合大奖

连云港市妇幼保健中心

荣获：2015全国人居经典建筑规划设计综合大奖

广州暨南大学第一临床医学院教学楼

荣获：2015年全国优秀工程勘察设计二等奖

深圳大学总医院

荣获：2018年金拱奖建筑设计金奖

2019年全国优秀工程勘察设计二等奖

2019年全国综合医院示范工程

“十一五”期间全国医院建设优秀规划设计奖

2019年度鲁班奖

山东省公共卫生临床中心

荣获：2020年新冠肺炎应急救治设施设计二等奖

深圳石岩人民医院

荣获：“十一五”期间全国医院建设优秀规划设计奖

江苏大学附属医院新院区

荣获：“十一五”期间全国医院建设优秀规划设计奖

枣庄市妇幼保健院

荣获：“十三五”期间全国妇幼保健院建设标志工程

深圳大学附属医院

东南大学附属医院

学术研究成果

《妇幼保健机构建筑设计指南》，编制行业标准，提出“四大部”设计概念，指导全国妇幼保健院的建设，并成为评价全国妇幼保健院学科建设、建筑设计、功能流线的标准。

《方舱式临时医院技术导则》，编制标准，2020年指导山东省应急医院改造设计，做到科学、高效、快速、安全地建设方舱式临时医院。

山东省建筑设计研究院有限公司是国家甲级勘察设计单位、全国重信用守合同单位、全国建筑设计行业诚信单位、当代中国建筑设计百家名院，是山东省建筑设计行业的龙头企业。

公司现设有9个综合设计分院、7个驻外分支机构、6个职能管理部门，现有职工1 000余人，其中专业技术人员900余人、高级职称人员近300人、工程技术应用研究员70余人、国家一级注册建筑师及其他专业注册工程师260余人、山东省工程设计大师9人。

公司立足于山东，积极开拓国内和国际市场，设计成果遍全国及亚洲、非洲、大洋洲、北美洲的十几个国家；累计完成7 000余个工程设计项目，设计总面积达1.65亿平方米；完成上千个优秀医院建筑设计项目，连续多年荣获“中国医院建设十佳医院设计供应商”“中国医院建设品牌服务企业”等荣誉称号。

公司重视建筑创新，技术力量雄厚，设计手段先进，设计质量和服务水平深得业内好评。几十年来，在建筑设计及科研领域荣获国家及省部级科技进步奖、国家及省部级优秀勘察设计奖等千余项奖项。依靠雄厚的技术实力，公司成为山东大学、山东建筑大学的教学实践基地和工程硕士培养基地，是全国19个学术团体的理事单位，山东省12个专业学术团体的挂靠单位；先后与德国、加拿大、澳大利亚、日本、韩国等国外设计机构建立了技术合作关系，并开展了卓有成效的交流合作。

山东省建筑设计研究院有限公司第三分院，不断践行医疗建筑理想，打造了一支业务精湛、服务良好、具有前瞻性理念的设计团队；作为国内优秀的医疗建筑设计团队，创造性地开拓医疗建筑市场，以优化的资源来服务客户；通过整合人的需求、环境管理、价值创造、科学和艺术相结合，提供卓越的设计和解决方案，寻求内部功能与基地环境、气候、文化等需求的平衡，赋予建筑、景观新的意义；经过37年的发展，现已成为国内医疗建筑行业的翘楚。

37年不平凡，是个历程，是个高度，更是一个新起点！

地址：山东省济南市市中区经四路小纬四路4号

电话：0531-87913086

传真：0531-87913036

网址：www.sd3s.net

电子邮箱：wgang9999@vip.sina.com

蒋龙

职务：山东省建筑设计研究院有限公司第三分院副院长
职称：正高级工程师
执业资格：国家一级注册建筑师

教育背景
1998年—2003年　山东建筑工程学院建筑学学士

工作经历
2003年至今　山东省建筑设计研究院有限公司

个人荣誉
全国十佳医院建筑设计师
中国医疗建筑设计年度杰出人物

主要设计作品
兰州重离子医院
荣获：2016年山东省优秀建筑设计三等奖
国家重离子医用示范项目
广东医科大学顺德妇女儿童医院
荣获：2017年山东省优秀建筑设计三等奖
湖南省人民医院星沙院区

田少斌

职务：山东省建筑设计研究院有限公司第三分院院长助理
职称：高级工程师
执业资格：国家一级注册建筑师

教育背景
2001年—2006年　山东建筑大学建筑学专业

工作经历
2006年至今　山东省建筑设计研究院有限公司

主要设计作品
广州白云区医院
荣获：2015年山东省优秀建筑设计一等奖
深圳大学总医院
荣获：2018年金拱奖建筑设计金奖
2019年全国优秀工程勘察设计二等奖
2019年全国综合医院示范工程
“十一五”期间全国医院建设优秀规划设计奖
2019年度鲁班奖
乌鲁木齐儿童医院(城北分院)

綦振

职务：山东省建筑设计研究院有限公司第三分院创作室主任
职称：高级工程师

教育背景
2004年—2009年　山东工艺美术学院建筑学学士

工作经历
2009年至今　山东省建筑设计研究院有限公司

主要设计作品
呼伦贝尔人民医院新院区
荣获：2013年全国人居经典建筑规划设计建筑金奖
广东医科大学顺德妇女儿童医院
荣获：2017年山东省优秀建筑设计三等奖
乌鲁木齐儿童医院（城北分院）
荣获：2017年山东省建筑信息模型（BIM）应用大赛二等奖
2018年全国建筑信息模型 (BIM) 应用大赛二等奖

巩晓昆

职务：山东省建筑设计研究院有限公司第三分院创作室主任
职称：工程师

教育背景
2008年—2013年　山东建筑大学建筑学学士

工作经历
2013至今　山东省建筑设计研究院有限公司

主要设计作品
于都县人民医院（新区）
荣获：2014年全国人居经典建筑规划设计建筑金奖
连云港妇幼保健院
荣获：2016年山东省优秀建筑设计二等奖
宁夏工人疗养院
荣获：2017年山东省建筑信息模型(BIM) 应用大赛一等奖
2018年山东省优秀建筑设计三等奖
乌鲁木齐儿童医院(城北分院)

深圳大学总医院

Shenzhen University General Hospital

项目业主：深圳大学
建设地点：广东 深圳
建筑功能：医疗建筑
用地面积：89 800平方米
建筑面积：135 000平方米
设计时间：2011年
项目状态：建成
设计单位：山东省建筑设计研究院有限公司
主创设计：王岗、蒋龙、田少斌、綦振、巩晓昆

项目是一座三级甲等医院，总床位数量1 000个。设计将“生态医院”的概念贯穿整个设计过程，强调对环境的尊重，包括院区所在的大环境及院区内部的小环境，使整个建筑群与自然环境和谐共生，让病人能看到绿树、蓝天，能呼吸到新鲜的空气，激发患者对生命的渴望和战胜病痛的意志，达到积极配合治疗的目的，同时也利于医护人员身心舒畅，提高工作效率。

设计理念：
(1) 引领国内医疗建筑新趋势；
(2) 地域性、人性化、生态化；
(3) 卓有成效的设计总承包及限额设计模式；
(4) “十一五”期间深圳特区重要的医疗卫生资源；
(5) 梭形医院街与“S”形架空廊架的完美结合；
(6) 城市规划思想的崭新思维——建筑与环境共生。

枣庄市妇幼保健院

Zaozhuang Maternal and Child Health Hospital

项目业主：枣庄市妇幼保健院
建设地点：山东 枣庄
建筑功能：医疗建筑
用地面积：111 400平方米
建筑面积：99 500平方米
设计时间：2013年
项目状态：建成
设计单位：山东省建筑设计研究院有限公司
主创设计：王岗、蒋龙、田少斌、孙菲、张劲、綦振、巩晓昆

项目位于历史名城枣庄市薛城区，交通便利，建设标准为三级甲等医院，总床位数量800个。基地内建筑高低错落，取意“生命之花”，寓意对生命的热爱、对生活的追求、对未来的向往，与妇幼保健院孕育生命、救死扶伤的宗旨相吻合。建筑形体如发散状花瓣布局，空间与南部的山地和东侧的绿地公园相互渗透，与大自然相互交流。体块在专享的空间场地中，以独特的形体变化与环境和谐共生、浑然一体、围合串联，形成闭合空间与开敞空间的有机互连。

设计理念：

（1）融合现状、面向未来的建筑；
（2）便于使用与管理的建筑；
（3）以人为本、人性化的建筑；
（4）高度智能化的建筑；
（5）城市标志性的建筑。

兰州重离子医院

Lanzhou Heavy Ion Hospital

项目业主：兰州重离子医学产业投资有限公司
建设地点：甘肃 兰州
建筑功能：医疗建筑
用地面积：100 000平方米
建筑面积：350 000平方米
设计时间：2013年
项目状态：建成
设计单位：山东省建筑设计研究院有限公司
主创设计：王岗、蒋龙、田少斌、綦振、巩晓昆、张磊

兰州重离子医院是一座以医疗为主，兼顾科研、康复、预防、保健、教学和急救等功能的现代化特色三级甲等医院，总床位数量1 800个。医院拥有先进的一体化手术室、ICU病房等设施，能够为病患及家属提供酒店式的舒适医疗休养环境，全面提升病患的就医质量和康复质量。

设计理念：

（1）国家重离子医用示范项目；

（2）集临床、科研、预防、保健、康复为一体的治疗肿瘤疾病的大型专科医院；

（3）总体布局设计互不干扰，平面布局紧凑，功能合理，造型挺拔俊朗，富有韵律感；

（4）建筑空间形态穿插连接、相互渗透、丰富多彩、引人入胜。

山东省公共卫生临床中心

Shandong Public Health Clinical Center

项目业主：济南市传染病医院
建设地点：山东 济南
建筑功能：医疗建筑
用地面积：86 400平方米
建筑面积：220 000平方米
设计时间：2017 年
项目状态：建成
设计单位：山东省建筑设计研究院有限公司
主创设计：王岗、蒋龙、田少斌、孙菲、綦振、巩晓昆

项目设计具有前瞻性，以“尖专科、强综合、平战结合”为功能定位，以“洁污分区、医患分流”为根本原则。功能布局满足5个分流——医患分流、洁污分流、人物分流、传染病与非传染病分流、不同传染病分流，避免发生交叉感染。医院平时为患者提供综合学科的一站式服务，聚集人气、创造效益、锻炼队伍，同时为当地的群众解决就医难题；紧急情况下快速转换为定点收治医院，除传染病学科以外，还可以提供呼吸科、儿科、重症医学科等多个学科的相互合作支撑，建立跨专科的综合诊疗平台，成为综合实力强劲的三级甲等综合医院，床位数量800个。

乌鲁木齐儿童医院（城北分院）

Urumqi Children's Hospital (Chengbei Branch)

项目业主：乌鲁木齐儿童医院
建设地点：新疆 乌鲁木齐
建筑功能：医疗建筑
用地面积：109 000平方米
建筑面积：189 100平方米
设计时间：2017 年
项目状态：在建
设计单位：山东省建筑设计研究院有限公司
主创设计：王岗、蒋龙、田少斌、綦振、巩晓昆

项目是新疆乃至整个西北地区功能齐全、服务完善的三级甲等儿童医院，床位数量1 200个。本项目以“一花一世界，一叶一菩提”为设计理念，寓意小小的叶子蕴藏着大大的世界。建筑组团以绿叶为设计原型，将叶脉的拓扑结构与医院的功能结构相融合，形成张弛有度、特色鲜明的建筑形象。该院区运行后将进一步满足新疆人民群众的就医需求，为国家儿童健康保健事业的发展书写新的篇章。

湖南省人民医院星沙院区

Xingsha Hospital of Hunan Provincial People's Hospital

项目业主：湖南省人民医院
建设地点：湖南 长沙
建筑功能：医疗建筑
用地面积：146 800平方米
建筑面积：220 000平方米
设计时间：2017年
项目状态：在建
设计单位：山东省建筑设计研究院有限公司
主创设计：王岗、蒋龙、田少斌、綦振、巩晓昆

项目设计尊重自然地形地貌，结合西侧保留山体构建不同层次的山水城系统，采用现代主义设计手法，穿插中国园林的设计元素，在山地形态上汲取设计灵感，方案整体灵动且赋有场所精神，形成山水医院概念，塑造“青山掩映、亦城亦景”的空间特色。设计合理分配一期及二期用地，一期门诊、医技、病房等医疗功能区集中布置；二期结合山体灵活布局，整体规划达到功能与形式的完美结合，形成具有星沙独有特色的全国高水平三级甲等医院，床位数量1 200个。

王宇

职务：哈尔滨工业大学建筑设计研究院主创建筑师
职称：建筑师

教育背景

2008年—2013年　哈尔滨工业大学建筑学学士
2013年—2016年　哈尔滨工业大学建筑学硕士

工作经历

2016年至今　哈尔滨工业大学建筑设计研究院

个人荣誉

第二十二届俄罗斯国际建筑设计资格大赛一等奖
高质量发展背景下中国特色的雄安建筑设计竞赛专业组二等奖
第三届中国环境艺术“青年建筑师”专业组铜奖
第十一届中国环境设计学年优秀奖

主要设计作品

第十三届全国冬季运动会冰上项目运动中心
故宫博物院北院区扩建
郑州博物馆新馆
国际金融论坛永久会址
郑州自贸区金水片区规划
温州国际会展中心

林绍康

职务：哈尔滨工业大学建筑设计研究院主创建筑师
职称：建筑师

教育背景

2009年—2014年　哈尔滨工业大学建筑学学士
2014年—2017年　哈尔滨工业大学建筑学硕士

工作经历

2017年—2018年　中国建筑西南设计研究院有限公司
2018年至今　哈尔滨工业大学建筑设计研究院

主要设计作品

郑州自贸区金水片区规划
郑州市民活动中心
简阳文体艺术中心
哈尔滨新区金融中心
沈阳大学图书馆
黑龙江省自然资源博物馆
西安交通大学科技创新港科创基地C标段
辉县市共城文展中心
七台河未来科技城

王雪松

职务：哈尔滨工业大学建筑设计研究院主创建筑师
职称：建筑师

教育背景

2009年—2014年　哈尔滨工业大学建筑学学士
2014年—2017年　哈尔滨工业大学建筑学硕士

工作经历

2018年至今　哈尔滨工业大学建筑设计研究院

主要设计作品

国家技术转移郑州中心
荣获：2015年黑龙江省优秀建筑设计方案二等奖
呼伦贝尔历史博物馆

哈爾濱工業大學建築設計研究院
The Architectural Design and Research Institute of HIT

地址：黑龙江省哈尔滨市
南岗区黄河路73号
电话：0451-86283317
传真：0451-86283319
网址：www.hitadri.cn
电子邮箱：harbin@hitadri.cn

哈尔滨工业大学建筑设计研究院创立于1958年，是全国知名大型国有工程设计机构，依托百年学府哈尔滨工业大学深厚的科研资源与文化底蕴，历经半个多世纪的发展壮大，现已跻身全国行业前列，荣获中国十大建筑设计公司、中国勘察设计协会优秀设计院、当代中国建筑设计百家名院等殊荣。

单位业务范围涵盖工程项目建设的全过程，包括前期咨询、城市规划、建筑设计、风景园林设计、室内装饰设计、市政交通设计、工程勘察、工程监理与项目代建等。工程遍布全国各省、自治区及直辖市，400余项工程项目获得国家金、银奖等优秀设计奖，取得了突出的成就。

张黛妍

职务：哈尔滨工业大学建筑设计研究院主创建筑师
职称：建筑师

教育背景
2009年—2014年　哈尔滨工业大学建筑学学士
2014年—2017年　哈尔滨工业大学建筑学硕士

工作经历
2017年至今　哈尔滨工业大学建筑设计研究院

主要设计作品
郑州空港CBD外环建筑群中国人寿大楼
2022 年冬奥会冰雪小镇会展酒店片区项目
烟台八角湾国际会展中心
哈尔滨市第四医院异地新建项目
中俄联合校园
长春中韩国际合作示范区海棠花文旅城
新疆大学
深圳大浪体育中心和文化艺术中心
中法大航空大学
深圳国际大学园综合训练中心
国家生物育种产业创新中心
安徽医科大学新医科中心
西宁大学

胡晓婷

职务：哈尔滨工业大学建筑设计研究院主创建筑师
职称：建筑师

教育背景
2009年—2014年　哈尔滨工业大学建筑学学士
2014年—2017年　哈尔滨工业大学建筑学硕士

工作经历
2017年至今　哈尔滨工业大学建筑设计研究院

主要设计作品
高台组团，低地环绕；曲水流觞，自然生长
荣获：2021年雄安建筑设计竞赛综合办公类三等奖
现代市井，淀泊水城；都市林窗，渗透呼吸
荣获：2021年雄安建筑设计竞赛商业服务类三等奖
郑东新区龙湖金融中心
2022 年冬奥会冰雪小镇会展酒店片区项目
郑州自贸区金水片区规划
辉县政务中心
广东美术馆、非物质遗产展示中心、文学馆

刘磊

职务：哈尔滨工业大学建筑设计研究院北京中心设计总监
职称：建筑师

教育背景
2002年—2007年　大连理工大学建筑学学士
2007年—2010年　大连理工大学城市规划与设计硕士

工作经历
2010年—2011年　中国城市规划设计研究院
2011年—2018年　中国建筑设计院有限公司
2018年至今　哈尔滨工业大学建筑设计研究院

主要设计作品
山东东营第四小学方案
荣获：2018年国际竞赛第一名
泰康之家·渝园
荣获：2018年国际竞赛第一名
泰康之家·津园
荣获：2020年国际竞赛第一名
安徽省新图书馆
南京国际博览中心南侧地块

单位设有12个建筑设计分院、13个专业设计分院、6个创作研究中心、3个国际联合研究中心、多个单专业研究所以及11个外埠分支机构。现有员工近千人，专业技术队伍实力雄厚，拥有中国工程院院士、国家设计大师、国家级有突出贡献专家、国务院特殊津贴专家等一大批设计领域权威。

单位作为国家高新技术企业，立足国际寒地建筑工程设计前沿，关注低碳环保与绿色节能技术创新，依托寒地建筑科学重点实验室、东北寒地人居环境协同创新中心、中国—荷兰极端气候建造研究中心等国际联合研究机构，搭建了国内顶级寒地建筑人居环境科研平台，承担了国家“十二五”科技支撑计划等一系列重大科技攻关项目，拥有多项国家发明专利，获得华夏奖、省长特别奖及科技进步奖等奖项。

单位始终秉承“苛求完美、精益求精”的设计宗旨和“诚信服务、持续发展”的经营理念，充分发挥高校企业的科研、技术和人才优势，与社会各界携手合作，拼搏创新，不懈努力，为国内外客户提供高效优质服务，为社会和经济发展奉献建筑精品。

新疆大学

Xinjiang University

项目业主：乌鲁木齐市政府
建设地点：新疆 乌鲁木齐
建筑功能：教育建筑
用地面积：2 600 730平方米
建筑面积：1 250 000平方米
设计时间：2017年
项目状态：在建
设计单位：哈尔滨工业大学建筑设计研究院
主创设计：梅洪元教授设计团队

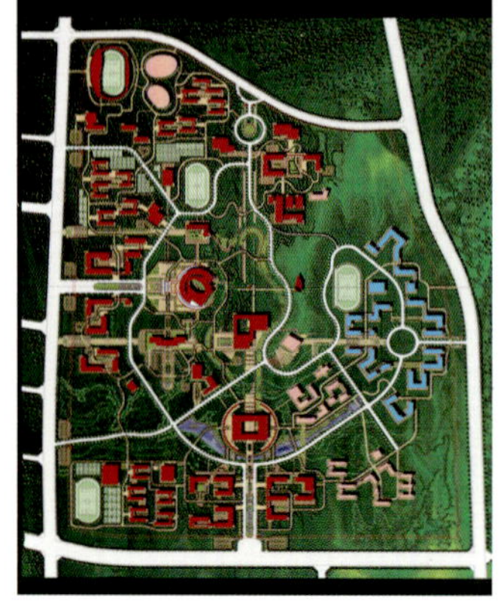
总平面图

图书馆（一）

项目以“天山绿脉、时代学府”为设计理念，充分展现新疆辽阔壮美的自然环境，着力体现新疆大学现代创新的高等教育环境，营造自然山水与时代气息兼容并蓄的健康校园风貌。

路网系统将用地划分为四个区域，形成三个学院级组团和一个学校级共享组团。东北侧山峰完整保留，结合景观营造山地公园，在校园中心形成高点，可以俯瞰校园。

“一峰、两环、四区”的规划设计建立了与自然环境有机共生的整体布局，形成依山就势的校园环境。自然的路网结构如同轻盈飘逸的丝带串联起各个组团，体现了新疆大学包容并蓄、开放共享的时代精神。

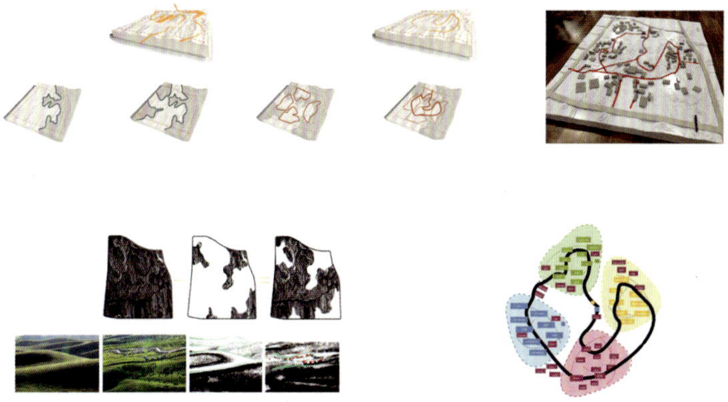

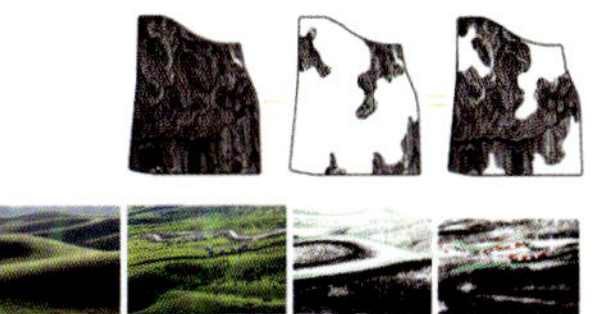

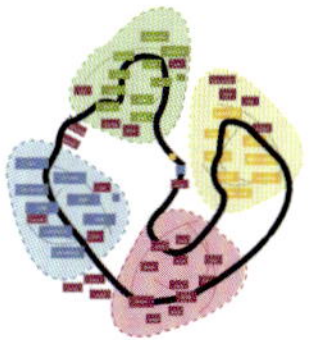

大学生活动中心

景观亭

公共教学楼

行政楼

学生宿舍

生命科学学院教学楼

图书馆（二）

教学主楼

学院教学楼

训练馆

哈尔滨新区金融中心

Harbin New District Financial Center

项目业主：哈尔滨科技创新投资有限公司
建设地点：黑龙江 哈尔滨
建筑功能：办公、商业建筑
用地面积：51 726平方米
建筑面积：227 129平方米
设计时间：2019年
项目状态：在建
设计单位：哈尔滨工业大学建筑设计研究院
主创设计：林绍康、张玉良、胡兴安、孙丽、史南

项目位于哈尔滨市金融科技商务区内，地理位置优越，交通便利。建筑立面造型采用现代风格，运用直冲云霄的竖向线条，通过玻璃与铝板的有机结合，形成表皮质感的鲜明对比和虚实变幻。建筑形体通过体量的参差错落，构成空间上的复杂变化，产生了丰富的光影关系，使建筑在富有雕塑感的同时，也隐喻哈尔滨的欧式建筑文化元素。

竖向线条的反复运用形成自身的韵律感，同时北高南低、东高西低的高度控制，有机地融入哈尔滨沿江天际线。底部商业街将整个建筑群体自然划分为四个区域，通过处于中心区域的十字步行街将公共空间连成整体。建筑空间的统筹调度契合寒地建筑需求，同时最大化满足商业需求，汇聚人气。

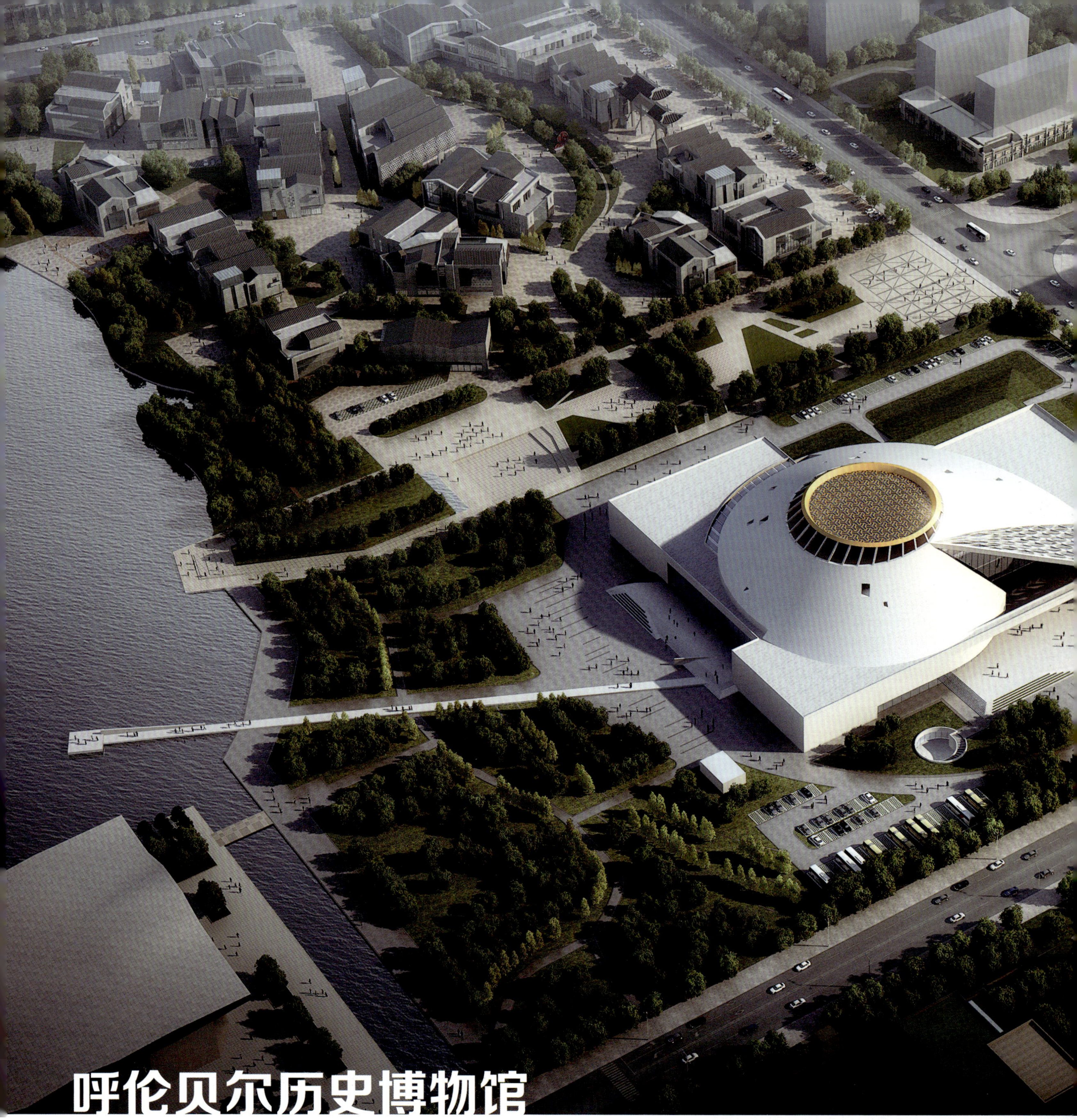

呼伦贝尔历史博物馆

Hulun Buir History Museum

项目业主：呼伦贝尔民族博物院
建设地点：内蒙古 呼伦贝尔
建筑功能：文化建筑
用地面积：46 700平方米
建筑面积：40 000平方米
设计时间：2019年
项目状态：在建
设计单位：哈尔滨工业大学建筑设计研究院
主创设计：梅洪元教授设计团队

设计团队深入解读呼伦贝尔的历史，以荟萃呼伦贝尔历史文化、彰显博览建筑文化内涵、突出现代建筑历史厚重感、表现呼伦贝尔特色为设计目标。

呼伦贝尔作为游牧民族摇篮，见证了蒙古民族兴盛的历史。博物馆建筑形象提炼自成吉思汗的“行宫”——金顶大帐，以最具蒙古民族特征的建筑体量传承文化精神内核。

呼伦贝尔历史文化广博深邃，建筑造型以“历史断面”为概念，将体量剪裁，剖开历史的断面，营造连接古今的时光长廊，游走其间，接近历史、触摸历史、感受历史。

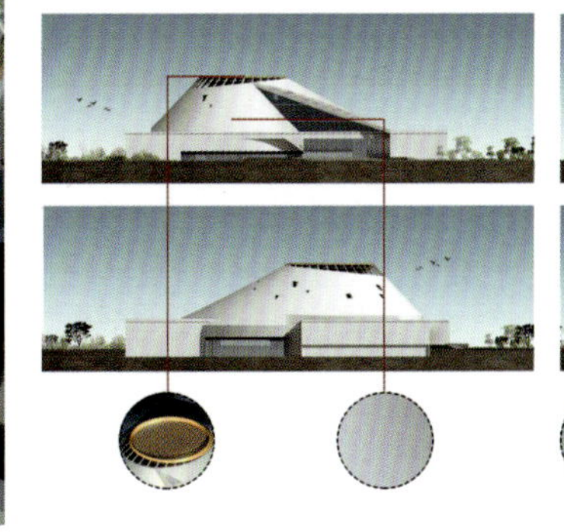
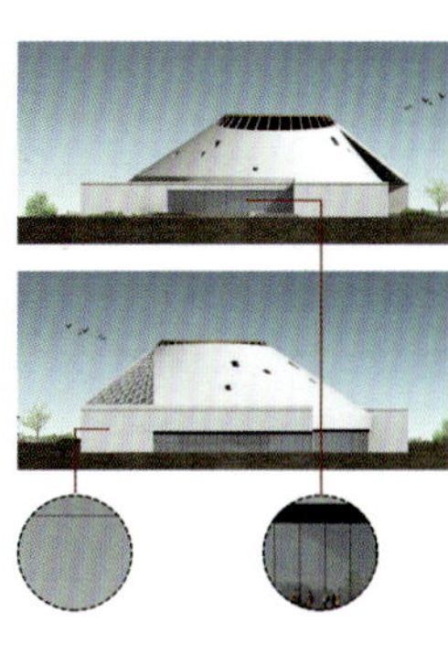

2022 年冬奥会冰雪小镇会展酒店片区项目

2022 Winter Olympic Games Ice Town Exhibition Hotel Area Project

项目业主：中赫集团
建设地点：河北 张家口
建筑功能：会展、酒店建筑
用地面积：100 000平方米
建筑面积：170 000平方米
设计时间：2017年
项目状态：在建
设计单位：哈尔滨工业大学建筑设计研究院
主创设计：梅洪元教授设计团队

项目位于自然山地环境中，赛时承担冬奥会的展览、会议及酒店等功能，赛后将被打造成世界级会议中心，举办国际级会议、高端论坛等。

地域精神——在对地域精神的理性坚守下，设计立足于冬季城市的自然气候、技术条件与人文要素，采用适宜冬季城市的技术，成就“向阳而生、繁而至简”的创作追求。

环境共生——基于崇礼原生的山地自然环境，在两山夹一谷的独特地形中营造一脉相承、连绵起伏的山地建筑形象。

本体原型——坚守“崇礼就是崇礼”的思想，化整为零、化大为小，将大尺度的公共建筑融入小镇肌理，在地景建筑的尺度中保持展览空间、会堂、酒店等公共建筑的形象特征和建筑类型的本体属性。

郑州自贸区金水片区规划

Jinshui Zone Planning of Zhengzhou Free Trade Zone

项目业主：郑州金茂投资发展有限公司
建设地点：河南 郑州
建筑功能：办公、会展、酒店建筑
用地面积：210 900平方米
建筑面积：1 472 600平方米
设计时间：2019年
项目状态：在建
设计单位：哈尔滨工业大学建筑设计研究院
主创设计：梅洪元教授设计团队

规划结构分析图

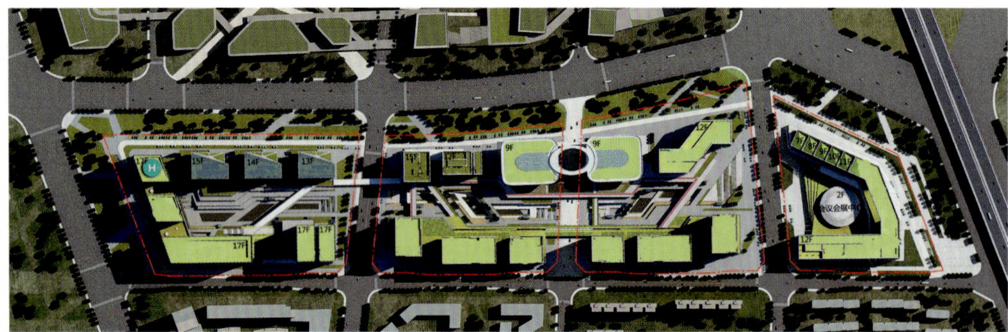

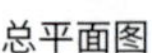

总平面图

项目位于郑州市金水区，金水区是目前全国唯一一个同时拥有“双自联动”双重国家战略的行政区。设计以“整体性、连续性、共享性”为原则，以“生态绿谷”为设计理念，打造低碳环保、与自然和谐共生的绿色办公园区，建立创新驱动、高端引领、国际合作的发展格局，辐射及带动新型内陆自贸试验区。

东部体量形成门户形态，预示该区将成为河南自贸区未来发展的开放之门。场地中心以屹立的元宝形建筑呼应郑州地域文化，象征着聚宝中原之意。灵动的水系贯穿场地，隐喻着“一带一路”倡议的发展精神。建筑底部的逐层退台，形成山峦叠嶂的群体形象，犹如嵩山磅礴的伟岸气势。设计整体一气呵成，恢宏灵动，高低起伏的态势犹如中原大地上腾起的巨龙旋于金水区之上，书写自贸区锐意进取的新篇章。

城市明珠　开放门户

龙腾金水

设计理念

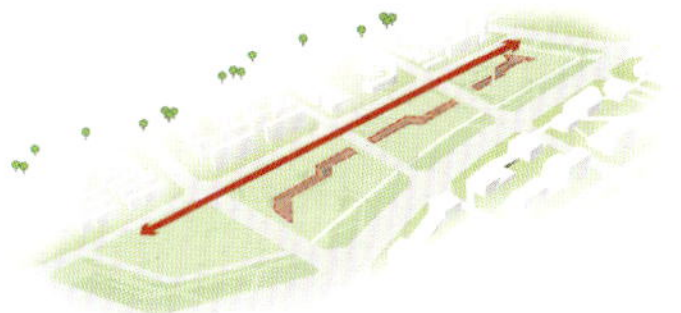
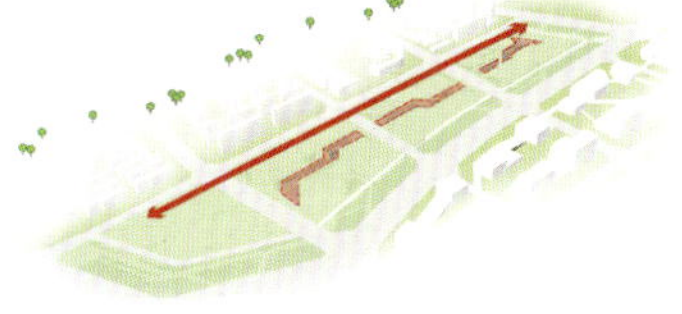

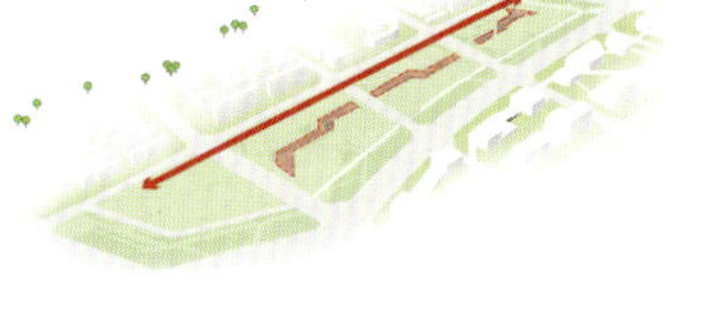
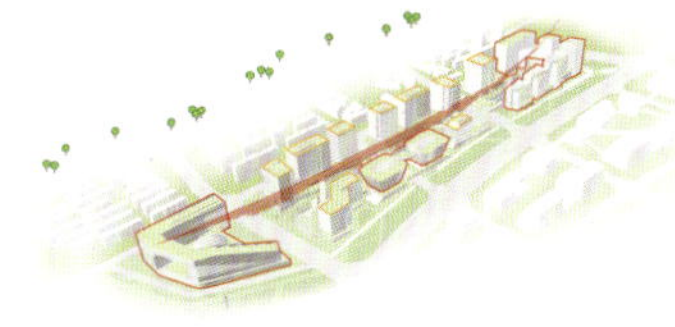

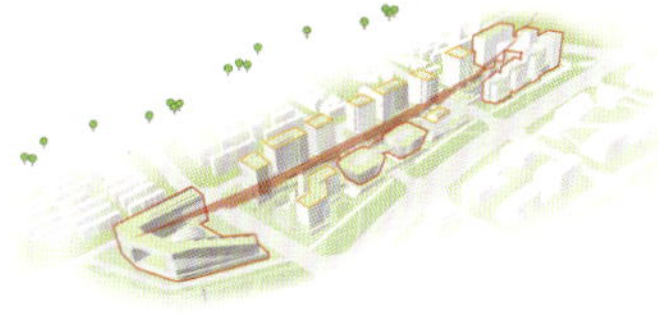
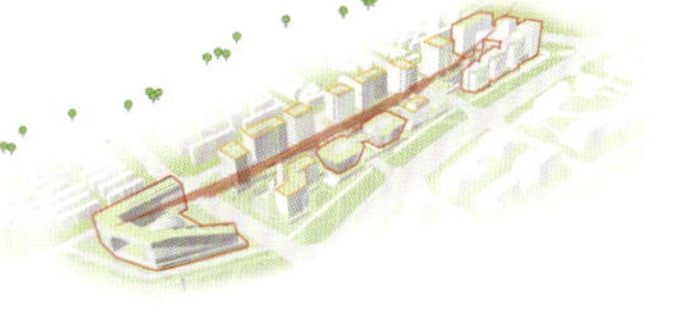

方案生成

深圳坂田文体中心

Shenzhen Bantian Sports Center

项目业主：深圳市龙岗区建筑公务署
建设地点：广东 深圳
建筑功能：文化、体育建筑
用地面积：12 035平方米
建筑面积：73 000平方米
设计时间：2020年
项目状态：方案
设计单位：哈尔滨工业大学建筑设计研究院北京中心
主创设计：刘磊

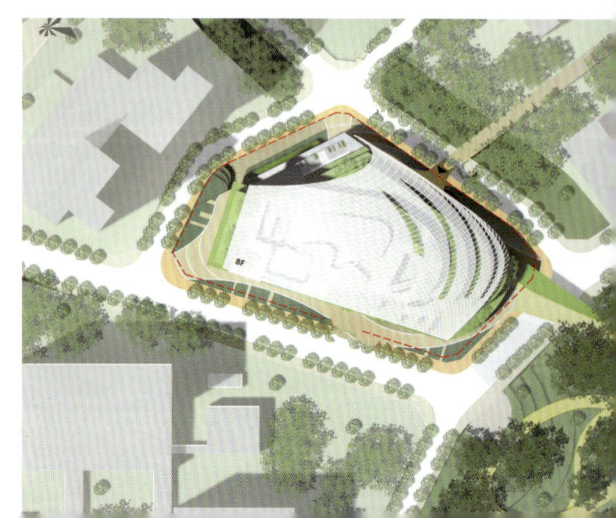

项目设计依据场地高差、功能使用效率及结构可实施性采取垂直分区策略。低区的文化馆、图书馆、商业配套可以独立运营使用，同时吸纳城市人流，营造城市公共空间，提升城市活力；体育、电竞、赛事活动场地布置于高区，突出文体建筑标识性。

在营造城市公共空间上，文体中心建筑不仅解决了城市功能缺失的问题，也为高密度城市带来更多共享空间，使建筑成为城市的一部分，并更有意义地存在于城市之中。

利用规划二路与规划一路高差，相对独立地布置图书馆、文化馆及商业配套设施，功能之间通过不同标高与城市紧密连接，便于市民到达。三层退台式体量布局，中心围合成室外城市广场，广场可作为市民活动场所，也可成为文化展示及图书阅览功能的延续，促进市民的参与，激发城市人文活力。

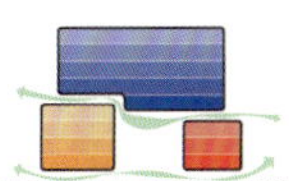
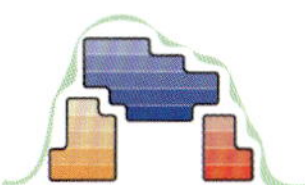

概念设计

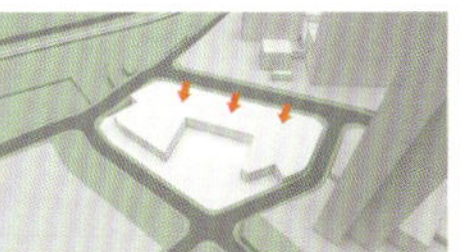

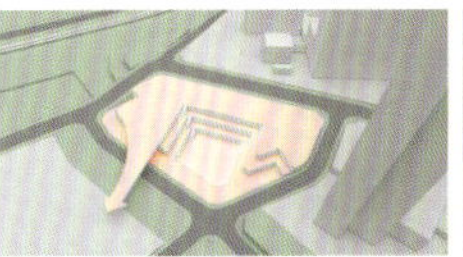
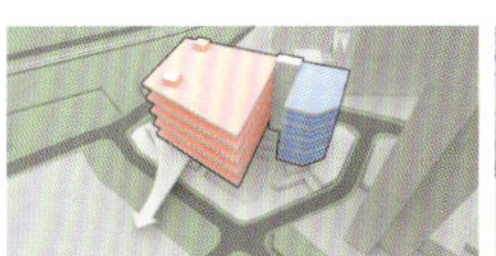
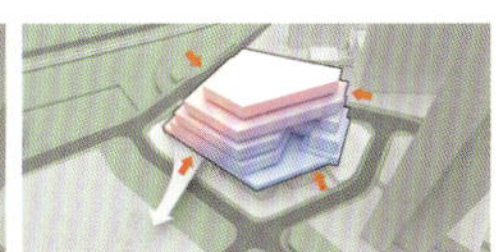
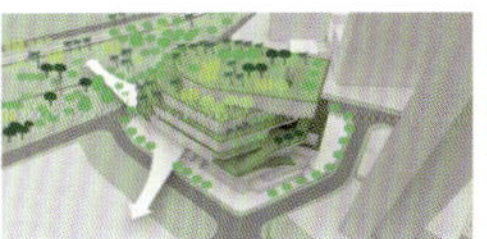
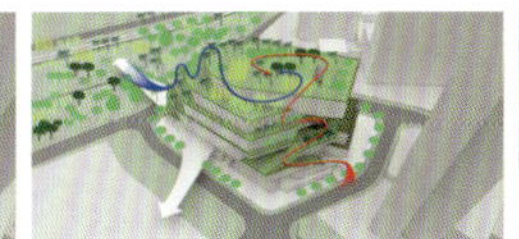
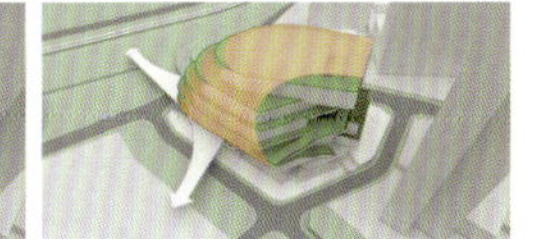

方案生成

王志洪

职务：中衡设计集团副总经理、副总建筑师
职称：正高级建筑师
执业资格：国家一级注册建筑师

教育背景
1999年—2004年　南京工业大学建筑学学士
2004年—2007年　南京工业大学建筑学硕士

工作经历
2007年至今　中衡设计集团股份有限公司

个人荣誉
江苏省优秀工程勘察设计师
江苏省紫金文化英才
东南大学研究生院硕士研究生校外指导教师
江苏省建筑师学会专业委员会委员

主要设计作品
中国矿业大学国家科技园总部基地
荣获：2010年江苏省优秀工程勘察设计二等奖
　　　2011年全国优秀工程勘察设计三等奖
独墅湖会议酒店
荣获：2011年江苏省优秀工程勘察设计一等奖
　　　2012年江苏省优秀工程勘察设计一等奖
　　　2015年全国优秀工程勘察设计一等奖
霍尔果斯苏新中心商业交易中心
荣获：2014年江苏省优秀工程勘察设计一等奖
　　　2014年江苏省优秀工程设计一等奖
　　　2015年全国优秀工程勘察设计三等奖
徐州回龙窝城墙博物馆
荣获：2018年中国建筑学会建筑创作金奖
　　　2018年江苏省优秀工程勘察设计一等奖
　　　2019年全国优秀工程勘察设计一等奖
徐州第一中学高铁新城校区
荣获：2018年江苏省优秀工程勘察设计二等奖
　　　2019年全国优秀工程勘察设计二等奖
苏州工业园区星湾学校
京东华东云数据中心
四川绵竹历史博物馆
苏州工业园区永安桥派出所办公大楼
苏州工业园区金鸡湖校区
苏州工业园区地理信息研发楼
霍尔果斯苏新中心办公楼
霍尔果斯苏新中心酒店式公寓
徐州市潘安湖湿地公园
徐州云龙书院
徐州回龙窝历史街区
徐州高铁企业总部
黄河三角洲云计算大数据产业基地
南外仙林分校宿迁学校
江苏师大培栋实验学校

学术研究
《城市建筑综合体盈利性功能与非盈利性功能组合的协同效应》，《中外建筑》（2018年）
《现代建筑设计中传统造园技术的研究应用》，《建筑技术开发》（2018年）
《高速公路服务区存在的问题以及升级发展构想》，《山西建筑》（2018年）

建筑思想
秉承以人为本、延续文脉的设计思想，注重对传统优秀元素的提取和运用，将传统聚落丰富多样的空间体系和中国园林的景观精髓巧妙地融入现代建筑的设计中，使建筑与环境和谐统一，追求设计创造美、提升美，力争每一个项目都铸就精品。

中衡设计集团股份有限公司（原苏州工业园区设计研究院股份有限公司）创立于1995年，是中国—新加坡苏州工业园区的首批建设者，全过程亲历者、见证者和实践者。2014年12月31日公司于上交所成功上市，成为国内建筑设计领域第一家IPO上市公司。2020年，董事长冯正功当选为全国工程勘察设计大师。目前公司是江苏省最大的建筑设计集团公司，是全国工程勘察设计企业勘察设计收入100强中唯一入选的江苏省建筑设计企业。

目前公司拥有中衡设计、中衡工程、中衡卓创、中衡华造、中衡咨询、浙江咨询、境群规划等全资或控股子公司10家，有北京分院（医疗设计中心）、淮海分院、西北分院、华中分院（武汉、长沙）等分公司11家，员工总计3 600余名。公司业务范围贯通全产业链，涵盖城市规划、城市设计、建筑设计、景观设计、室内设计、幕墙、灯光、绿建、智能化、工程监理、工程管理、工程总承包、全过程工程咨询等领域，能够为国内外客户提供全生命周期的技术服务。

公司在城市规划设计、大型城市综合体、超高层建筑、创意及科技产业园、医疗建筑、文化体育建筑、现代工业建筑、旧城改造、美丽乡村等的方案创作、各专业协同设计与集成、设计总包管理等方面具有较强专业优势，在装配式及钢结构技术、数值仿真分析模拟、低碳绿色生态设计与研究上处于行业领先水平。

公司注重技术研发，已成立多个大师工作室，注重科技研发与创新，打造行业顶尖人才的汇聚平台，创作更多精品项目，并促进科研成果有效转化和产业化。截至2020年底，公司工程设计项目获得国家铜奖2项和省部级以上优秀设计奖项709项，其中近三届全国优秀工程勘察设计行业奖一等奖11项，近两届中国建筑学会金奖1项、银奖3项，形成了良好的品牌影响力。

地址：江苏省苏州市工业园区
　　　八达街 111 号
电话：0512-62586258
传真：0512-62586259
网址：www.artsgroup.cn

徐州回龙窝城墙博物馆

Xuzhou Huilongwo Wall Museum

项目业主：徐州新盛建设发展投资有限公司
建设地点：江苏 徐州
建筑功能：文化建筑
建筑面积：927平方米
设计时间：2015年
建成状态：建成
设计单位：中衡设计集团股份有限公司
主创设计：冯正功、蓝峰、王志洪、宋纪青
参与设计：吕彬、王祺雯、丁行舟

项目位于徐州市中心古城区，通过对建筑多角度及细节的把控设计，展现出高超的建筑设计水平。

建筑平面：通过上下、明暗、平曲的通道之间的转换和延续，逐渐引导人们探索地下明代城墙。

建筑立面：通过与周围传统建筑尺度类似的小体量、造型构成、颜色处理，来协调和延续街区的整体风格；同时采用清水混凝土、U形玻璃、金属屋面等现代建筑材料，使之与传统建筑的青砖、灰瓦、木格窗既对立又统一。

建筑材料：采用清水混凝土墙面对应传统的清水城墙和青砖墙，采用半透明的U形玻璃对应若隐若现的传统木格窗，采用金属屋面对应传统的青瓦屋面。通过各种新旧材料之间的外在反差和内在呼应，来体现古今的延续。

独墅湖会议酒店

Dushu Lake Conference Hotel

项目业主：苏州工业园区银瑞资产管理有限公司
建设地点：江苏 苏州
建筑功能：酒店建筑
用地面积：83 000平方米
建筑面积：67 000平方米
设计时间：2008年
项目状态：建成
设计单位：中衡设计集团股份有限公司
主创设计：冯正功、王志洪、胡湘明、龙彦姝
参与设计：黄琳、顾志兴、王华

项目位于苏州工业园区南部科教创新区，按照五星级会议酒店标准建设，由主楼、会议中心、贵宾楼三部分组成，总客房规模约330间，集多功能会议、现代商务、宴会、休闲娱乐等功能于一体。

根据建筑的功能特点和使用者的审美意象，在强调传统苏式园林文化韵味的同时，兼顾现代主义倾向。建筑采用简洁的造型，强调精美的比例，依山傍水，闹中取静，使得建筑在周边环境中凸显出来，建筑空间极富识别性和秩序感。

中国矿业大学国家科技园总部基地

China University of Mining and Technology National Science and Technology Park Headquarters Base

项目业主：中国矿业大学国家科技园有限责任公司
建设地点：江苏 徐州
建筑功能：办公建筑
建筑面积：76 087平方米
设计时间：2007年
项目状态：建成
设计单位：中衡设计集团股份有限公司
主创设计：冯正功、王志洪、胡湘明、陈珩
参与设计：王干、付文生、沈卫平

项目尊重历史文脉，以“经济、实用、可操作性”作为指导思想，创造出了具备独特气质的建筑。

设计采用新技术、新材料，符合科技园科技创新的理念，抽象地展现与科技相关联的太阳核聚变和集成电路板的概念，并用建筑的语汇反映出来，将建筑赋予全新的科技人文内涵。建筑立面，则强调韵律和节奏，采用铝板、双层中空Low-E镀膜玻璃、整体氟碳保温装饰板、干挂石材等多种材质，力求简洁大方、清亮明快。

CNUSP

徐州第一中学高铁新城校区

Xuzhou No.1 Middle School High Speed Railway New Town Campus

项目业主：徐州高速铁路投资有限公司
建设地点：江苏 徐州
建筑功能：教育建筑
建筑面积：47 177平方米
设计时间：2015年
项目状态：建成
设计单位：中衡设计集团股份有限公司
主创设计：王志洪、王旭、苏扬、周志达
参与设计：丘琳、朱伟、顾晓博

建筑师将教学区内的建筑整体首层架空，以满足场地主入口对空间的需求。同时通过设计一条核心的线性空间串联宿舍、教学楼、办公楼、餐厅和室外运动区，解决了场地狭长、各区域需互通的交通问题。在建筑风格方面，采用明快的橙色线条、白色的建筑主体色，加上提升科技感的深灰色金属材质来体现。

设计结合使用需求营造具有个性的特色空间，有足够的公共性和便捷的可达性。设计将串联起各个功能区域的线性空间放大和延伸，使这个线性空间形成一条超宽的学习走廊，学生可以便捷地到达任何一个功能区，同时可以在这里查找资料、阅读书籍、展示自我。

霍尔果斯苏新中心商业交易中心

Khorgos Suxin Center Business Exchange Center

项目业主：霍尔果斯苏新置业有限公司
建设地点：新疆 伊犁
建筑功能：商业建筑
建筑面积：45 000平方米
设计时间：2011年
项目状态：建成
设计单位：中衡设计集团股份有限公司
主创设计：冯正功、王志洪、平家华、史明
参与设计：赵宝丽、周蔚、李国祥

项目是一个开放、透明、极力追求对话的新时代建筑，设计有以下特点。

1．设计结合自然。建筑形体尽量与场地和环境建立联系，体现霍尔果斯口岸开放广博的精神面貌，主体建筑形成开放而又内聚的庭院空间。一方面，有利于整体自然景色向建筑渗透，另一方面，有利于办公场所与酒店式公寓建立联系。

2．交通系统精简完善，结构简明，分级清晰，设置中心出入口，方便管理。地上停车主要集中在北侧，以减少对内部自然景观的压力和影响。

王海平

职务：杭州市城建设计研究院有限公司副总建筑师
建筑第一分院院长、杭州市建设工程评标专家
职称：教授级高级工程师
执业资格：国家一级注册建筑师

教育背景

1994年—1999年　浙江大学建筑学学士

工作经历

1999年至今　杭州市城建设计研究院有限公司

主要设计作品

东南科技研发中心
荣获：2016年杭州市优秀工程勘察设计二等奖
钱江新城万豪酒店
荣获：2017年杭州市优秀工程勘察设计一等奖
2018年浙江省优秀工程勘察设计二等奖
瑞立江河汇酒店
荣获：2019年杭州市优秀工程勘察设计三等奖
义乌市中福广场(B组团)
荣获：2021年杭州市优秀工程勘察设计一等奖

王小红

职务：杭州市城建设计研究院有限公司副总建筑师
建筑第二分院副院长、消防咨询中心副主任
浙江省综合评标专家
职称：教授级高级工程师
执业资格：国家一级注册建筑师

教育背景

1989年—1994年　浙江大学建筑学学士

工作经历

1994年至今　杭州市城建设计研究院有限公司

主要设计作品

杭政储出（2013）116号地块商业用房
荣获：2019年浙江省优秀工程勘察设计一等奖
2019年杭州市优秀工程勘察设计二等奖
余杭文化艺术中心一期
荣获：2020年浙江省优秀工程勘察设计一等奖
2020年杭州市优秀工程勘察设计一等奖
杭州市上城区行政中心及科技文化馆
荣获：2021年浙江省优秀工程勘察设计二等奖
2021年杭州市优秀工程勘察设计二等奖

任丹东

职务：杭州市城建设计研究院有限公司副总建筑师
建筑第三分院常务副院长、浙江省综合评标专家
浙江省土木建筑师分会常务理事
职称：教授级高级工程师
执业资格：国家一级注册建筑师

教育背景

1995年—2000年　重庆建筑大学建筑学学士

工作经历

2000年至今　杭州市城建设计研究院有限公司

个人荣誉

杭州市首届十佳优秀青年建筑师

主要设计作品

浙江节能环保科研开发（孵化）综合大楼
荣获：2009年全国优秀工程勘察设计二等奖
杭政储出（2007）69号地块
荣获：2019年全国优秀工程勘察设计三等奖
重庆忠县电竞场馆及配套设施项目
荣获：2020年浙江省优秀工程勘察设计二等奖

杭州市城建设计研究院有限公司成立于1952年，是国家高新技术企业、中国勘察设计协会民营设计企业分会副会长单位、浙江省勘察设计行业协会副理事长兼民营设计企业分会会长单位。

公司拥有建筑工程甲级资质，市政行业（给排水工程、道路工程、桥梁工程等）专业甲级，风景园林工程设计专项甲级，公路行业（公路）专业乙级，岩土工程设计乙级，工程咨询、城市规划、施工图审查和建筑节能评估等资质；同时公司已通过质量管理体系、职业健康安全管理体系及环境管理体系认证。公司现有职工600余人，其中教授级高级工程师28人，中高级以上职称300余人，各类注册师100余人。

公司遵循“务实、诚信、优质、创新”的经营理念，坚持“信誉第一、质量至上、产品优质、服务周到、持续为顾客创造价值”的经营方针，自改制以来，荣获詹天佑奖、中华人民共和国成立60周年百项经典暨精品工程奖、国家勘察设计行业优秀设计奖、市级科技进步奖等多项奖项以及省、市级优秀勘察设计奖200余项。

地址：杭州市江干区凤起东路207号中豪五福天地B-1座
电话：0571-87924668
传真：0571-87917516
网址：www.hcj1952.com
电子邮箱：hzscjy1952@163.com

台州市医药博物馆

Taizhou Medical Museum

项目业主：浙江药都曙光建设有限公司　建设地点：浙江 台州
建筑功能：文化建筑　用地面积：8 836平方米
建筑面积：8 861平方米
设计时间：2019年—2020年
项目状态：在建
设计单位：杭州市城建设计研究院有限公司
设计团队：王海平、边琦、李旻聪、宋宇博

建筑主体以广场为起点，逆时针螺旋向上，整个建筑仿佛从土地中生长起来，与场地西侧广场形成了完整统一的有机整体。

设计将建筑本身赋予阴阳理论，强化了建筑的虚实对比。在建筑中心设计共享玻璃中庭，并栽种植物，供参观者观赏游憩。在展览时间之外，中庭会面向市民开放，成为市民客厅。

在玻璃中庭周围设计五块巨石一般的建筑体将其包裹，并抽取台州景点长屿硐天中的元素进行体形雕琢，进一步体现建筑的在地性。

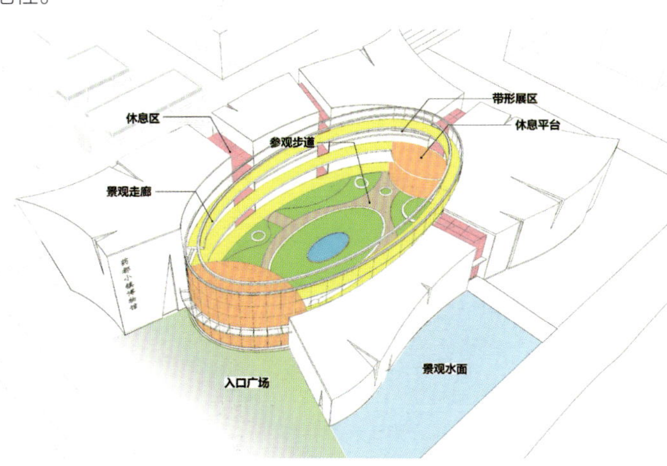

义乌市中福广场（B组团）

Yiwu Zhongfu Square (Group B)

项目业主：义乌市中福置业有限公司
建设地点：浙江 义乌
建筑功能：办公建筑
用地面积：16 275平方米
建筑面积：232 000平方米
设计时间：2013年—2015年
项目状态：建成
设计单位：杭州市城建设计研究院有限公司
设计团队：王海平、周永忠、王磊、汪镇、张璐涛

项目以组团协同规划为依托，充分发挥其规模优势，旨在打造一个城市中心的地标性建筑综合体。

设计从城市设计的角度对建筑的高低形态和空间布局进行组织，呈现出较强的在地统一性。

设计运用柔和的曲线造型及刚硬的折线切割赋予了各建筑截然不同的外在性格，使得整个建筑组团富有变化和活力，具有科技感和鲜明的个性。

余杭文化艺术中心一期工程

Yuhang Cultural and Art Center Phase I

项目业主：杭州余杭城市建设集团有限公司　建设地点：浙江 杭州
建筑功能：文化建筑　用地面积：52 954平方米
建筑面积：82 546平方米
设计时间：2014年—2016年
项目状态：建成
设计单位：杭州市城建设计研究院有限公司
设计团队：HENNING LARSEN ARCHITECTS、杨书林、王小红、姚帅、金天德、叶再利、卢江、金樟其、姜锡敏、杨燕

项目包含三大建筑功能：1 200个座位的甲级中型大剧院和500个座位的黑盒剧场、架空城市平台、展览中心及配套商业。三组功能一气呵成，巧妙地形成一个整体。

设计从良渚先人礼仪广场——堆土高筑的城台汲取灵感，高筑的堤岸造型是对良渚文明的致敬和传承。立面冰裂纹灵感来源于中国剪纸和余杭滚灯元素，外墙采用白色不规则GFRC大型板材幕墙系统，内部大厅采用明黄色与白色的体块穿插，干净纯洁，立面桁架在阳光的映射下，呈现出斑驳丰富的光影效果。

杭州市上城区行政中心及科技文化馆

Shangcheng District Administration Center and Science and Technology Cultural Center

项目业主：上城区行政中心、科技文化中心筹建办公室
建设地点：浙江 杭州
建筑功能：办公建筑
用地面积：13 400平方米
建筑面积：108 854 平方米
设计时间：2012年—2014 年
目前状态：建成
设计单位：杭州市城建设计研究院有限公司
设计团队：杨书林、王小红、姚帅、陈珺、姜锡敏、金樟其、周建

项目由3幢19层主楼及4层裙房组成。总平面通过中心对称的弧形布局，将行政中心与科技文化馆裙房连成一体，喻示政府强大的向心力和凝聚力。建筑功能众多，交通流线复杂。设计通过合理的交通组织，解决了不同需求的人行和车行问题。

建筑造型庄重简洁，立面加入点缀式宋式元素，具有较高辨识度，使其成为该区域形象中心。

杭州钱江新城 D-08 地块

Hangzhou Qianjiang New Town D-08 Block

项目业主：浙江万银房地产有限公司
建设地点：浙江 杭州
用地面积：14 876平方米
建筑面积：187 000平方米
设计时间：2010年—2012年
项目状态：建成
设计单位：杭州市城建设计研究院有限公司
设计团队：任丹东、杨键、金天德、黄慧、杨国良、吴玮玲、邹艳雅、匡宇飞、陈健弘、王逸侃、张益华

项目是一座高200米的城市综合体，建筑功能包括超高层办公楼、五星级酒店及配套商务服务设施，地上最高44层、地下4层。设计力求营造一种简洁、纯净的氛围，采用精细的外墙构件，塑造肌理感和节奏感。

王华

职务： 苏州东吴建筑设计院有限责任公司副院长
职称： 高级工程师
执业资格： 国家一级注册建筑师

教育背景
同济大学建筑学学士
东南大学建筑学硕士

工作经历
2011年—2018年　中衡设计集团股份有限公司
2018年至今　苏州东吴建筑设计院有限责任公司

主要设计作品
独墅湖会议酒店
荣获：2015年全国优秀工程勘察设计一等奖
滨湖新区政务服务招商中心
荣获：2020年江苏省优秀工程勘察设计二等奖
苏州市交通局运政指挥中心
荣获：2011年江苏省优秀工程勘察设计三等奖
国家水专项生态实验基地
荣获：2017年苏州市优秀工程勘察设计三等奖
舒城日角大厦
荣获：2017年苏州市优秀工程勘察设计三等奖
安徽省老干部活动中心
荣获：2021年苏州市优秀工程勘察设计二等奖
　　　2021年上海市优秀工程勘察设计三等奖

地址：苏州市工业园区东平街268号
园科大厦4楼
网址：www.dwarch.net
电子邮箱：wanghua@dwarch.net

苏州东吴建筑设计院有限责任公司成立于1978 年，前身是苏州吴县建筑设计院，是苏州地区最早成立的综合性建筑设计院之一，是江苏省建筑产业现代化示范基地。

公司2005年取得国家建设部批准的建筑行业建筑工程甲级资质，现有职工82 人，涵盖建筑、结构、给排水、电气、暖通等专业人才，其中高级工程师21 人、工程师19人、助理工程师31人。公司多次荣获省级、市级奖项，是绿地、绿城、新城、碧桂园、保利、金辉、雅戈尔等地产公司的合作伙伴，也是ECCO、SPIL、ECE、施耐德、世联汽车等跨国电子、制造业的合作伙伴，擅长酒店、物流、工业厂房等建筑设计。

滨湖新区政务服务招商中心

Binhu New District Government Service Investment Center

项目业主：合肥市滨湖新区管委会
建设地点：安徽 合肥
建筑功能：办公建筑
用地面积：35 971平方米
建筑面积：21 171平方米
设计时间：2016年
项目状态：建成
设计单位：苏州东吴建筑设计院有限责任公司
主创设计：王华

滨湖新区政务服务招商中心传承滨湖新区的创立发展史，保持原有建筑脉络，结合现代技术与科技进行创作。

滨湖新区政务服务招商中心以皖南徽派的青砖木雕为基本元素，结合塘西河的走势，延续原有建筑的肌理，采用自由舒展的构成方式，打造传统语言与现代材料相统一的生态建筑。该建筑采用了地源热泵、太阳能光伏发电、导光筒、建筑能耗监测等绿色技术。

项目拟用青砖作为饰面材料，为了避免传统保温材料外面砖剥落的缺点，采用夹心墙的保温模式。连续延展的钻石切面形屋面采用现代的锰镁铝板材质，并精心计算了排水方向和坡度，使得建筑第五立面丰富而统一。墙面局部是转移木纹印刷的铝板，还原了传统建筑的色彩。

项目特意保留了原来场地的两颗大松柏，与南侧的水面相映成趣，作为历史的记忆矗立在入口前端，展现新老事物共存、自然与建筑和谐统一的景象，打造科技、自然、美观、传承的滨湖新区门户建筑。

安徽省老干部活动中心

Anhui Old Cadres Activity Center

项目业主：中共安徽省委老干部局
建设地点：安徽 庐州
建筑功能：老年活动室、老年大学
建筑面积：29 167平方米
设计时间：2013年
项目状态：建成
设计单位：苏州东吴建筑设计院有限责任公司
主创设计：王华

项目是安徽省十大重点工程之一，引入了老年大学的服务功能，服务离退休干部的同时也服务广大老年群众。设计以徽派元素作为基础，结合现代的功能及建造方式，创造使用新材料、新科技的现代徽派园林建筑。

项目通过梳理柱网间距、局部结构转换等方式将传统的地上建筑跟地下空间巧妙地结合起来。

项目施工图由上海同大规划建筑设计有限公司完成，施工图尽量保留方案理念和造型。在材料方面，文化石贴面与传统保温材料之间有着不可调和的矛盾，传统的保温后抹灰做法无法满足安全性要求，所以，项目贴文化石区域采用的是保温夹心墙做法，将保温材料砌筑于建筑墙体中间，文化石直接用聚合物砂浆贴于煤矸石砌块表面，这两种材料具有相似的热膨胀系数，连接较为安全。

项目按照二星级绿色建筑标准进行设计，采用市政集中供热及供冷，同时泳池局部配备了空气源热泵以便市政无供暖期使用，太阳能热水器为泳池及餐厅厨房提供热水，同时采用其他节水节电的设备。

王思源

职务：上海汉思建筑设计事务所创始合伙人、总经理
执业资格：国家一级注册建筑师

主要设计作品—安莉芳系列
山东安莉芳工业园
山东安莉芳智能配送
荣获：2017年上海市优秀工程设计二等奖
常州安莉芳工业园
上海安莉芳大厦

HSarchitects
上海汉思建筑设计事务所

汉思设计（简称HSa）的起源为一个非常朴素的人本主义理想：创造一种全新的设计合伙制范式，让优秀的人才可以为了理想走到一起，实现诚信为本、卓越创新、优质服务、共同发展的核心理念，体现不同凡响的合伙价值。多年以来，汉思设计的业务格局不断扩大，产品类型不断丰富，但人本主义的精神内核从未改变。从品牌意义上说，“汉”取意博大精深的华夏文化，“思”表明不断进取的研究信念。

汉思设计的服务品质可以归结为独特的合伙制组织架构。相对于传统设计院，在汉思设计，建筑规划、结构、机电、室内、景观以及数字化设计业务，分别以各自独立的专业团队进行联合运作，这种细分模式的最大优势在于强化专业能力的主导价值，让不同领域的专家负责他们擅长的专业，这种模式使汉思设计成为当代中国精细化设计的领跑者和践行者。

上海汉思建筑设计事务所（普通合伙）（具有建筑设计事务所甲级资质）

汉思建筑长期专注于大型商业综合体、超高层建筑、甲级写字楼、高档酒店和居住项目的设计研究，从城市形象到招商营运、从文化体验到栖居品质、从消防设计到交通接驳，均具有深入独到的理解和经验。自2006年以来，HSa在上海以及中国多个主要城市完成和正在建设中的商业建筑总面积超过2 100万平方米，多次获得国内各大奖项，为中国城市化的品质提升做出了贡献。

上海汉思结构设计事务所有限公司（具有结构设计事务所甲级资质）

汉思结构拥有优秀的设计团队和先进的BIM三维应用技术，具有研究、分析、设计复杂结构的专业技术能力，擅长大跨度空间结构、超高层和各类复杂结构体系的设计，在设计过程中结合丰富的经验进行最优化设计，追求结构美在建筑中的表达，形成了重视与建筑师的互动、勇于创新的设计风格。目前在建的超高层建筑高达339米，在建的连体建筑连接跨度长达97米。汉思结构以“真诚、善意、精致、完美”为核心价值观，寻求社会、环境和经济的协调发展。

上海汉思机电设计事务所有限公司（具有机电设计事务所甲级资质）

汉思机电致力于为客户提供专业的一次机电设计、二次机电设计、酒店机电顾问、商业机电顾问、节能设计咨询顾问等专业、优质的机电顾问服务以及建筑机电合理解决方案。在大型商业综合体、酒店、写字楼、高档居住社区等高端建筑设计过程中结合丰富的经验进行最优化设计。汉思机电完成了近300多个工程设计或顾问项目，积累了丰富的行业经验，奠定了其从事建筑机电工程设计及技术咨询的坚实基础，锻造了卓越的专业能力及服务水平，并已成功为洲际、希尔顿、万豪、丽笙、雅辰等国际著名酒店管理公司旗下品牌酒店项目创造了最大价值。

上海汉思景观设计事务所有限公司

汉思景观长期专注于文旅景观项目，完成和正在建设的有大型主题乐园、大型娱乐设施、室内主题乐园等商业综合项目，设计阶段涵盖策划咨询、概念设计、方案规划、施工图及现场配合的全过程，致力于创造美好的城市环境和空间景致，并获得多项国内景观设计金奖。

汉思信息科技（上海）有限公司

汉思信息科技致力于建立基于BIM的建筑数字化运营平台，实现建筑从产品到服务的建筑全生命周期的平台化运维管理。

地址：中国上海市长宁区长宁路
1018号龙之梦大厦1901室
电话：021-33727290
传真：021-33727291
网址：www.HSarchitects.cn
邮箱：HSa@HSarchitects.cn
公众号：汉思设计

山东安莉芳工业园

Shandong Embry Form Industrial Park

项目业主：安莉芳（山东）服装有限公司
建设地点：山东 济南
建筑功能：厂房及配套建筑
规划用地面积：480 000平方米（含河道）
规划建设用地面积：310 000平方米
规划建筑面积：240 000平方米
已建成建筑面积：110 000平方米
设计时间：2006年至今

山东安莉芳工业园是一个从规划到设计的全专业、全生命周期的设计服务项目，从2006年规划起分期设计实施建设至今经历了15年，完成了1~3期的建设及部分建筑的升级改造。项目在实施上实行建筑师负责制，所有的建设项目或改造必须通过建筑师的签字认可方可实施及结算，体现了建筑师对项目的全生命周期的专业管理。

与传统的工业园项目不同，本项目在满足开发强度要求的同时，秉承“美丽工程”的设计理念，将自然环保可持续发展的要求始终贯彻在设计的每个阶段。规划将一条蜿蜒曲折的河道作为轴线，将建筑沿河道的曲线展开设计。干枯的河道通过拦水坝及河道防水处理形成了从河面到湿地的自然景观，结合地形以尊重自然、顺应自然、享受自然为原则，改造后的河道为整个园区带来了绿色资源，改善了园区的生态小环境。从一期的玫瑰花瓣厂房到二期的循环庭院厂房及三期的LOGO智能仓设计，曲线无处不在，与安莉芳产品注重表现女性的曲线美相契合。独特的安莉芳“蓝”彰显安莉芳厂房的独有气质，将安莉芳的企业文化很好地融入其中。

项目整体使用建筑节能及地源热泵技术，为节能减排做出了贡献。

山东安莉芳智能配送

Shandong Embry Form Intelligent Delivery

项目业主：安莉芳（山东）服装有限公司
建设地点：山东 济南
建设功能：物流配送厂房
用地面积：38 085平方米
建筑面积：32 882平方米
设计时间：2015年—2016年
项目状态：建成
设计单位：上海汉思建筑设计事务所
上海汉思结构设计事务所有限公司
上海汉思机电设计事务所有限公司
设计团队：
建筑：王思源、李逸、王代华、贺胜
结构：卢进强、林鹏、郑斌斌
机电：金雪根、吴军、胡守同、王新军
景观：杨若伟、许斌、郑博、顾蕾
室内：王思源、谭兴华
摄影：王海本

设计理念

安莉芳集团创始人郑敏泰先生提出要将企业LOGO的椭圆形用于整体建筑的想法，设计师将50米长的LOGO与建筑造型做了完美的结合。

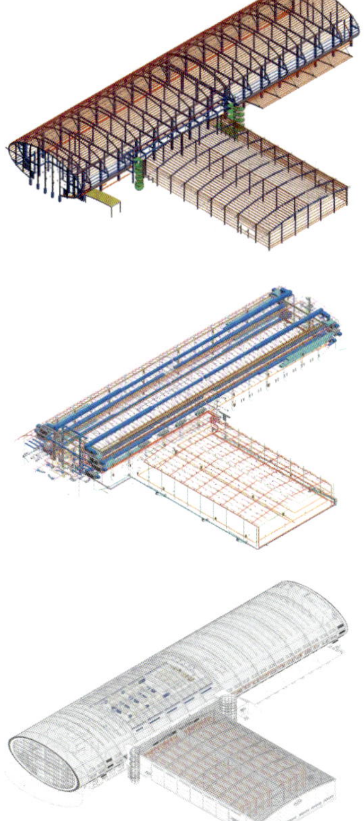

项目智能物流厂房与立体仓之间呈“T”字形交错。为满足多元化的流线和仓储功能，物流厂房设计为188米x49.7米，立体仓设计为85.9米x54.1米。其中物流厂房底层及二层均为混凝土框架结构，三层为满足大空间的需求，选用了钢桁架的结构形式。

物流厂房以椭圆形体量为主，并将建筑造型与使用空间完美结合。建筑立面简洁、现代，形体稳重。圆弧体量部分以灰色矮立边铝板为主，底部体量以蓝色波纹铝板为主，与上部体量形成区分。南北两侧运用玻璃幕墙和亚克力发光板等元素，在南侧接待大厅将天空星辰、流水瀑布、垂直花等意象，在通透的玻璃幕墙内展现，体现出自然的生态理念；在北侧立面中巧妙勾勒出了企业LOGO的标志。同时，幕墙与铝板的交接均强调对缝和模数概念，整个建筑大气而不失精致。 室内空间设计突出曲线美的特点，体现独特美感。景观设计结合园区原有的百年古树，营造小而精的美丽工程。

安莉芳智能配送虽是一个工业项目，但对设计细节处理的要求极高。设计方不仅要给客户拿出一个完美的设计方案，还要做到在保证该项目设计功能和品质的前提下，尽可能控制建设成本，并确保整套物流设备均有足够的运行空间。要让与项目相关的所有人在整个施工过程中实时了解设计的进度和最终完成的效果是传统设计较难做到的，因此，基于BIM的三维设计便成了设计方的首选。

在整个项目推进的过程中，BIM的三维表现就成了沟通的主要手段。项目从方案阶段开始，采用BIM技术对室内光环境、太阳照射时间和热辐射对室内环境的影响进行评估，选出最为合理的解决方案。同时与物流设备供应商经过多次配合，确保最终建筑方案与物流方案之间的相互匹配。设计中，建筑师与结构工程师对复杂结构、室内空间变化较多的区域进行了重点设计。准确定位了主要设备干管的标高，预先解决了很多现场的放样问题，使得施工得以顺利进行。另外，基于实际设计模型的基础，通过材质的准确输入，有效定义了项目的工程量，并提交给概算工程师，双方对不同途径所产生的工程量进行了复核计算，确保了整体造价的准确性，创造出低成本、短工期、高效率的典型成功范例。

项目建设中，物流设备的运输流线及设备均有过多次调整，但得益于图纸和三维模型之间的无缝衔接，最终较好地控制了现场管线的走向，确保了项目最终的完成度。三维设计较之传统的二维设计虽然投入的时间精力有所增加，但设计的完整性、 真实性、 准确性都有了质的飞跃。

常州安莉芳工业园

Changzhou Embry Form Industrial Park

项目业主：安莉芳（常州）服装有限公司
建设地点：江苏 常州
建筑功能：厂房及配套建筑
用地面积：35 540平方米
建筑面积：73 600平方米
项目状态：建成
设计时间：2012年—2017年

常州安莉芳工业园位于常州市新北区河海西路259号，园区绿化覆盖率达17.3%。设计理念为“安莉芳之窗”，在城市主要街道的转角位置设计一个36米×36米的立方体高层厂房，用玻璃幕墙打造一个巨大的窗口与城市道路形成互动。高层立方体窗坐落在弧形展开的现代化多层厂房上，深灰色铝板外墙与玻璃幕墙相结合，颠覆工厂的传统形象，形成一个安莉芳向城市展示品牌的形象窗口。整个园区绿色环保智能，建筑强调形体美感，立面用各种大小的宣传窗设计广告位置，融入现代化城市新区。整个工业园采用对称式布局，像一只蓄势待飞的大鹏鸟，寓意安莉芳将展翅高飞。

室内二层挑空门厅采用白玉兰拼花的大理石椭圆造型，与椭圆形的弧形楼梯形成了丰富的室内空间效果。

在整个园区的转角位置设置了飞龙戏珠的瀑布广场，园区中心设计了叠水小溪景观路，百年桂花树与实用的园林树种搭配种植，使得园区有小桥流水、四季常青的景观效果，实现了人与自然的完美结合。

上海安莉芳大厦

Shanghai Embry Form Building

项目业主：安莉芳（上海）有限公司
建设地点：上海
建筑功能：旗舰店、办公用房、会议中心
建筑面积：11 430平方米
装修面积：5 320平方米（不含公共区域）
设计时间：2009年
项目状态：建成

项目对安莉芳LOGO的椭圆形元素进行了横纵交织设计，形成了为安莉芳打造的独一无二的肌理形象，给人以强烈的视觉冲击，将品牌的形态最大化展示。旗舰店及集团办公室采用了弧线元素设计，层次丰富多变，与品牌形象高度契合。

王威

职务：山西省建筑设计研究院有限公司副总建筑师
　　　董事长助理、方案创作所所长
职称：正高级工程师
执业资格：国家一级注册建筑师

教育背景

1998年　西南交通大学建筑学学士
2014年　太原理工大学硕士

工作经历

2019年至今　山西省建筑设计研究院有限公司

个人荣誉

山西省优秀青年建筑师
山西省青年建筑师奖
山西省勘察设计行业优秀建筑师

主要设计作品

山西省人大常委会办公楼
荣获：2010年山西省优秀建筑设计一等奖
白龙苑住宅小区2#住宅楼
荣获：2011年山西省优秀工程勘察设计二等奖
太原市第四实验中学教学楼
荣获：2011年山西省优秀工程勘察设计三等奖
太原科技大学实验教学综合楼
荣获：2017年山西省优秀建筑设计一等奖
临汾新医院
荣获：2017年全国优秀工程勘察设计二等奖
　　　2017年山西省太行杯土木建筑工程大奖
　　　2018年山西省优秀建筑设计一等奖
中美清洁能源研发中心
荣获：2019年全国优秀工程勘察设计三等奖
　　　2019年山西省优秀建筑设计一等奖
五台山游客中心、展示中心
山西省科技创新综合服务平台
山西医科大学第二医院南院建设项目
山西运城黄河文化博物馆
山西建筑职业技术学院新校区

杨坤

职务：山西省建筑设计研究院有限公司方案所副所长
职称：高级工程师
执业资格：国家一级注册建筑师

教育背景

2003年—2008年　石家庄铁道学院建筑学学士

工作经历

2008年至今　山西省建筑设计研究院有限公司

个人荣誉

2018年中国（山西）设计年度人物“青年设计专家”

主要设计作品

中美清洁能源研发中心
荣获：2019年全国优秀工程勘察设计三等奖
　　　2019年山西省优秀建筑设计一等奖
太原龙城新区新建中学
繁峙县三馆一院
山西省省情方志馆
晋中壁画博物馆
山东省乐陵市图书馆、档案馆、博物馆
神池县两馆一院
融创中心殷家堡城
新源智慧建设运行总部

山西省建筑设计研究院有限公司
The Institute Of Shanxi Architectural Design And Reserch CO.,LTD

山西省建筑设计研究院有限公司成立于1953年，曾隶属于山西省住房和城乡建设厅，是山西省成立最早、规模最大并第一批同时获得“三标体系”认证的综合性甲级建筑设计研究院。业务范围包括建筑工程设计、岩土工程勘察与设计、建筑工程咨询、城市规划设计、市政工程设计、风景园林设计、工程勘察行业测量、工程监理、工程总承包等。内设机构有10个综合设计所、6个设计室、工程勘察、监理、项目管理、岩土工程等生产部门以及方案创作、结构分析、工程咨询等专业研究所。

地址：山西省太原市府东街5号
电话：0351-3285383
传真：0351-3073613
网址：www.sxjzsj.com.cn
电子邮箱：sjyrsc@163.com

史树一

职务：山西省建筑设计研究院有限公司
综合设计八所所长、主任建筑师
职称：高级工程师
执业资格：国家一级注册建筑师

教育背景
2000年—2005年　太原理工大学建筑学学士

工作经历
2005年至今　山西省建筑设计研究院有限公司

个人荣誉
2009年山西省建设系统抗震救灾先进个人
2019年山西省“三晋英才”青年优秀人才

主要设计作品
茂县高中教学实验楼
荣获：2014年山西省优秀工程勘察设计二等奖
晋城铭基凤凰城
荣获：2016年山西省优秀工程勘察设计一等奖
太原市第六十七中学
荣获：2017年山西省优秀工程勘察设计二等奖
茂县中医院门诊住院楼
荣获：2017年山西省优秀工程勘察设计三等奖
山西医科大学新校区图书信息大楼
荣获：2019年山西省优秀建筑设计二等奖
山西医科大学中都校区
吕梁学院
朔州李林中学新校区
武乡县多馆合一项目
山西医科大学迎泽校区总体规划
山西医科大学第二医院南院
太原市妇幼保健医院

王亮

职务：山西省建筑设计研究院有限公司
设计五所所长、主任建筑师
职称：高级工程师
执业资格：国家一级注册建筑师

教育背景
1998年—2003年　太原理工大学建筑学学士

工作经历
2003年至今　山西省建筑设计研究院有限公司

个人荣誉
山西省优秀青年建筑师

主要设计作品
太原市第二外国语学校新校区教学楼、教学办公楼
荣获：2010年山西省优秀工程勘察设计二等奖
重庆民心佳园 公租房
荣获：2011年中国首届保障性住房设计竞赛三等奖
2012年全国人居经典建筑规划设计方案金奖
2013年山西省优秀工程勘察设计一等奖
2014年山西省优秀工程咨询成果三等奖
金潞苑商品房住宅小区
荣获：2015年山西省优秀城乡规划设计三等奖
山西坤成广场
荣获：2015年山西省优秀建筑设计三等奖
太原铁路职工文化活动中心
荣获：2017年山西省优秀工程勘察设计二等奖
阳光城国际广场
融创长风一号
保利西湖林语
国瑞龙瑞苑小区
五台山游客中心、展示中心
太原市第五中学新校区

公司成立68年来，秉持“精致建筑、精彩生活”的设计理念和“想你所做、与你同创，做你所思、与你共享”的服务宗旨，立足山西，面向全国，高质量完成了大批城市公共建筑、工业建筑和居住建筑。设计项目涵盖卫生、教育、文化、体育、商业、金融、航空、邮政、电力、宾馆、办公、住宅、工业等各个领域，工程遍及全国20多个省、自治区、直辖市及世界10多个国家和地区。公司荣获国家及省部级奖160余项，为国家经济建设和山西城乡建设的发展做出了突出贡献，受到社会各界的广泛赞誉。

公司先后荣获“当代中国建筑设计百家名院”“全国建筑业技术创新先进企业”“全国勘察设计行业诚信单位”“中国最具业主满意度设计机构”“山西省十佳勘察设计院”等荣誉称号。

五台山国际度假酒店

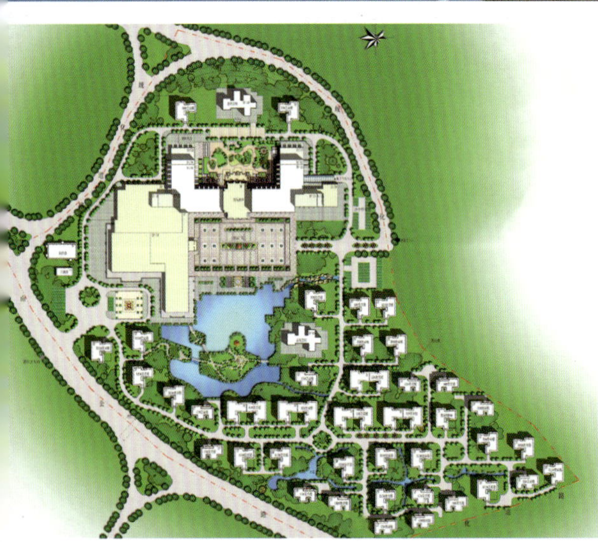

Mount Wutai International Resort Hotel

项目业主：山西东辉集团
建设地点：山西 五台山
建筑功能：酒店建筑
用地面积：164 678平方米
建筑面积：72 142平方米
设计时间：2009年
项目状态：建成
设计单位：山西省建筑设计研究院有限公司

项目位于五台山风景区，中部水系将建设场地分为南北两大部分，水系北部为度假酒店区，包括主体为五层的国际度假酒店和最北侧两栋总统套房，南部为25栋自由式布置的独栋贵宾楼。酒店区主入口设置在场地东侧，建筑规模为地上五层，地下一层，共有客房248套，其中标准间232套、套房16套。总平面布局采用院落式，外立面采用坡屋顶，主色调采用灰色、白色及木色等，与自然环境相得益彰。

山西汾酒文化商务中心

Shanxi Fenjiu Cultural Business Center

项目业主：山西杏花村汾酒集团有限责任公司
建设地点：山西 太原
建筑功能：办公建筑
用地面积：81 750平方米
建筑面积：280 000平方米
设计时间：2013年
项目状态：在建
设计单位：山西省建筑设计研究院有限公司

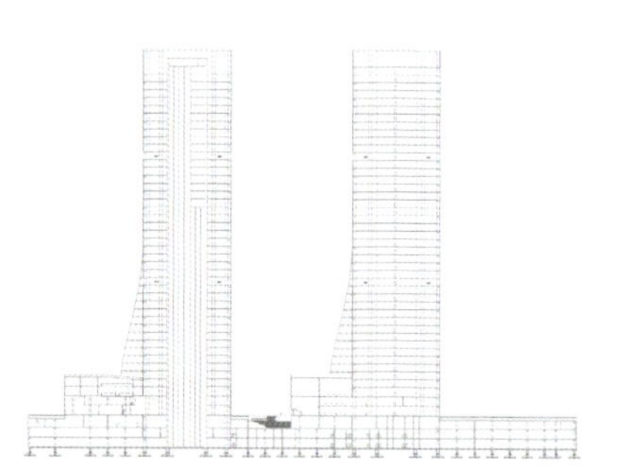

山西汾酒文化商务中心建筑群主要由两大区域组成。商务办公区为北临龙城大街两幢高187米45层的双子塔楼，东面为5A级的写字楼，西面为汾酒总部大楼；基地西面是靠近滨河东路的高150米35层五星级酒店。

本方案的设计灵感源于“源自汾酒”，内部的杏花村广场作为汾酒文化的象征，设计成一个下沉式的文化广场。主体建筑的形式如同由源头流出的蜿蜒泉水，体现汾酒文化悠远绵长。

新源智慧建设运行总部

Xinyuan Wisdom Construction and Operation Headquarters

项目业主：山西新源智慧建设有限公司
建设地点：山西 太原
建筑功能：办公建筑
用地面积：24 310平方米
建筑面积：100 600平方米
设计时间：2020年
项目状态：在建
设计单位：山西省建筑设计研究院有限公司

项目由A、B、C三座主体建筑及地下车库、配套建筑组成，A座达到“AAA级装配式建筑+超低能耗建筑+三星级绿色建筑”标准，B座达到“AA级装配式建筑+二星级绿色建筑”标准，C座达到“A级装配式建筑+二星级绿色建筑”标准。

设计从城市规划、建筑景观学的整体理念出发，综合考虑多方面因素，强调使用功能和交通的合理组织，注重反映“高起点、高科技、高引领”的思想，致力于创造一座品质卓越、功能明晰、个性鲜明的示范工程。同时规划设计符合先进的“五大中心”规划建设思路，体现“创新、协调、绿色、开放、共享”的发展理念；紧密围绕“创新与文化”的关键要素，通过精细化的设计、建设和运营，实现山西特色文化元素与现代设计的兼容并蓄。

山西省省情方志馆

Department of Local Records, Shanxi Province

项目业主：山西省地方志研究院
建设地点：山西 太原
建筑功能：文化建筑
用地面积：20 791平方米
建筑面积：34 400平方米
设计时间：2015年
项目状态：在建
设计单位：山西省建筑设计研究院有限公司

项目以演绎“器、院、格”为设计主题，完美展现建筑的内涵、功用与气质。

1.“器”——博容承载

博容方志文化，承载多元功用。建筑融合了多元文化元素，表达了文字语言无法企及的文化内涵，是器物、制度和观念三层文化的集中体现。

2.“院”——院落园囿

大院民居形制，中式园林文化。结合所处位置的独特性，在形制、布局上与山西地方文化相呼应，使传统街巷、中式园林在此得以传承。精致的院落、丛丛绿竹、幽静的水面、点点睡莲，伴着和煦微风以及水面上泛起的涟漪，共同传承着山西传统的文化渊源。

3.“格”——书香品格

塑造书香人文，提升品格气质。设计中通过对山西地域元素及中式园林的空间布局研究，结合地方志的专业内涵属性，定位为书院式的博物馆。

柳林县明清街历史文化街区更新改造

Renovation of Ming and Qing Street Historical and Cultural District in Liulin County

项目业主：吕梁柳林经济建设投资开发有限公司
建设地点：山西 柳林
建筑功能：商业建筑
用地面积：11 411平方米
建筑面积：34 954平方米
设计时间：2017年
项目状态：在建
设计单位：山西省建筑设计研究院有限公司

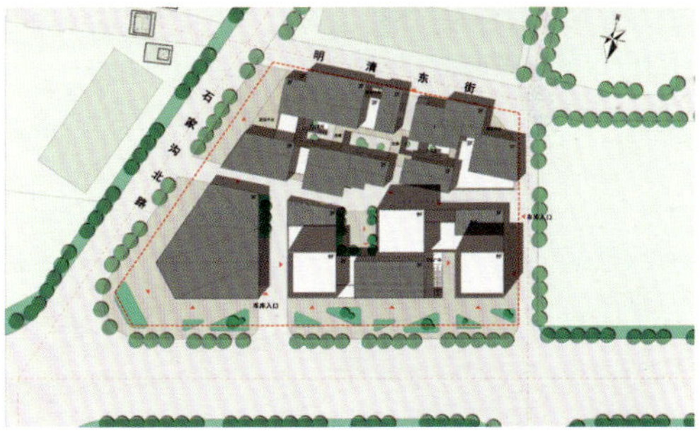

明清街历史文化街区的文脉肌理在历史的变迁中，逐渐形成以院落为单位的基本肌理关系，这些院落相对零散、封闭、尺度不一，难以满足现代商业升级的需求及对生活品质的保障。在新的规划设计中，传承了明清街历史文化街区中“院”的精神，保留了合院的基本结构及生活形态，并结合当代商业升级需要及生活品质提升要求，将其重新设计，通过对院落的分解、整合、打开、围合以实现院落的新生。

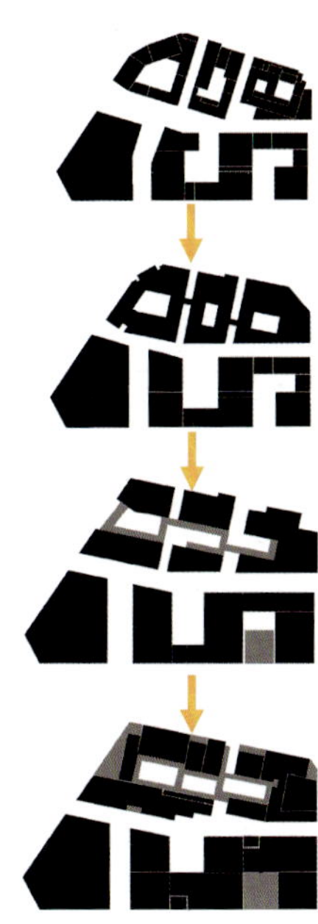

王丹

职务：浙江绿衡建筑设计有限公司总经理、总建筑师
职称：高级工程师

教育背景
1998年—2003年　天津大学建筑学学士

工作经历
2003年—2005年　中国建筑东北设计研究院
2005年—2008年　英国ATKINS设计集团
2008年—2018年　浙江绿城建筑设计有限公司
2018年至今　浙江绿衡建筑设计有限公司

个人荣誉
英国皇家建筑师学会特许注册建筑师
2021年荣获美国缪斯设计奖
2021年荣获布里斯班设计奖
2021年荣获墨尔本设计奖

主要设计作品
绿城·温州锦玉潮明
绿城·温州柳岸春风
绿城·武汉尊蓝
绿城·西安航空城兰园
绿城·临安天语山居

温天伟

职务：浙江绿衡建筑设计有限公司副总经理、总建筑师
职称：工程师

教育背景
2004年—2009年　天津大学建筑学学士

工作经历
2008年—2009年　法国AS建筑工作室
2009年—2018年　浙江绿城东方建筑设计有限公司
2018年至今　浙江绿衡建筑设计有限公司

个人荣誉
2021年荣获美国缪斯设计奖
2021年荣获布里斯班设计奖
2021年荣获墨尔本设计奖

主要设计作品
中广绿城·丽水桂语江南
绿城·温州锦玉潮明
绿城·济阳荷畔春风
绿城·济阳荷畔春风度假酒店
绿城·夏邑和园

张吉宇

职务：浙江绿衡建筑设计有限公司总建筑师
职称：工程师
执业资格：国家一级注册建筑师

教育背景
2009年—2011年　东南大学建筑学硕士

工作经历
2011年—2019年　浙江绿城建筑设计有限公司
2019年至今　浙江绿衡建筑设计有限公司

主要设计作品
绿城·温州鳌江留香园
绿城·武汉尊蓝
绿城·临安天语山居
绿城·淄博玉兰花园
绿城·宿迁世贸广场
绿城·单县明月江南
蓝城·安阳桃李春风
蓝城·开封诚园
蓝城·广德桃花源

浙江绿衡建筑设计
GREENTOWN HENG ARCHITECTURAL DESIGN

地址：浙江省杭州市西溪国际E座301
电话：0571-85121580
网址：https://lhsj.cn
电子邮箱：lg@ghd.art

浙江绿衡建筑设计有限公司（以下简称：绿衡设计）于2018年由原绿城旗下数位资深主创设计师联合发起成立，秉承绿城设计体系一贯严谨、创新、务实的精神，在产品设计和过程把控上拥有丰富的经验。绿衡设计提供从策划规划、方案设计到施工图的全过程解决方案，实现策划、建筑、景观、规划、室内等多领域的多样化整合，是一家创新型专业设计公司。

绿衡设计致力于诠释“美好营造”，要求每一位管理者和设计师敏锐地感知客户需求和市场变化，配合前沿的设计思路，在设计、技术和管理中始终保持前瞻性和创新性，为客户提供有力的业绩支持和品质保证。绿衡设计成立至今，业务遍布全国十余个省市，包含乡村小镇、高端居住区、低密度合院、商业街、酒店、总部办公、展示区等多种业态的设计营造。在实施项目的设计感、落地性、还原度上效果卓然。近年来，绿衡设计的作品不断在国际上获得高质量奖项的青睐，赢得了各国业界专家、评委的一致认可。

绿衡设计的企业文化：美好营造，实现你的想象。

济阳滨河实验学校

Binhe Experimental School, Jiyang

项目业主：绿城置业发展集团
建设地点：山东 济南
建筑功能：教育建筑
建筑面积：23 918平方米
设计时间：2019年—2020年
项目状态：在建
设计单位：浙江绿衡建筑设计有限公司
主创设计：王丹
获奖情况：墨尔本设计奖银奖

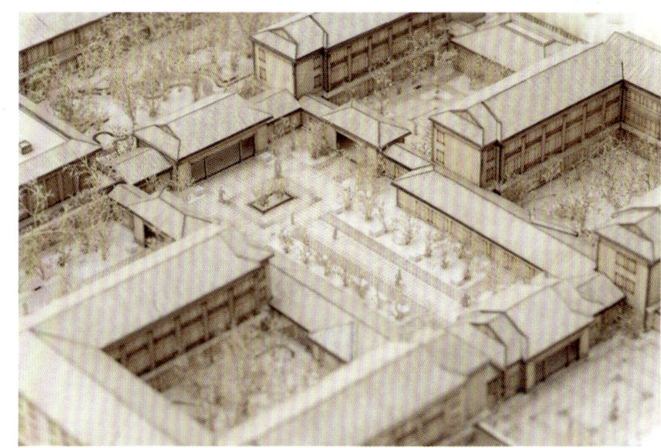

本案位于山东省济南市济阳区东南区域，北临大型城市景观公园，往南可远眺黄河。项目兼具美丽自然风光与城市繁华，是动静皆宜的舒适之地，风雅又充满人文气息的社会环境是规划相应教育配套的良好基础，这足以打造出理想的教育场所。

建筑规划一主轴两副轴，串联起所有的功能区，主轴由两进庭院构成，两侧副轴上为各类功能区。建筑规划塑造了大量的内部交流空间和场所，设施共用，环境共赏，良好而系统的内部功能和空间放大了学校的氛围和可塑性。在对外空间和合院形制的保护下，内部庭院和活动空间很大程度上保留了自由性和流动性，以更加具有融合性的民国建筑风格连接现代化城市和老城区，营造一以贯之的地域文脉。

绿城·济阳荷畔春风度假酒店

Greentown Lotus Side Resort Hotel

项目业主：绿城置业发展集团
建设地点：山东 济南
建筑功能：酒店建筑
用地面积：21 934平方米
建筑面积：16 532平方米
设计时间：2019年—2020年
项目状态：在建
设计单位：浙江绿衡建筑设计有限公司
主创设计：温天伟
获奖情况：美国缪斯设计奖银奖、布里斯班设计奖金奖

项目位于济南市济阳区，南邻新元大街，北接市政公园，交通便捷，并可远眺黄河，自然景观资源优越，规划设计客房90间，其中集中式客房70间，庭院式客房20间。

规划设计上采用园林式设计手法：南侧为酒店核心区，大堂、集中客房、宴会厅、全日餐厅、健身房等功能围绕中心景观庭院呈回字形布置，功能分区明确、流线清晰合理，通过不同大小的庭院嵌套组合，打造步移景异的酒店空间；北侧设计Villa式客房，强调传统中式街巷院落感的氛围，配合巧妙的庭院景观设计，营造天人合一的中式生活。造型设计理念上承接近代历史文脉，采用民国中式的设计风格，亲切自然又端庄典雅。

Greentown Wenzhou Aojiang Liuxiang Garden

项目业主：绿城置业发展集团
建设地点：浙江 温州
建筑功能：居住建筑
用地面积：42 435平方米
建筑面积：145 677平方米
设计时间：2019年—2020年
项目状态：建成
设计单位：浙江绿衡建筑设计有限公司
主创设计：张吉宇、吴海挺

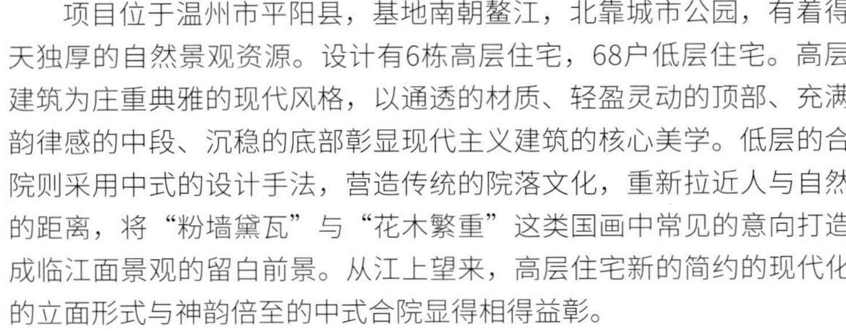

项目位于温州市平阳县，基地南朝鳌江，北靠城市公园，有着得天独厚的自然景观资源。设计有6栋高层住宅，68户低层住宅。高层建筑为庄重典雅的现代风格，以通透的材质、轻盈灵动的顶部、充满韵律感的中段、沉稳的底部彰显现代主义建筑的核心美学。低层的合院则采用中式的设计手法，营造传统的院落文化，重新拉近人与自然的距离，将“粉墙黛瓦”与“花木繁重”这类国画中常见的意向打造成临江面景观的留白前景。从江上望来，高层住宅新的简约的现代化的立面形式与神韵倍至的中式合院显得相得益彰。

绿城·临安天语山居

Greentown Lin'an Tianyu Mountain Residence

项目业主：绿城置业发展集团
建设地点：浙江 杭州
建筑功能：居住建筑
用地面积：13 359平方米
建筑面积：38 593平方米
设计时间：2019年
项目状态：建成
设计单位：浙江绿衡建筑设计有限公司
主创设计：王丹

项目以功能为设计的出发点，让建筑回归居住功能。设计强调材料特性与建筑结构相适应，突出建筑设计的经济性原则，反对多余的装饰。在具体设计上，着重考量空间设计，从平面的画面式转向立体空间的雕塑式。建筑设计的基础是逻辑性、科学性，而不是视觉美的装饰性。设计寻求一种以新观念取代旧形式的建筑风格，并且使建筑与环境彻底融为一体，而非破坏环境。流水别墅在设计时不是单独设计房子本身，而是连同周围的参天林木一并考虑了进去，达到丰富的“借景”效果，这是本土建筑师对现代主义与中国传统精神应有的理解和诠释。

中广绿城 · 丽水桂语江南

Zhongguang Greentown lishui Guiyu Jiangnan

项目业主：绿城置业发展集团
　　　　　浙江中广电器股份有限公司
建设地点：浙江 丽水
建筑功能：居住建筑
建筑面积：1 980平方米
设计时间：2020年
项目状态：建成
设计单位：浙江绿衡建筑设计有限公司
主创设计：温天伟、路金波

项目位于丽水市南城核心板块，立于丽水城市绿轴之上。该区域有完整的教育链、高端的商业服务、优质的医疗资源和景观资源，周边配套完备，拥有得天独厚的优势，是不可多得的顶级城市基址。建筑师融合了珠宝设计的手法，以打造献礼未来城市的精致工艺礼品为核心理念，用进退有度的空间设计将“独处”与“相处”恰当地协调在一起；引入人文精神，保持与城市发展的协调性，去标签化和个性化，演化成为建筑对城市的双向引导，体现了对城市泛设计美学与城市多边共生的新理解。

王慧琳

职务： 拉萨市设计院院长
职称： 高级工程师

教育背景

1999年—2003年　重庆大学土木工程学士

个人荣誉

2012年郑州园博园西藏展馆设计工作先进个人
2013年拉萨市住建系统先进个人

主要设计作品

拉萨万达广场
象雄梅朵文化园区
拉萨市顿珠金融城
西藏技师学校
雪顿古镇
西藏文化艺术创作园区
达孜叶巴康养小镇城市设计
拉萨市察古沟美丽乡村规划设计
拉萨市墨竹工卡县美丽乡村规划设计
中国西藏文化旅游创意园区规划设计
拉萨市堆龙德庆区古荣乡搬迁安置工程
拉萨市经济开发区精准扶贫易地搬迁工程

马扎·索南周扎

职务： 拉萨市设计院青藏极地建筑文化研究中心主任
中国民族建筑研究会副秘书长
职称： 高级工程师

教育背景

2002年—2005年　长安大学土木工程学士

个人荣誉

中国优秀青年建筑师
中国民族建筑优秀设计师

主要设计作品

禅古寺恢复重建工程
荣获：优秀民族建筑设计金奖
内蒙五观圣境乌兰活佛府工程
荣获：内蒙古优秀设计奖
优秀民族建筑设计示范项目
鲁班奖
甘孜金沙明珠——唐蕃小镇
包头五当召AAAAA级景区规划设计
达孜叶巴康养小镇城市设计

多庆巴珠

职务： 拉萨市设计院青藏极地建筑研究中心所长兼副主任
中国民族建筑研究会藏式建筑专业委员会副秘书长、常务理事
职称： 高级工程师
执业资格： 注册建筑师

教育背景

2003年—2008年　西藏大学建筑学学士

主要设计作品

拉萨市统战部藏胞接待中心
那曲地区农牧局综合服务中心
日喀则主城区街景改造项目
达孜叶巴康养小镇城市设计
西藏自然博物馆
拉萨滨河公园二期
布达拉宫广场装饰柱提升改造工程
拉萨市僧尼养老院建设项目
拉萨市西城初级中学建设项目
拉萨市会展中心2#展馆室内设计项目
拉萨市青年路人行天桥项目
西藏文化艺术创作园区
拉萨市察古沟美丽乡村规划设计
中国西藏文化旅游创意园区规划设计
拉萨市堆龙德庆区古荣乡搬迁安置

ལྷ་ས་གྲོང་ཁྱེར་འཆར་འགོད་ཁང་།
拉萨市设计院
DESIGN INSTITUTE OF LHASA CITY

拉萨市设计院成立于1989年，是西藏地区2019年第一批国家级高新技术企业。设计院拥有建筑工程设计甲级、风景园林工程乙级、市政行业乙级、城乡规划编制乙级、岩土工程勘察设计乙级和工程测量乙级等资质，具备完整的ISO 9001标准质量管理体系。设计院现有员工160多人，自成立以来，完成了一大批有影响力的项目，涵盖城市综合体、教育、医疗、办公、酒店、商业、旅游、司法公安、产业园区、居住、景观园林、城市改造更新、市政及道桥建设等领域，特别是在传统建筑文化保护与研究领域，塑造了行业品牌，享有良好的社会声誉，在业内拥有众多战略合作伙伴，综合实力位居西藏地区前列。设计院在驻藏兴城这条路上，始终贯彻“以人为本”的经营理念，秉承“追求卓越设计，打造精品工程，竭诚服务客户，共创美好未来”的宗旨，扎根雪域高原，以建设美丽家园为己任。为了更好地参与城市建设，设计院以研究为助力，还设立了“青藏极地建筑文化研究中心”，始终坚持传承和发扬传统文化，努力将拉萨市设计院打造成为文化和品质并重的行业领跑者。

地址：拉萨市城关区纳金路74号
电话：0891-6231076
传真：0891-6231076
网址：www.xzlssjy.com

杜娟

职务：拉萨市设计院副总建筑师
西藏自治区消防设计审查专家
重庆大学建筑城规学院专业实习企业导师
一级注册建筑师阅卷专家
职称：高级工程师
执业资格：国家一级注册建筑师

教育背景
1994年—1999年　重庆建筑大学建筑学学士

个人荣誉
2008年四川省建筑设计院十佳青年建筑师
2016年芦山地震灾后重建先进个人

主要设计作品
春熙路商业步行街
荣获：2003年四川省优秀工程勘察设计一等奖
2003年成都市优秀工程勘察设计一等奖
芙蓉古城居住区
荣获：2004年全国优秀工程勘察设计铜奖
2004年四川省优秀工程勘察设计一等奖
2004年成都市优秀工程勘察设计二等奖
成都市特色街道及中心城区综合整治工程
荣获：2014年四川省优秀工程勘察设计二等奖
西藏自治区人民政府驻成都办事处医院
拉萨市堆龙德庆区连片开发区
象雄梅朵文化园区

仇志涛

职务：拉萨市设计院副总规划师
职称：高级城市规划师
执业资格：注册城市规划师

教育背景
2001年—2005年　东北农业大学资源与环境学院学士
2012年—2017年　哈尔滨工业大学土木工程硕士

主要设计作品
萝北名山旅游名镇概念规划
荣获：2010年黑龙江省城市规划优秀设计二等奖
连环湖镇总体规划
荣获：2011年黑龙江省城市规划优秀设计二等奖
拜泉县县域镇村居民点空间布局规划
荣获：2011年黑龙江省城市规划优秀设计二等奖
鹤岗市萝北县名山镇总体规划
荣获：2012年黑龙江省城市规划优秀设计二等奖
漠河县北极镇总休规划
荣获：2012年黑龙江省城市规划优秀设计三等奖
内蒙古额尔古纳市城市管线工程规划设计
黑龙江省村镇体系规划
拉萨市察古沟美丽乡村规划设计

林辉

职务：拉萨市设计院方案中心主创建筑师
职称：高级工程师
执业资格：国家一级注册建筑师
全国装配式高级工程师
香港注册建筑师
英国皇家注册建筑师
美国绿色建筑委员会认证建筑专家
国际太阳能学会建筑专业终身会员

主要设计作品
山南哲古镇
荣获：2012年中国建筑学会全国人居规划金奖
西藏农牧民安居工程
拉萨市顿珠金融城
拉萨市堆龙德庆区连片开发区

洛桑达瓦

职务：拉萨市设计院方案中心副主创建筑师
职称：工程师

教育背景
2011年—2016 年　同济大学建筑学学士

个人荣誉
2019年拉萨市设计院先进个人

主要设计作品
顿珠金融城及教育城住宅立面设计竞赛
荣获：2017年拉萨市设计院方案竞赛一等奖
西藏藏医药大学
荣获：2018年拉萨市设计院方案竞赛二等奖
拉萨市顿珠金融城
西藏文化艺术创作园区
象雄梅朵文化园区
拉萨市堆龙德庆区连片开发区
拉萨市教育城配套商业综合体

西藏非物质文化遗产博物馆内装设计与千工坊

Interior Design and Workshop of Tibet Intangible Cultural Heritage Museum

项目地点：西藏 拉萨　　建筑功能：文化建筑　　用地面积：4 000平方米
建筑面积：5 163平方米　　设计时间：2019年　　项目状态：建成
设计单位：拉萨市设计院
设计团队：王慧林、周立军、杜娟、陈宝、陈伟、林辉、陈淑鹏、洛桑达瓦、多庆巴珠

项目位于拉萨市城关区慈觉林片区，于2018年完成土建，2019年设计院承接了博物馆内装及千工坊设计任务。内装展区分为主展区、专题展区、互动体验展区以及传承人展廊四大部分。围绕打造“三地一中心”，即中华优秀传统文化精髓的传播教育高地、非物质文化遗产“原真性”保护传承的展示基地、西藏非遗文创产品研发与原创设计的策源地和发掘整理藏民族文化成果的研究中心，实现“区内一流、国内少有、国际有影响力”的非遗领域国家一级专业博物馆。

博物馆不仅要以展品展示非遗文化，还应有非遗文化体验场所，而新建千工坊正是非遗传承人工作及游客体验的地方。它由19栋单体、8个组团构成，每个单体、组团错落有致，互相由灵活的步行路径进行串联，流线曲折贯通，移步易景。整体形态运用藏式建筑中与环境融为一体的山地建筑布局手法，体现地域民族建筑的文脉延续。建筑采用当地石材，整体色调及门窗样式均采用藏式传统风格，具有浓郁的藏式风味，符合片区的整体风貌。博物馆具有最佳的视线通廊，不仅能与神圣的布达拉宫遥相呼应，还能欣赏整个拉萨市区自然而独特的风情。

中国西藏文化旅游创意园区规划设计

Planning and Design of Cultural Tourism Creative Park in Tibet, China

建设地点：西藏 拉萨　　建筑功能：文旅建筑　　规划面积：2 125 400平方米

设计时间：2020年　　项目状态：方案　　设计单位：拉萨市设计院

设计团队：马扎・索南周扎、周立军、仇志涛、杜娟、多庆巴珠、陈淑鹏、陈静伟、杨大华、李昆

创意园区是拉萨民俗文创引擎，自家门口的文创园；是藏地文化旅游集聚地，西藏文创品牌引领者；是文化融合创意高地，国际交流承办窗口。

规划设计采用拉萨模式：历史演绎、文化集聚、文化阳台。它是一场大中华文化融合的历史演绎；一部藏文化集聚地的“活字典”；一方面向布达拉宫的文化阳台。

规划布局形成“一心三街，一城三谷多点”的空间结构。一心——茶马文化公园；三街——藏家绿街、藏家蓝街、藏家金街；一城——文创城；三谷——艺术度假谷、养生休闲谷、高端活动谷；多点——迎亲之门、记忆之门、唐卡文创园、金城公主剧场、匠人七坊、风情度假基地、天堂草原等。

达孜叶巴康养小镇城市设计

Urban Design of Dazi Yeba Kangyang Town

建设地点：西藏 拉萨　　建筑功能：康养建筑
规划面积：3 132 900平方米　　建筑面积：615 200平方米
项目状态：方案　　设计时间：2020 年
设计单位：拉萨市设计院
主创设计：马扎·索南周扎、多庆巴珠
设计团队：李昆、旦增索朗、杨大华、普布顿珠、索朗旺久、旦增曲珠、边巴次仁、普布伦珠

项目设计以藏医文化为核心，打造最具西藏生活美学的宜居样本。设计突出雪域高原疗养、藏医养生疗养、康养社区、特色公园等功能，打造雪域高原度假旅游康养活力印象地。为居民提供一个设施完备、环境优美的健康活力智慧社区，为游客提供一个集智慧化、现代化、特色化的疗养、旅居、购物、游玩于一体的藏医文化体验目的地。中心建筑方案特色：场地位于小镇核心区域，建筑整体造型取自藏式庄园，反映出藏式建筑的悠久历史，宗堡般坚固挺拔、层层退台的建筑造型，营造出整个藏医养生文化展示中心的雄伟气势。设计高低不同的两进院落，退台与院落相叠营造丰富的充满地域文化的院落空间。整个建筑底部沉稳厚重，顶部构造精细、结构轻盈，项部视野开阔，独具西藏传统建筑文化特色，也是整个康养小镇的标志性建筑之一。

西藏文化艺术创作园区

Tibet Cultural and Artistic Creation Park

建设地点：西藏 拉萨　　建筑功能：文化建筑　　用地面积：43 929平方米
建筑面积：26 020平方米　设计时间：2018 年　　项目状态：在建
设计单位：拉萨市设计院
设计团队：多庆巴珠、洛桑达瓦、普布顿珠、李昆、于梦璇、吴军洋

项目位于拉萨市慈觉林西山脚下，距离拉萨市中心约3.6千米。建筑由唐卡博物馆、艺术家创作室、学校及附属功能的公共空间和服务设施组成。立面设计采用传统藏式建筑颜色，并从藏式服饰上采集颜色与构图形式，形成丰富、变化的立面效果。

项目靠近山体，强调与山和天空的对话。形体方面，借鉴布达拉宫的拓扑形象，建筑与山石呼应，不是单一的体块，而是由多个斜墙体块组成的有机聚合体，既是模拟天然山体的形态，也像山间村落的集合。除了营造契合唐卡艺术收藏和展示的空间，项目着重打造精神体验空间，将游览过程与唐卡文化、西藏文化的精神追求相结合，通过内部观展路径与外部拓展路径的组合，启发游客感受和领悟其文化特色。另外，建筑细部尊重当地风格的传承，用现代建筑语汇重现传统艺术特色，例如主入口门头、立面窗花和中庭扶手栏杆等，借鉴拉萨传统装饰样式，并将其简化，运用现代材料和工艺重新表达，使项目成为具有地域特色与时代特征的标志性建筑。

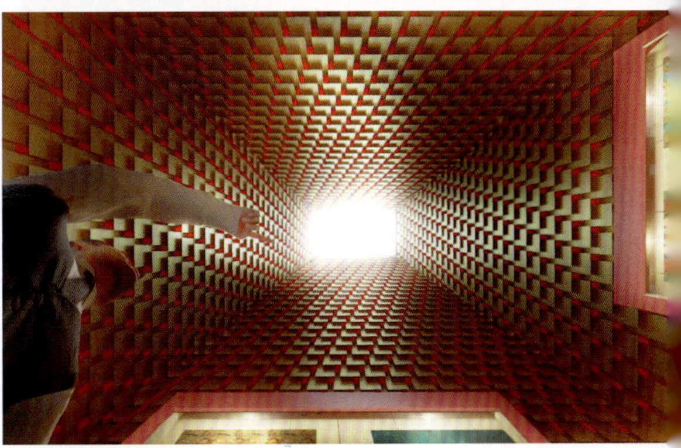

拉萨滨河公园二期

Lhasa Riverside Park Phase II

建设地点：西藏 拉萨	建筑功能：文旅建筑	用地面积：205 639平方米
建筑面积：41 652平方米	设计时间：2016 年	项目状态：建成
设计单位：拉萨市设计院	主创设计：尼扎、多庆巴珠	设计团队：李昆、普布顿珠

当今社会随着经济的发展，人们生活水平和城市化发展越来越快，更多的人向城市迁移，导致城市环境发生了很大的变化，人们也开始重视城市环境，绿化成为了全人类共同建设的一项重要工程。绿化离不开植物，而城市中植物相对较少，园林绿化就得充分利用城市植物，处理好城市植物多样性与园林绿化的关系就成为了关键。

设计旨在为人们提供一个良好的休息、文化娱乐、亲近大自然、满足人们回归自然愿望的场所。此次公园设计用地沿着拉萨河北岸展开，水对人类有着天然的亲和力，公园沿河的亲水驳岸设计就是为了满足人们的这种需求。亲水驳岸上的硬质铺装、景观小品、园路均依水展开，给人以心里上的惬意，同时，又丰富了景观效果。设计方案符合水利部门的相关行洪断面要求，同时，兼顾了公园的主体性和完整性。适当的商业配套能满足公园及周边业态的需求，在商业街核心建筑布局中，建筑师充分分析拉萨老城区道路系统和城市空间的主要特征，将自然景色引入民俗风情商业街区内部，打造一个自然条件优越、历史文化厚重的藏式民俗风情商业街。

拉萨察古沟美丽乡村规划设计

Planning and Design of Beautiful Village in Chagu Valley, Lhasa

建设地点：西藏 拉萨
建筑功能：规划设计
设计时间：2020年
项目状态：方案
设计单位：拉萨市设计院
设计团队：王慧琳、周立军、仇志涛、马扎·索南周扎、杜娟、多庆巴珠、陈淑鹏、林辉、李昆、旦增索朗、白玛拉姆、杨大华、普布伦珠、边巴次仁

拉萨市设计院积极响应国家号召，致力于乡村振兴战略的推进，结合西藏地区的地域文化特点，提出适合于这片土地的“美丽乡村”规划设计。

项目设计以“生态优先、文化铸魂”为理念，以静谧河谷与山水格局为特色，以淳朴村落为载体，以农牧业为依托，以文化传承与体验为主题。设计尊重自然，优化山水格局，构建高原景观生态系统。“游河谷高山、戏河谷溪水、赏河谷风光”，以格桑花海、青稞田、艺术雕塑、传统建筑、牧场体验等方式，全方位展示高原村庄的人文底蕴。规划设计以地方特色推动当地农牧产业，结合当地独有的地域文化，积极发展高原旅游产业，从而带动乡村经济发展，使“美丽乡村”项目具有实质性的建设意义。

布达拉宫广场装饰柱提升改造工程

Potala Palace Square Decorative Column Upgrading and Reconstruction Project

建设地点：西藏 拉萨
建筑功能：文化建筑
设计时间：2021 年
项目状态：建成
设计单位：拉萨市设计院
主创设计：多庆巴珠
设计团队：李昆、旦增索朗、边巴次仁、杨大华、普布伦珠

此次设计将自然元素与建筑形体相融汇，将民族文化与建筑手法相结合，使装饰柱完美地融入周边的环境，成为美丽的景观。它与布达拉宫的建筑特点相协调，成为衬托布达拉宫的辅助构筑物，既能蕴含地域建筑文化精粹，又能表现多民族文化融合的内涵。

设计理念为“四方五和”：

（1）以土为基，砌石为墙，与布达拉宫呼应，环境相宜之和；
（2）取自然五色，结建筑之美，自然敬畏之和；
（3）攒尖汉阙为顶，敦厚藏式为本，汉藏交融之和；
（4）五十六根椽子木，搭接成拱，民族团结之和；
（5）四方稳定之形，戍四面八方，国泰民安之和。

朱健

王硕

田朝炜

邓智敏

姚攀科

车佩平

赖纯翠

刘梦豪

王诗旭

王珏

职务： 中国建筑西南设计研究院有限公司
广东院执行院长
职称： 高级建筑师
执业资格： 国家一级注册建筑师

教育背景
2003年—2008年 天津大学建筑学学士
2008年—2010年 英国谢菲尔德大学建筑学硕士

工作经历
2010年—2013年 中国建筑西南设计研究院有限公司设计一院
2013年—2016年 中国建筑西南设计研究院有限公司前方工作室
2016年至今 中国建筑西南设计研究院有限公司广东院

主要设计作品
广州南沙青少年宫
灵山岛九年一贯制学校
遵义新蒲汇商业综合体
白云金控大厦
哈尔滨工业大学（深圳）国际设计学院
南沙国际贸易中心（ITC）
天津华录未来科技园

朱健

职务： 中国建筑西南设计研究院有限公司
设计二院建筑一所所长、副总建筑师
职称： 高级建筑师
执业资格： 国家一级注册建筑师

田朝炜

职务： 中国建筑西南设计研究院有限公司
广东院执行总建筑师
职称： 高级建筑师
执业资格： 国家一级注册建筑师

肖凌骁

职务： 中国建筑西南设计研究院有限公司
广东院副总建筑师
职称： 工程师

车佩平

职务： 中国建筑西南设计研究院有限公司
广东院主任建筑师
职称： 工程师
执业资格： 国家一级注册建筑师

刘梦豪

职务： 中国建筑西南设计研究院有限公司
广东院数字中心主任
职称： 工程师

王硕

职务： 中国建筑西南设计研究院有限公司
设计二院主任建筑师
职称： 建筑师
执业资格： 国家一级注册建筑师

邓智敏

职务： 中国建筑西南设计研究院有限公司
广东院副总建筑师
职称： 高级建筑师
执业资格： 国家一级注册建筑师

姚攀科

职务： 中国建筑西南设计研究院有限公司
广东院副总建筑师
职称： 高级工程师
执业资格： 国家一级注册建筑师

赖纯翠

职务： 中国建筑西南设计研究院有限公司
广东院主任建筑师
职称： 工程师

王诗旭

职务： 中国建筑西南设计研究院有限公司
广东院主任建筑师
职称： 建筑师

中国建筑西南设计研究院有限公司（简称：中建西南院）始建于1950年，是中国同行业中成立时间最早、专业最全、规模最大的国有甲级建筑设计院之一，隶属于世界500强企业——中国建筑集团有限公司。

建院71年来，中建西南院设计完成了万余项工程设计任务，项目遍及全国各省、市、自治区及全球20多个国家和地区，是我国拥有独立涉外经营权并参与众多国外设计任务的大型建筑设计院之一。近年来，中建西南院以建筑产业链为中心，坚持“技术+管理+投资”发展模式，以设计树品牌、以总包创规模、以投资增效益，实现了由分散性、单一性经营向集约化、品牌化的全过程和全产业链经营转轨，在全国同类企业中走在了前列。

在中国建筑西南设计研究院有限公司设计二院孵化并代管下，中国建筑西南设计研究院有限公司广东院于2016年成立，是中建西南院设立于粤港澳大湾区的直属分支机构，服务范围涵盖整个华南区域，是深化中建西南院全国性“区域化”战略布局的重要支撑点。专业涵盖建筑、景观、结构、给排水、电气、智能化、暖通、市政、造价、幕墙等业务板块。中国建筑西南设计研究院有限公司广东院先后多次荣获中建西南院区域开拓奖，2019年被评为中国建筑集团先进集体。

地址：广州市海珠区暄悦东街保利中悦24楼　　电话：18390925875　　邮箱：cswadi_gdfy@163.com

灵山岛九年一贯制学校

Lingshan Island Nine-year School

项目业主：广州市南沙区建设中心
建设地点：广东 广州
建筑功能：教育建筑
用地面积：67 550平方米
建筑面积：74 090平方米
设计时间：2017年
项目状态：建成
设计单位：中国建筑西南设计研究院有限公司
设计团队：土坫、朱健、田朝炜、王硕、祁志谦、赖纯翠、戴朝卫、杨春达、高明利、萧毅煜、王锡桂、何颖怡
获奖情况：2021 年广东省优秀工程勘察设计二等奖
2020 年广州市优秀工程勘察设计一等奖

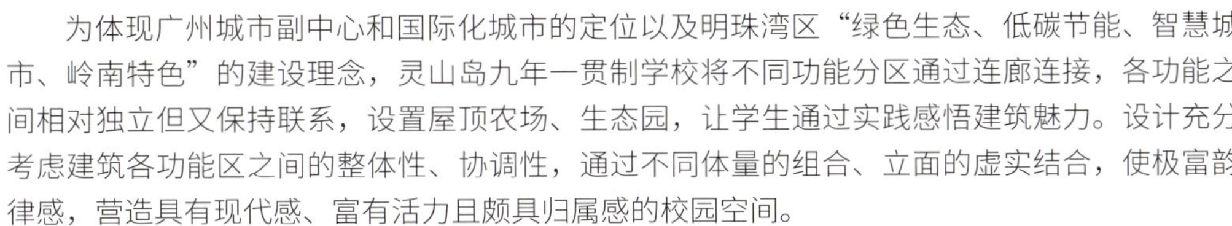

为体现广州城市副中心和国际化城市的定位以及明珠湾区“绿色生态、低碳节能、智慧城市、岭南特色”的建设理念，灵山岛九年一贯制学校将不同功能分区通过连廊连接，各功能之间相对独立但又保持联系，设置屋顶农场、生态园，让学生通过实践感悟建筑魅力。设计充分考虑建筑各功能区之间的整体性、协调性，通过不同体量的组合、立面的虚实结合，使极富韵律感，营造具有现代感、富有活力且颇具归属感的校园空间。

广州南沙青少年宫

Guangzhou Nansha Youth Palace

项目业主：广州市南沙区建设中心
建设地点：广东 广州
建筑功能：文化建筑
用地面积：30 036平方米
建筑面积：50 600平方米
设计时间：2017年
项目状态：建成
设计单位：中国建筑西南设计研究院有限公司
设计团队：刘艺、王珏、朱健、刘梦豪、王硕、肖凌骁、祁志谦、赖纯翠、齐志博

获奖情况：
ADA亚洲设计大奖
四川省优秀工程勘察设计一等奖
“科创杯”全国BIM大赛一等奖
中国建设工程BIM大赛二等奖
全国“创新杯”BIM应用大赛第三名
中国绿色建筑三星认证
广东省BIM应用大赛一等奖
广州市工匠杯金奖

项目融合了青少年活动中心、教育研修、文化科技博览、户外拓展训练、对外交流等功能，是南沙青少年校外素质教育基地、粤港澳大湾区青少年和国际来往交流青少年的专属文化港湾。

设计以海星造型融合岭南与海洋文化建筑特点，以教展结合新模式组织多变的空间。项目按照绿色建筑三星标准进行设计，采用 BIM 技术及装配式施工技术，建成后将成为全国一流的低能耗、绿色生态、智慧化的青少年宫。

南沙国际贸易中心（ITC）

Nansha International Trade Center (ITC)

项目业主：广州南投房地产开发有限公司
建设地点：广东 广州
建筑功能：办公建筑
用地面积：72 859平方米
建筑面积：12 562平方米
设计时间：2019年
项目状态：在建
设计单位：中国建筑西南设计研究院有限公司
设计团队：钱方、郭颖、王珏、周雪峰、朱健、甘旭东、肖凌骁、李建明、田朝炜、彭浩晖、范朝、蒋明伟、宋永登、周骁、孙婉玲、肖威、谢钦、钟易岑、周宇琪

项目处于灵山岛尖的门户位置，是明珠湾区提升土地价值和功能配套服务水平的重点项目，将被打造南沙涉外综合贸易服务平台，形成标识性功能效应。它为核心小湾区的整体土地价值提升奠定基础，是提升明珠湾中央商务区的整体价值的主导项目。项目将建成5A标准绿色生态高品质建筑，包括总部办公、国际贸易办公、综合服务大厅、国际会议中心、配套商业等建筑功能，树立南沙新区明珠湾区灵山岛尖区域门户形象。

白云金控大厦

Baiyun Financial Holding Building

项目业主：广州白云金融控股集团有限公司
建设地点：广东 广州
建筑功能：办公建筑
用地面积：12 649平方米
建筑面积：63 900平方米
设计时间：2019年
项目状态：建成
设计单位：中国建筑西南设计研究院有限公司
设计团队：王珏、田朝炜、王诗旭、廖文彰、郭珊凰、刘梦豪、黄圣哲、黄健博

项目位于广州市白云新城总部经济聚集区，是政府规划发展的重点区域。设计注重建筑与城市空间、肌理和景观要素相互协调统一。建筑融入镂空窗花、骑楼柱廊、园林造景等独具匠心的岭南元素和设计手法，搭配石材和暖白色系，体现出现代、简洁、优雅的地域性建筑风格，契合粤港澳大湾区视野下金融行业办公的新格局。

项目以生态融合作为设计出发点，在人与环境和谐共生的可持续发展理念下，践行建筑景观一体化设计，将生态理念和建筑空间进行整合，提供绿色公共空间和人性化办公环境。白云金控大厦项目是白云新城总部经济聚集区的示范工程，将积极促进粤港澳大湾区金融协同发展与合作，为推动广州对外交流与国际合作贡献积极的力量。

王媛

职务：上海天华建筑设计有限公司副总建筑师、
建筑九所所长
厦门天华总建筑师、福州天华总建筑师
执业资格：国家一级注册建筑师

教育背景
2005年—2009年　东南大学建筑学学士

工作经历
2009年至今　上海天华建筑设计有限公司

主要设计作品
上海华发静安府西区
荣获：2019年金盘奖年度最佳综合楼盘奖
2019年亚太区年度优秀住宅奖
2019年上海市优秀住宅金奖
2020年Pro+地产奖银奖
2021年中国建筑学会建筑设计奖三等奖
上海中崇古北中央公园
荣获：2019年REARD全球地产设计大奖铜奖
武汉长江中心文华府
荣获：2020年REARD全球地产设计大奖金奖
上海祥生中心
荣获：2020年REARD全球地产设计大奖铜奖
上海金桥碧云尊邸
荣获：2017年中国建筑学会建筑创作奖
2018年REARD地产设计大奖住宅银奖
合肥皖投国滨世家
上海华发苏河中心
上海泗水和鸣
巢湖佰合佰乐社区中心
苏州高铁新城芯汇未来华庭
苏州高铁新城芯汇都市景苑
武汉外滩汇
厦门马銮湾1号
江阴星河国际社区
万达内江“成渝之眼”

TIANHUA天华

上海天华建筑设计有限公司（以下简称：天华）始创于1997年，是由上海天祥实业有限公司投资成立的高起点、高标准的设计企业。

天华积聚了众多国内外建筑行业的优秀人才，是中国首批甲级民营建筑设计公司之一，现拥有建筑工程、城乡规划、风景园林3项甲级资质。

天华以城市建筑学为线索，以居住和城市发展为主轴，通过城市规划、建筑设计、室内设计、景观设计、技术咨询、建筑审图、建筑工业化技术、BIM技术、可视化技术等全方位专业服务，为政府和企业等提供全面而专业的综合解决方案与卓越的客户体验。

地址：上海市徐汇区中山西路1800号
兆丰环球大厦27F
电话：021-64281588
传真：021-64281587
网址：www.thape.com
电子邮箱：thapepr@thape.com.cn

中铁古塘会所

Gutang Club, China Railway

项目业主：中国中铁股份有限公司
建设地点：安徽 合肥
建筑功能：会所、售楼处
用地面积：7 650平方米
建筑面积：10 200平方米
设计时间：2020年
项目状态：在建
设计单位：上海天华建筑设计有限公司
设计团队：王媛、曹峰、闫岩

项目立足于场地本身，通过形体化解场地高差，创造一系列串联的空间通廊，形成叙事性院落空间秩序。设计提取安徽民居特点作为设计要素，使建筑从形象、空间到材质都根植于当地文化。水平向设计语言弱化建筑体量，使建筑隐于山水之间，建立建筑与自然和谐互动的关系。

上海华发静安府西区

Shanghai Jing'an Mansion West District,Huafu Group

项目业主：华发股份
建设地点：上海
建筑功能：住宅、会所、办公建筑
用地面积：87 197平方米
建筑面积：357 103平方米
设计时间：2015年
项目状态：建成
设计单位：上海天华建筑设计有限公司
设计团队：王媛、韩冰、何小伟、曹峰

项目塑造新静安CBD生活范本，打造高端公寓区、稀缺别墅区、办公配套区。造型设计创新性地采用“EARLY MODERN”建筑风格。院墅采用全石材干挂、仿紫铜铝板压边设计，精工府邸主体外墙采用夹心保温PC建造工艺。项目入围上海市装配式建筑示范项目，并获BREEAM绿色建筑认证，力求精益求精的同时，体现高效环保的建造理念。

上海祥生中心

Shanghai SHINSUN Center

项目业主：祥生控股
建设地点：上海
建筑功能：住宅、办公、商业建筑
用地面积：37 414平方米
建筑面积：284 173平方米
设计时间：2019年
项目状态：在建
设计单位：上海天华建筑设计有限公司
设计团队：王媛、何小伟、秦一村

项目位于上海市内环内，北外滩近在迟尺。项目将多重业态复合，包括总部住宅、办公、商业及配套建筑。立面以网格为母题，网格的划分理性地遵从户型逻辑。外立面采用夹心保温PC外挂全铝板幕墙，米白色铝板搭配香槟色的铝型材收边，在丰富了阴影关系的同时，也体现了居住建筑的温度。在项目中，设计师通过精工细作的工匠精神来呼应这座城市的气质与内涵。

上海中崇古北中央公园

Shanghai Gubei Central Park, Zhongchong Group

项目业主：中崇集团
建设地点：上海
建筑功能：商业、居住建筑
用地面积：75 078平方米
建筑面积：303 697平方米
设计时间：2018年
项目状态：在建
设计单位：上海天华建筑设计有限公司
设计团队：王媛、何小伟、吴祖胜

项目位于上海市虹桥区金虹桥核心板块，毗邻中环线、延安高架，坐拥国际化成熟生活配套。项目包括沿吴中路的商业、住宅及会所。设计旨在思考新型的小型社区配套型商业模式，注重场所的体验感、层次感，以及对于高端人群的业态需求的探讨。设计着力营造六大主题的立体院落空间，使其串联整个商业界面，打造移步换景的空间模式，并将商业街营造成一个具有多种活动可能性的场所，使之成为艺术化的交往空间。

武汉长江中心文华府

Wuhan Yangtze River Center Wenhua House

项目业主：华夏幸福南方总部
建设地点：湖北 武汉
建筑功能：居住建筑
用地面积：63 363平方米
建筑面积：627 775平方米
设计时间：2019年
项目状态：在建
设计单位：上海天华建筑设计有限公司
设计团队：王媛、曹峰、周敏、孟祥辉

项目位于武汉市武昌滨江商务区板块，紧邻长江，以景观资源定制化的居住享受、高端配套复合化的生活体验及步行系统层级化的空间体验，来实现当下都市人群对复合化、文化感、国际化居住空间的追求与享受，营造云端滨江生活图景。

王大卫

职务：中建八局第二建设有限公司设计研究院总建筑师
职称：高级工程师

教育背景
2005年—2010年　青岛理工大学建筑学学士

工作经历
2010年—2018年　山东省建筑设计研究院
2018年至今　中建八局第二建设有限公司设计研究院

主要设计作品
山东工艺美术学院博物馆群
荣获：2016年山东省优秀建筑设计方案一等奖
山东第一医科大学
荣获：2020年济南市优秀工程勘察设计一等奖
树兰（济南）国际医院
荣获：2020年全国“创新杯”（BIM）应用大赛一等奖
河南省高级人民法院
荣获：2021年郑州市建设工程商鼎杯奖
　　　2021年济南市优秀工程勘察设计一等奖
浙江湖州悦榕庄酒店

中建八局第二建设有限公司设计研究院
DESIGN AND RESEARCH INSTITUTE OF THE SECOND CONSTRUCTION LIMITED COMPANY OF CHINA CONSTRUCTION EIGHTH ENGINEERING DIVISION

中建八局第二建设有限公司设计研究院于2017年4月在山东省济南市正式挂牌成立，设计院组织架构完善，拥有一支政治素质高、引领能力强的高层领导团队和一支荟萃众多优秀专业人才的设计团队。设计院现有员工500余人，其中工程技术应用高级职称人员、一级注册建筑师、一级注册结构工程师、注册公用设备工程师、注册电气工程师等占总人数的19.6%。队伍秉承“八二铁军”的优良作风，专业强势、敢打敢拼，为全院的快速高质量发展赋予了强劲动力。

设计院技术实力雄厚，专业配套齐全，设有规划、建筑、结构、暖通空调、给排水、电气、市政、景观园林等专业，拥有建筑工程甲级、人防工程甲级、智能工程甲级、市政工程甲级、装饰设计甲级、岩土工程设计乙级、城乡规划编制丙级等资质。业务涵盖规划设计、大型民用与工业建筑设计、建筑幕墙工程设计、照明工程设计、市政设计、消防设施设计、景观设计、施工图深化、工程项目管理、策划、工程技术咨询、建筑技术研究等众多领域。

自成立以来，设计院充分发挥工程总承包企业独有优势，依托公司国内外市场战略布局，在设计施工一体化融合的道路上进行了一系列探索，不断创造企业价值，先后承接了济南经十一路安置房、日照黄海之眼、山东第一医科大学、济南超算中心科技园、树兰（济南）国际医院等几十个重点工程的设计及管理工作，赢得了良好的品牌形象和广泛的市场赞誉。

设计院秉承“服务立院、服务强院”的理念，紧扣战略定位，以“设计施工融合、技术带动生产”为主线，切实履行职能，专注于设计精品工程，综合实力快速跻身行业内上游梯队，先后荣获省部级奖5项、市级奖7项。同时，设计院积极投身于科技攻关领域，年均申报专利20余项，发表论文30余篇，荣获国际奖2项、省部级奖4项，并作为主体研究单位，当选山东省钢结构行业协会副会长单位。

发展之余，设计院也致力于打造多元的企业文化，依托单位深厚的铁军文化、品质文化、创新文化，形成了独具特色的“设计+”子文化，将“家”与“责”融进运营理念当中，努力为员工打造幸福、美好、一流的职业发展平台，不断丰富职工生活，并切实承担央企职责、感恩服务社会，赢得了广大职工群体和社会各界的充分认可，先后荣获“中建八局2017—2018年度模范职工小家”“山东省青年文明号”荣誉称号。

地址：山东省济南市历下区文化东路
16号中建文化城C座
电话：0531-87195662
网址：www.8b2.cscec.com
电子邮箱：shejiyuan8b2@163.com

树兰（济南）国际医院

Shulan (Jinan) International Hospital

项目业主：济南市城市建设投资有限公司
建设地点：山东 济南
建筑功能：医疗建筑
用地面积：99 816平方米
建筑面积：340 996平方米
设计时间：2020年
项目状态：在建
设计单位：中建八局第二建设有限公司设计研究院
主创设计：王大卫、吕金鑫、胡文、赵庆印、贾玉东、王乾坤

项目设计将抽象化的树枝元素作为设计母题贯穿建筑，通过现代化的构成手法，形成虚实有致、色调明快的建筑外观，与树兰文化形成较好的呼应，实现树兰元素与医院设计的完美结合。设计充分利用场地周边自然景观，将医院融入周边的绿化环境；在平面设计中融入景观庭院，给更多房间提供自然采光和通风。整个设计贯穿绿色节能、低碳环保的设计理念，提升使用的舒适性，也降低院区未来在使用过程中的能耗和运维成本。设计抛弃常规的“三区两通道”概念，形成平面的“两区两通道”以及全楼的“三区两通道”规划布局。不仅做到了“平疫结合”，还可以实现烈性传染病期间整个院区的“平疫转换”，完美实现了新的感染防治理念。

河南省高级人民法院

Henan Provincial High People's Court

项目业主：河南省高级人民法院
建设地点：河南 郑州
建筑功能：办公建筑
用地面积：36 000平方米
建筑面积：63 500平方米
设计时间：2019年
项目状态：建成
设计单位：中建八局第二建设有限公司设计研究院
主创设计：王大卫、贾玉东、徐长印、李文平、刘昊霖

项目是非常复杂的拆旧建新、新旧融合的改扩建工程。院区是一个有年代感的“老院子”，新建筑的融入要处理好院区内外空间的关系，调整院区多组流线以及增加停车位。新增大楼规划“L”形布局，与现有办公楼之间形成中庭，较好地梳理场地轴线。通过外立面的同材质处理，新旧建筑浑然一体，打造内外兼修的建筑形态。

场地两侧均为高层建筑，建筑通过横向舒展的建筑体型，寻求空间中的平衡关系。经典的“柱廊式”设计手法，表达出简洁大方的建筑外观，给人一种方正大气的威严感，城市沿街界面完整而有序列感。

山东第一医科大学

Shandong First Medical University

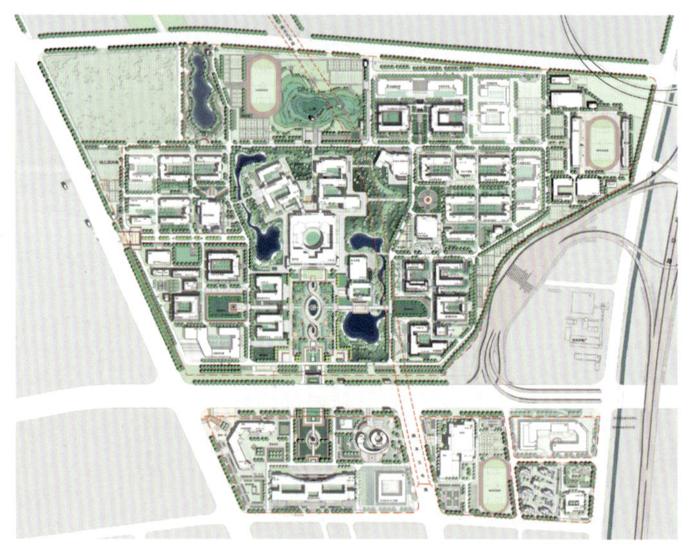

项目业主：山东省第一医科大学
建设地点：山东 济南
建筑功能：教育建筑
用地面积：1 773 342平方米
建筑面积：1 180 000平方米
设计时间：2018年
项目状态：建成
设计单位：中建八局第二建设有限公司设计研究院
顾问单位：天津大学建筑设计规划研究总院有限公司
主创设计：王大卫、胡文、韩海龙、刘昊霖、王乾坤

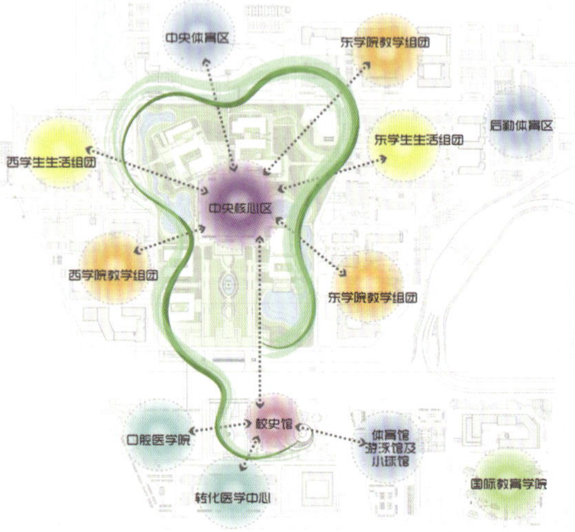

中央体育区
东学院教学组团
后勤体育区
西学生生活组团
东学生生活组团
中央核心区
西学院教学组团
东学院教学组团
口腔医学院
校史馆
体育馆
游泳馆及
小球馆
转化医学中心
国际教育学院

项目设计以人为本，融入健康生态校园理念，以“生命绿洲、健康校园”为设计主题，形成“校园群落”超大型校园规划模式。规划布局以组团模式为基础，将校园公共建筑集合在一起形成中央核心教学组团，布局在校园中部，保证校园各处的使用便利。设计根据学院专业学科特点将学院教学区分为东、西两大教学组团，分别与两大学生生活组团一一对应，形成完整的东、西两大“校园群落”。

设计极力营造因地制宜、特色鲜明、健康生态的校园景观环境。中央核心区被校园水系环绕形成一个“生命绿洲”，创造了独一无二的校园空间特色，最大限度地将景观在校园中展开，让校园中的所有建筑都能拥有这一核心美景。

王行

职务：中石化广州（洛阳）工程有限公司项目负责人
道大仝工務組创始人
职称：高级工程师

教育背景
2004年—2009年 西安建筑科技大学工学学士
2009年—2012年 长安大学工学硕士

工作经历
2012年至今 中石化广州（洛阳）工程有限公司

个人荣誉
洛阳市优秀青年志愿者

主要设计作品
建筑设计
中石化塔河分公司档案馆、文体中心、综合办公楼
中石化洛阳商储基地综合办公楼
中海石油东营石化有限公司销售中心
山东神达化工有限公司中心化验室、中心控制室、消防站及其他工业建筑
富德（常州）能源化工发展有限公司中心化验室及其他工业建筑
恒力石化（大连）炼化有限公司中心化验室
中科（广东）炼化有限公司中心化验室
中石化北海炼化有限责任公司工业建筑
中石化北海LNG工程工业建筑
中石化长岭分公司工业建筑
内蒙古中煤蒙大新能源化工有限公司工业建筑
浙江石油化工有限公司工业建筑
浙江浙能温州液化天然气有限公司工业建筑
北方华锦联合石化有限公司工业建筑

室内设计
广州天河王宅
广州明珠湾叶宅
西安李家村王宅
西安临潼王宅

中石化广州（洛阳）工程有限公司成立于1956年10月，是中石化炼化工程（集团）股份有限公司的全资子公司，其前身为石油工业部抚顺设计院。公司现已成长为以能源化工行业为主的集技术开发、工程设计、工程总承包于一体的国家高新技术企业，拥有国家综合甲级设计资质，为国家首批业务涵盖21个行业的工程咨询企业之一，拥有工程总承包、工程设计、工程咨询和环境影响评价等甲级资格证书，通过QHSE管理体系、ISO10015培训管理体系认证。2012年，根据中国石化集团公司华南战略布局需要和炼化工程板块重组改制要求，公司核心业务由洛阳整体迁至广州，实行广州、洛阳两地一体化管理。

公司现有在职员工1 752人，其中有我国炼油催化裂化工程技术的奠基人、中科院院士陈俊武和4名国家设计大师、8名石油化工行业设计大师，有教授级高级工程师66人、高级工程师1 011人、享受国务院政府特殊津贴专家24人、有突出贡献的科技和管理专家25人，有各类注册工程师530余人、PMP持证人员220余人。

1985年，公司成为国内首批实施以工程设计为主体的工程项目总承包试点单位，自实施工程总承包以来，共执行了106项总承包项目。高峰期，公司同时执行26项总承包项目（其中23项境内项目、3项境外项目），现场施工人员达23 300人。公司在中国勘察设计协会公布的“工程总承包营业额2019年排名”中位列第3名，“境外工程总承包营业额2019年排名”中位列第5名。公司累计获国家级优秀设计奖25项、省部级优秀设计奖125项，获中国建设工程鲁班奖1项、国家级优质工程奖12项、省级优质工程奖45项、获全国优秀总承包金、银钥匙奖9项，获国家级科技进步奖和发明奖55项、省部级科技进步奖和发明奖359项，拥有国内外有效授权专利928项。公司连续荣登中国工程设计企业60强榜单，先后获“全国五一劳动奖章”“全国模范劳动关系和谐企业”“全国模范职工之家”“河南省五好基层党组织”等荣誉。

道大仝工務組作为试验型先锋团队，在城市设计、建筑设计、景观规划、室内设计、工业及传播设计等多个领域进行整合布局，并依托集团公司建筑技术中心站开展多项专有建筑构造技术专利的研发，如今亦着手开展包括“零能耗建筑”在内的绿色建筑设计咨询以及建筑通用化设计咨询等业务。

道大仝工務組创始人带领团队在工作中不断地对民族传统哲学在现实层面中的影响及其映射方式进行深入探讨，以期在民族伟大复兴的辉煌时代贡献自己的力量！

地址：广东省广州市天河区体育西路191号中石化大厦A塔
电话：020-22192991
微信：taotecton
电子邮箱：taotecton@hotmail.com

中国建筑学会“建筑设计奖”奖杯

Chinese Architectural Society "Architectural Design Award" Trophy

项目业主：中国建筑学会
设计时间：2013年
项目状态：方案
设计单位：道大仝工務组·中石化广州（洛阳）工程有限公司
主创设计：王行

方案设计摒弃业内惯用的“以拉丁字母抽象化后的形象作为主要设计根源”的手法，转而把落脚点扎根于传统文化。

作为中国建筑学会目前最高规格奖项——“建筑设计奖”的奖杯，取“筑”“造”等关键字的声母在传统汉语拼音中的代表字——“之”作为意向来源。进而取“之”字的传统篆体作为奖杯的形象基础，再将学会会徽中两个主要的具有象征意义的符号元素——“斗拱”和“模数立方体”与其结合起来从而得到了一个极具辨识性和深刻内涵的形象。

材料方面，本方案选择了中国传统建筑中的灵魂——木料作为主体，并辅以上好花岗岩石料作为奖杯的基座，其独有的纹理使得今后的每一尊奖杯都是独一无二的，石木结合亦完美地体现了深厚的传统意蕴。

构造方面，本方案取九根长度不等、截面为2厘米见方的木柱，以传统“鲁班锁”技法——无须钉铆直接榫组起来，亦可随意拆分把玩，体现出了精妙的传统智慧。

最后，本方案石基座分为两种造型——“甲型”与“乙型”，以便将“金奖”与“银奖”稍加区分，亦可择优采用。

甲型正视图

甲型侧视图

甲型顶视图

乙型正视图

乙型侧视图

乙型顶视图

深圳海天宫

Shenzhen Haitian Palace

项目业主：深圳市前海深港现代服务业合作区管理局
深圳市规划和自然资源局
建设地点：广东 深圳
建筑功能：文化建筑
用地面积：80 000平方米
建筑面积：9 950平方米
设计时间：2019年
项目状态：方案
设计单位：道大仝工務组・中石化广州（洛阳）工程有限公司
主创设计：王行

项目位于深圳市前海妈湾片区17单元01街坊西北侧滨海处，暂定名为“海天宫”，由前海的“海”字与天后宫的“天”字组合而成，同时也寓意着前海新区有着海阔天空般的光明未来。

建筑整体由沙滨缓缓步入水中，在夕阳的余晖中，上百只“献灯”一齐点亮，微光与水中的影子交织在一起，表达了前海新区这座辉煌的不夜之城的骄傲与荣耀。

整个建筑围绕天后像组合起来，上层大殿体量偏小，名为“坤殿”，底层大殿体量稍大，名为“山堂”，代表前海新区在粤港澳大湾区后续的发展中大有可为！

分解图一合

分解图一分

广州天河王宅

Tianhe Wang House, Guangzhou

项目业主：个人
建设地点：广东 广州
建筑功能：居住建筑
建筑面积：210平方米
设计时间：2017年—2021年
项目状态：在建
设计单位：道大仝工務组·中石化广州（洛阳）工程有限公司
主创设计：王行

项目位于广州市天河区，业主是五口之家的主人王先生。设计依据家庭的成员结构、生活习惯，对室内空间结构重新进行了规划。方案采用了大量的隐喻和象征。

起居室未设置电视，中心位置以沙发围合成阅读空间，一侧为两层通高书架的背墙，另一侧为二层挑空茶座，两边高中间低——名之“布谷”，有“兀自为谷，不如归去”之意。

吹拔空间置6道通高薄纱垂幔，上绘峻山远江，从书架脚下的坐席仰视之，从二层茶座的坐席平视之，可成宋画“三远”之意；“山下”书桌为“自力”之地，“山上”会客茶台为“他力”之地——名之“鸣谦”，寓“谦”之意。

二层会客茶座请东阳木雕师傅仿初代秦藏六香炉作一“凤目卧姿唐狮子”配“昆山夜光”白牡丹，名之“守雌”，有“知雄守雌”之意。又以细白砾铺砌辅以旋涡状白棕绳粘贴主题墙，配大号提斗笔焦墨“円相”，名之“守辱”，有“知白守辱”之意。

主题墙圆边六点位缺，其背景“円相”五点位缺，取“阿”“吽”两音的罗马字形，有“始终”之意。

总体上，室内设计的色彩、细部装饰都最大限度地克制、后退，把室内空间的视觉和感知焦点还给了生活本身。

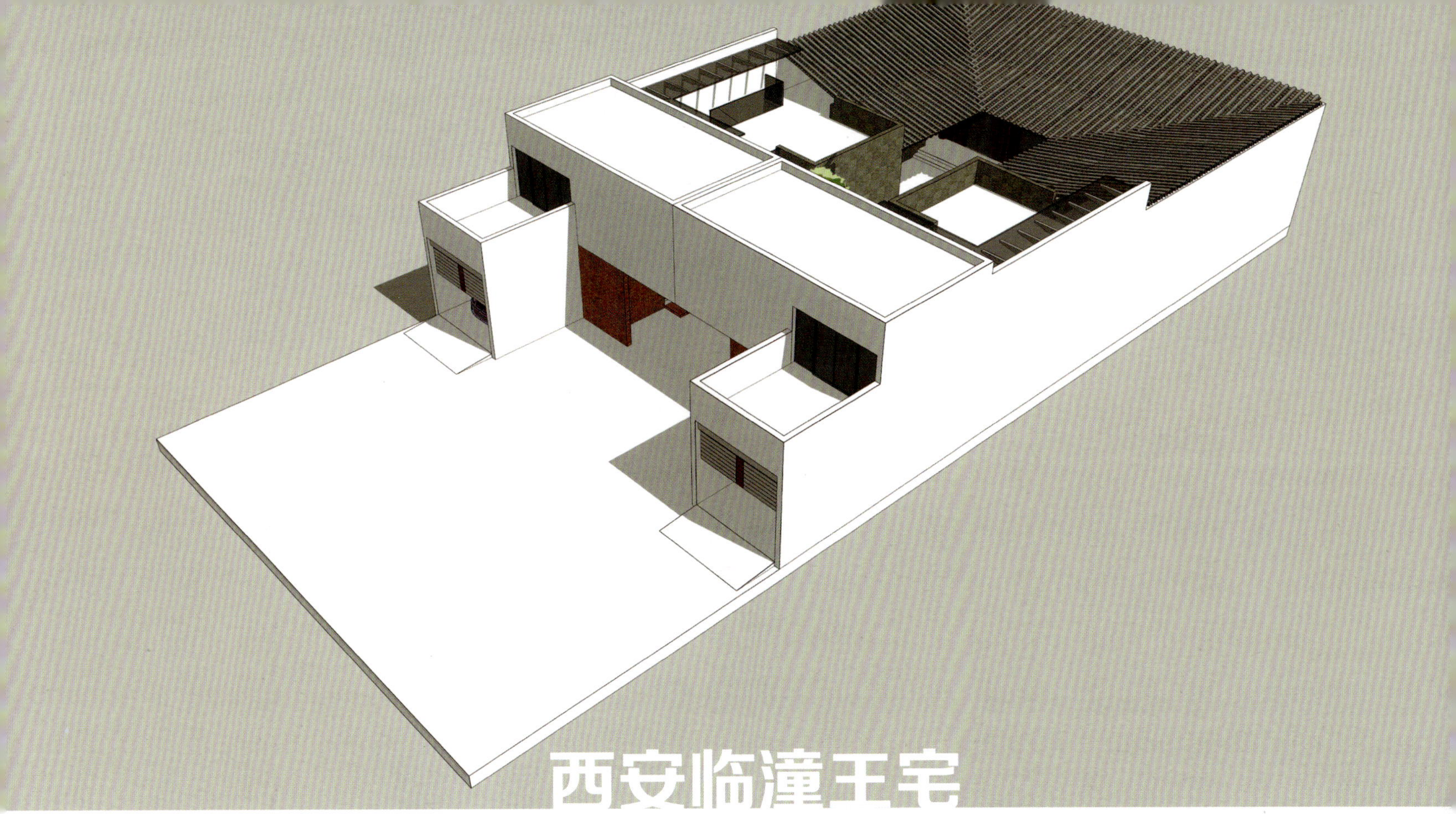

西安临潼王宅

Lintong Wang House, Xi'an

项目业主：个人
建设地点：陕西 西安
建筑功能：居住建筑
用地面积：720平方米
建筑面积：540平方米
设计时间：2020年—2021年
项目状态：在建
设计单位：道大仝工務组・中石化广州（洛阳）工程有限公司
主创设计：王行

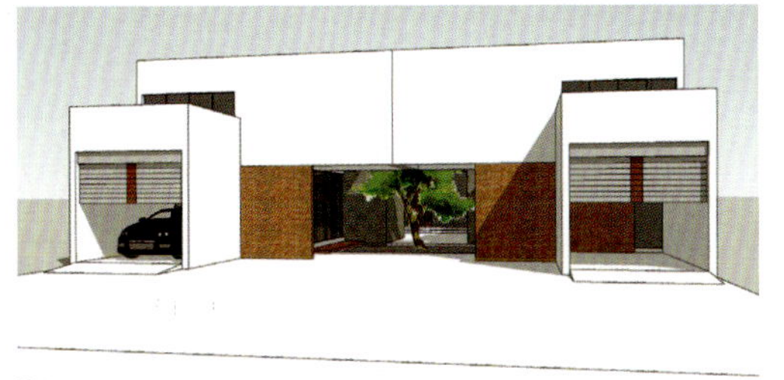

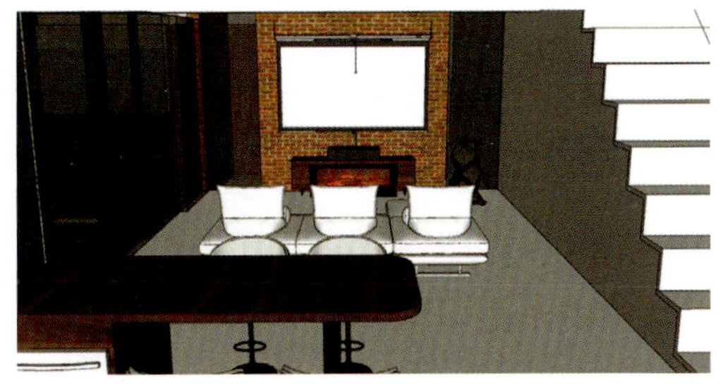

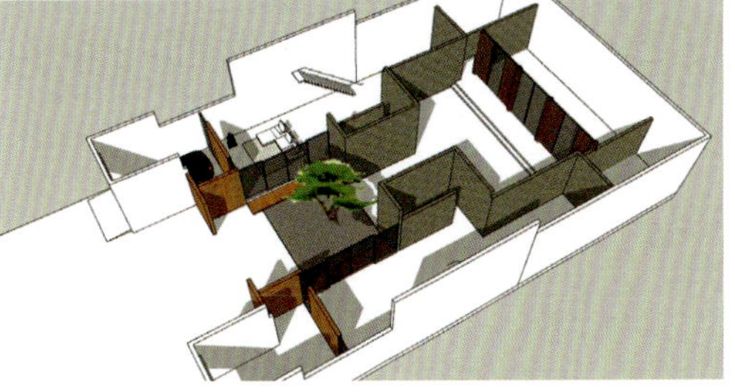

项目位于西安市临潼区栎阳乡，业主并不长居于此，且祖辈与父辈、子辈之间的生活习惯及节奏差距较大，故而设计中需要拆解日常生活中的家庭活动，但保留其精神纽带。

故而建筑整体从入口处开始便依中线一分为二，直至处于最深处的堂屋位置才合而为一。

日常的“坐、卧、走”以及简餐等活动均各自进行，代际间的交流围绕中庭展开，正餐则与堂屋使用同一空间，谓之“宗人同飨”。

建筑整体平面大体一分为二，但最深处的堂屋以及靠近院落处的二层卧室部分在形体上却左右连通，寓主人蕴含“厚积薄发”之胸臆。

建筑整体造型前敞后蔽，辅以中庭之木，其前后区可形成微弱的温差压以利气流畅通，又“门内有木”，为一“闲”字，寓主人饱有“急流勇退”之智慧。

汪骅

职务：苏州华造建筑设计有限公司副院长
职称：高级工程师
执业资格：国家一级注册建筑师

教育背景

1997年—2002年　南京工业大学建筑学学士

工作经历

2002年—2007年　苏州市建筑设计研究院有限责任公司
2007年—2008年　苏州原石建筑设计有限公司
2008年—2016年　苏州规划设计研究院股份有限公司
2016年至今　苏州华造建筑设计有限公司

个人荣誉

苏州市城乡建设局勘察设计行业专家
昆山市建筑设计专家库专家

主要设计作品

扬州新城西区商务写字楼中心（一期）
荣获：2011年江苏省优秀工程勘察设计二等奖
　　　2012年江苏省第十五届优秀工程设计二等奖
苏州市金阊新城实验中学
荣获：2012年江苏省优秀工程勘察设计二等奖
　　　2012年江苏省第十五届优秀工程设计二等奖
荣巷历史文化街区善文化线保护修复工程（中段）
荣获：2013年江苏省优秀工程勘察设计二等奖
　　　2014年江苏省第十六届优秀工程设计二等奖
荣巷历史文化街区善文化线保护修复工程（南段）
荣获：2014年江苏省优秀工程勘察设计二等奖
　　　2014年江苏省第十六届优秀工程设计二等奖
苏州大学附属儿童医院总院
荣获：2016年江苏省优秀工程勘察设计二等奖
　　　2016年江苏省第十七届优秀工程设计二等奖
润南大厦
荣获：2017年江苏省优秀工程勘察设计二等奖
　　　2017年全国优秀工程勘察设计三等奖
　　　2018年江苏省第十八届优秀工程设计二等奖
聚思园
荣获：2019年江苏省优秀工程勘察设计二等奖
　　　2020年江苏省第十九届优秀工程设计二等奖
苏州国际博览中心
苏州工业园区人民法院
苏州市吴中区行政中心改造
苏州市姑苏区行政中心
无锡太湖新城三房巷集团商务办公楼
苏州工业园区星湖医院
苏州工业园区建屋新罗酒店
亨通凯莱度假酒店
昆山中航格兰云天酒店
苏州皇家金旭酒店
苏州市艺术学校、昆曲学校
苏州月星环球港项目
红星国际生活广场
苏州平门IN巷盛博商业广场
仁恒藕前别墅项目
中海上华据项目

苏州华造建筑设计有限公司（以下简称“华造设计”）于2007年注册成立，并于2011年获得国家建筑行业（建筑工程）甲级设计资质，2012年获得风景园林乙级设计资质。2016年华造设计与中衡设计集团（股票代码：603017）实现战略整合，成为中衡设计集团旗下具有独立法人资格的全资子公司，目前人员规模为300人。

华造设计的业务范围涵盖了项目策划、城市设计、建筑设计（含古建设计）、人防设计、装配式深化设计、加固改造设计、BIM设计、景观设计、海绵城市设计、绿建咨询、装饰工程设计、幕墙工程设计、轻型钢结构工程设计、智能化系统设计、照明工程设计和消防设施工程设计等。

华造设计目前是江苏省泛地产专业化设计集成机构、综合性建筑甲级设计公司。公司打造“地产+产业”的“泛地产”设计领域布局，以地产设计为基石，联动教育、文旅、科创、医养、商业、办公等相关设计领域全面发展，取得了卓越成绩和广泛认可。

近几年华造设计获得了多项社会荣誉称号，包括苏州高新技术企业、江苏省先进单位、江苏省勘察设计质量管理单位、江苏省AAA级信用单位、连续三年荣获苏州市企业信用A级，同时承担了多项社会职责包括UED理事单位、时代建筑理事单位、新建筑理事单位、苏州市海绵城市建设技术咨询单位、苏州科技大学实习基地、苏州大学实习基地等。近年的设计作品获得市优45项、省优29项、国优5项、暖通行业金铅笔奖等荣誉奖项。

地址：江苏省苏州工业园区月亮湾八达街111号设计大厦12-16F
电话：0512-69331020
传真：0512-62577088
网址：www.hzarch.cn
电子邮箱：wanghua@hzarch.cn

苏州大学附属儿童医院总院

Children's Hospital Affiliated to Suzhou University (General Hospital)

项目业主：苏州大学附属儿童医院
建设地点：江苏 苏州
建筑功能：医疗建筑
用地面积：59 168平方米
建筑面积：127 905平方米
设计时间：2010年
项目状态：建成
设计单位：苏州华造建筑设计有限公司
主创设计：焦寒尽、汪骅、王志斌、汪洋、孙为华、蒋一新、徐辰

项目位于苏州工业园区，总体规划分为四大部分，西南部主要为医疗区、西北部为住院区、东北部是未来发展区、东南部是国际医疗区。项目依托目前最先进的儿童医院的设计理念，重点是功能流线的安排和环境氛围的营造，以合理的功能和益于儿童身心康复的环境作为设计目标。

建筑群的外观处理风格朴素大方，新颖别致，既反映时代感，又突出儿童医院本身的特殊性。这不仅把苏州乃至江苏全省的儿科建设事业提高到一个新的水平，而且也为全国相同类型设施的建设提供了一个样板。儿童的心理很稚嫩，儿童的需要也很特殊，儿童医院不仅要提供对儿童身体病痛的治疗，还要最大限度地营造出一种氛围，消除儿童的紧张情绪，让儿童医院成为他们快乐生活的一部分。

润南大厦

Runnan Building

项目业主：苏州市相城城市建设有限责任公司
建设地点：江苏 苏州
建筑功能：办公、商业、文化建筑
用地面积：34 240平方米
建筑面积：40 542平方米
设计时间：2013年
项目状态：建成
设计单位：苏州华造建筑设计有限公司
主创设计：汪骅、汪洋、蒋一新

润南大厦是一座由多部门使用的多功能组合建筑，功能上承担了润元路公交首末站、相城区城建档案馆、相城区城管指挥中心、街道及众创办公区以及为上述部门使用的公共配套用房。经过建筑形体处理，形成了富于变化的建筑天际线，各功能区与建筑形态完美结合。

为了塑造相城区的门户形象，在造型处理的时候采用了在绿色屋顶底座上悬浮一个盒子的处理方式，并对悬浮的盒子做了精心的虚实处理，在南北方向做了大面积的玻璃幕墙，而在其他方向设计了带肌理的实体墙面。到了夜晚，内部的灯光全部打开后，整个盒子像一个方形的手电筒，向南照亮了沪宁高速，向北照向了相城区，塑造了建筑强烈的视觉冲击力，令人印象深刻。

荣毅仁纪念馆

Rong Yiren Memorial Hall

项目业主：荣毅仁纪念馆项目筹建组
建设地点：江苏 无锡
建筑功能：文化建筑
用地面积：11 000平方米
建筑面积：3 140平方米
设计时间：2009年
项目状态：建成
设计单位：苏州华造建筑设计有限公司
主创设计：汪骅、欧泉

纪念馆主入口

序厅内景

从展厅看中心景区

传统与现代的新旧对话

北京史家胡同47号（移建）

转盘楼（修缮）

项目是在荣氏宗族故居原址基础上进行修建的，建筑由主入口展示厅、荣氏故居、大公图书馆、移建的荣毅仁北京旧居四部分组成。其中荣氏故居包括了原址保留的转盘楼、承德堂（读书处）和按原貌复建的承馀堂等建筑。其中，位于主入口的展厅部分是唯一新建的建筑，方正的造型也是设计者对荣老高尚品德的一种诠释。

荣毅仁纪念馆的建筑设计归根到底就是如何处理好新老建筑之间形式和空间上的关系。在纪念馆的形式上，建筑师选择了在荣巷历史街区的江南老街巷风格的基础上，运用现代的表现手法加以提炼和升华，依旧是粉墙黛瓦，依旧有蟹眼天井，但是在造型的处理上则运用了现代的手法，想表达一种传统中渗透着现代，现代中隐含着传统的意境。

聚思园

Jusi Yuan

项目业主：仁恒地产（苏州）有限公司
建设地点：江苏 苏州
建筑功能：企业会所
用地面积：1 812平方米
建筑面积：2 247平方米
设计时间：2016年
项目状态：建成
设计单位：苏州华造建筑设计有限公司
合作单位：上海日清建筑设计有限公司
设计团队：汪骅、黄宇琼、唐炎君、陆国琦、李红岩、葛舒怀、浦秋健

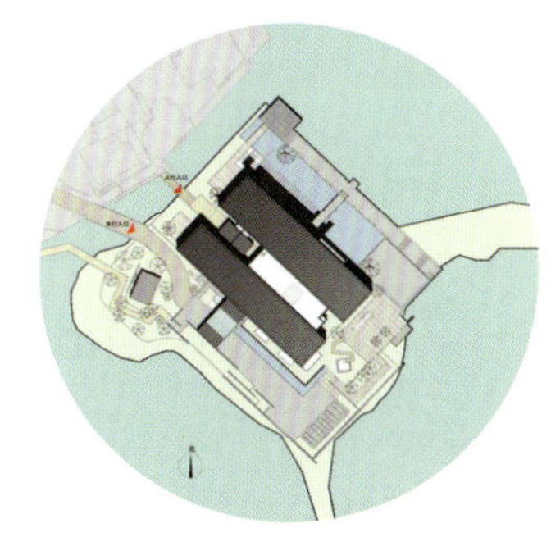

项目规划设计充分考虑位置的优越性及景观资源优势，在满足布局功能合理的同时，最大限度利用滨湖景观，保证主要功能空间的观景视线。在欣赏湖景的同时，充分考虑院落空间，内外结合，使建筑在景观中若隐若现，充分享受庭院景致以及开阔湖景，强调人与自然的互动。

建筑整体布局源于一个十字形的分割，并被两道微垂的一字形弧面概括。功能上形成四个方向的限定或者朝向，同时形体上归纳为两条相似的体块。建筑色彩借鉴徽派建筑粉墙黛瓦的特点，以灰黑色金属勾勒顶部轮廓，以白色石材铺满所有墙面。建筑写意，像完成一幅幅水墨画一样生成建筑的每一个面，黑色的线与白色的面理性又浪漫地表达着立体主义的魅力，以建筑的语言激发出场所的诗意。

夏双练

职务：上海电子工程设计研究院有限公司副总经理
　　　设计一分院院长
职称：正高级工程师
执业资格：国家一级注册建筑师

教育背景
1993年—1998年　同济大学建筑学学士

工作经历
1998年至今　上海电子工程设计研究院有限公司

个人荣誉
电子工程标准定额编审专家
2020年上海奉贤工匠
2020年上海奉贤五一劳动奖

主要设计作品
上海广电-NEC液晶显示器有限公司项目
荣获：2006年全国优秀工程设计金奖
淄博汉能600MW铜铟镓硒薄膜太阳能电池生产项目
荣获：2019年电子信息行业优秀工程设计一等奖
阿里巴巴达摩院（杭州）科技有限公司量子实验室

郭洪亮

职务：上海电子工程设计研究院有限公司
　　　设计一分院副院长
职称：高级工程师

教育背景
2000年—2005年　同济大学建筑学学士

工作经历
2005年—2006年　上海建筑装饰(集团)有限公司
2006年至今　上海电子工程设计研究院有限公司

个人荣誉
2021年上海市工业综合开发区优秀党员
电子工程标准定额编审专家

主要设计作品
淄博汉能60MW铜铟镓硒薄膜太阳能电池生产项目
荣获：2019年电子信息行业优秀工程设计一等奖
上海微电子装备有限公司新建三期厂房项目
荣获：2016年电子信息行业优秀工程设计三等奖
科丝美诗（中国）化妆品有限公司二工厂新建工程

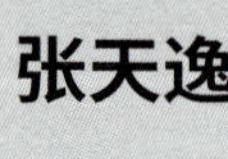

张天逸

职务：上海电子工程设计研究院有限公司
　　　设计一分院副院长
职称：高级工程师

教育背景
2000年—2004年　沈阳建筑大学土木工学学士

工作经历
2008年至今　上海电子工程设计研究院有限公司

个人荣誉
参编《薄膜太阳能电池工厂设计标准》(GB51370-2019)
2021年上海市内环境净化行业协会示范洁净工程奖

主要设计作品
淄博汉能60MW铜铟镓硒薄膜太阳能电池生产项目
荣获：2019年电子信息行业优秀工程设计一等奖
沈阳芯源电子设备有限公司（二期）1#厂房
荣获：2016年电子信息行业优秀工程设计二等奖
德淮半导体有限公司12寸晶圆工厂

上海电子工程设计研究院（以下简称“SEEDRI”）创建于1964年，原隶属上海仪电控股（集团）公司（上海市仪表电讯工业局），2004年转制成为民营设计咨询企业。

SEEDRI是一家以电子信息工程与建筑工程设计为特色的综合性设计研究院，技术服务领域主要涉及当代建筑工程技术、电子工业工程以及电子系统工程技术，持有国家颁发的建筑行业建筑工程甲级、电子通信广电行业（电子工程）甲级、工程总承包甲级、工程咨询（电子、建筑）资信乙级等资质，并通过ISO 9001质量管理体系认证。SEEDRI还是国际工程咨询学会会员、中国工程咨询协会电子专业委员会副主任单位、上海电子学会洁净技术委员会主任单位。目前，SEEDRI可从事各类电子信息类工程、工业与民用建筑工程的规划和设计，可进行各类大中型工程总承包、电子工业工程以及电子系统工程的施工及项目管理服务，可承接工程项目可行性研究、工程技术咨询等业务，为客户提供项目建设全过程服务。

SEEDRI员工总数超过500人，其中，高中级工程师占工程技术人员的70%以上，设有工艺、规划、建筑、结构、给排水、电气、自控、暖通、动力、经济分析等专业，综合实力雄厚，专业技术水平居国内同行业领先地位。SEEDRI始终坚持质量创优与技术创新，在项目中将技术开发与工程设计紧密结合，多年来获得国家级、省部级及市级优秀工程设计奖、优秀工程咨询成果奖、优秀规范规程编制奖近30项。

地址：上海市赤峰路433号7楼
电话：021-63011212
传真：021-53013170
网址：www.seedri.com.cn
电子邮箱：xinshiyun@seedri.com.cn

科丝美诗（中国）化妆品有限公司二工厂新建工程

New Construction Project of No.2 Factory of Cosmese (China) Cosmetics Co., Ltd.

项目业主：科丝美诗（中国）化妆品有限公司
建设地点：上海
建筑功能：工业建筑
用地面积：30 944平方米
建筑面积：37 752平方米
设计时间：2015年
项目状态：建成
设计单位：上海电子工程设计研究院有限公司
主创设计：夏双练、郭洪亮

项目位于上海市奉贤区综合工业开发区内，建设内容包括厂房1、厂房2、污水处理站及垃圾房、门卫房等建筑功能。

项目的建成提升了企业形象，也为员工创造了良好的工作环境。在厂区入口处西侧布置大面积的集中绿地并设计绿色景观，草坪中适当种植常绿乔木、灌木；在其他主要建筑周围布置景观小品，种植具有观赏价值的乔灌木；在厂区内主要道路两侧密植乔木，种植不飞絮的行道树，以达到减小噪声对周围环境的影响。厂区其余沿街地段及厂房四周空地均进行以草坪为主的绿化，并注意景观在三维空间中的层次感，使之随四季的交替及夜间灯光的变化，形成空间丰富、错落有致、感染力强的绚丽景观，营造出一个既有生态意义，又富有文化内涵的工作环境。

德淮半导体有限公司12寸晶圆工厂

Dehuai Semiconductor Co., Ltd. 12-Inch Wafer Factory

项目业主：淮安德科码半导体有限公司
建设地点：江苏 淮安
建筑功能：工业建筑
用地面积：171 266平方米
建筑面积：238 380平方米
设计时间：2016年
项目状态：建成
设计单位：上海电子工程设计研究院有限公司
主创设计：夏双练、郭洪亮、张天逸

基于建设场地整体呈平行四边形，并根据生产工艺流程、使用功能、建筑防火、安全卫生、交通运输、管理维护等各类设计规范和实际运营管理要求，将场地功能分为四个功能区，即在场地中心位置布置生产厂区、东部布置生产服务区、西部布置动力仓储区、南部布置有公司标志意义的总部办公搂和场地前区的景观和绿化。

总部办公楼的设计撷取了淮安当地漕运船帆的意象，取其“鼓风而起、扬帆远航”的寓意，赋予淮安新的期待和展望。整体建筑色彩以灰色调为主，主要以大面积水平线条分割，形成清晰的立面效果，局部设计折板或竖向线条，为建筑本身增加了活力。

淄博汉能600 MW铜铟镓硒薄膜太阳能电池生产项目

Zibo Hanergy 600MW Copper Indium Gallium Selenide Thin Film Solar Cell Production Project

项目业主：山东淄博汉能光伏有限公司
建设地点：山东 淄博
建筑功能：工业建筑
用地面积：233 333平方米
建筑面积：150 378平方米
设计时间：2014年
项目状态：建成
设计单位：上海电子工程设计研究院有限公司
主创设计：夏双练、张天逸、郭洪亮

太阳能电池的发展已经进入了第三代。第一代为晶硅太阳能电池，第二代为非晶硅太阳能电池，第三代就是铜铟镓硒（CIGS）等化合物新材料太阳能电池及薄膜Si系太阳能电池。为满足国际和国内市场对可再生能源的需求，并在国际可再生能源开发中占据先机和主导地位，山东淄博汉能光伏有限公司拟在山东省淄博市高新技术产业开发区规划建设一个集研发和生产为一体的铜铟镓硒（CIGS）生产基地，形成3 GW/年的产能。项目分期建设，一期建设规模为600 MW/年产能的铜铟镓硒（CIGS）生产设施、相应的配套动力设施及生活办公设施。

烟台睿创微纳技术股份有限公司二期新建厂房

Yantai RuiChuang Micro Nano Technology Co., Ltd. Phase II New Plant

项目业主：烟台睿创微纳技术股份有限公司
建设地点：山东 烟台
建筑功能：工业建筑
用地面积：116 788平方米
建筑面积：117 602平方米
设计时间：2020年
项目状态：在建
设计单位：上海电子工程设计研究院有限公司
主创设计：夏双练、张天逸

项目位于烟台开发区贵阳大街，设计上利用纵向的幕墙构件，形成强烈的视觉冲击力，重构“高楼”的概念，使之成为一种人与人、人与社区相互连接的方式。设计突出睿创品牌中高科技的理念，同时也强调睿创促进沟通、创建社区的企业使命。

设计采用建筑幕墙语言作为建筑效果的展示；竖向的金属构件犹如芯片的线路，与“幕墙的基板”完美融合；大体块的穿插和叠加，丰富了建筑体量，自然地形成多个灰空间和休憩平台，平台绿意盎然，使自然与建筑和谐共生，融为一体；屋顶花园设计玻璃雨棚，布置健身、茶艺、棋牌、台球等设施，为企业员工提供良好的休息环境，激发员工的积极性和创造性。

沈阳芯源微电子设备有限公司（二期）1# 厂房

Shenyang Xinyuan Microelectronics Equipment Co., Ltd. (Phase II) 1 Plant

项目业主：沈阳芯源微电子设备有限公司
建设地点：辽宁 沈阳
建筑功能：工业建筑
用地面积：8 000平方米
建筑面积：8 000平方米
设计时间：2012年
项目状态：建成
设计单位：上海电子工程设计研究院有限公司
主创设计：张天逸、郭洪亮

沈阳芯源微电子设备有限公司研制的高端封装生产工艺的喷涂胶机、显影机、单片湿法刻蚀机，是其承担国家中长期规划的16个重大科技专项“极大规模集成电路制造装备及成套工艺”（02专项）中的高端封装工艺专用设备，符合封装工艺技术发展趋势，可以尽快与国际先进技术水平保持同步。这三类设备与02专项中的光刻机、溅射机、硅片清洗机等其他设备可组成高密度封装成套工艺设备并实现产业化。

厂房一层高度为6.5米，主要包括货流出入口、百级洁净区、千级洁净区、装配区、动力区；二层高度为4.8米，主要为预留区、装配区。

夏平

职务：苏州城发建筑设计院有限公司董事长
职称：正高级工程师

教育背景
东南大学建筑学学士
上海交通大学工商硕士

工作经历
苏州城发建筑设计院有限公司

个人荣誉
住建部全国勘察设计专家库专家
苏州市勘察设计协会建筑分会副会长
苏州市姑苏区人大代表

主要设计作品
苏州城发建筑设计院有限公司设计研发中心
阳澄湖抗日纪念馆
苏州市叶圣陶中学
镇江心湖高级中学
斜塘河南地块学校
董桥总部经济科创园
镇江新区中瑞生态产业园
绵竹江苏工业园产业孵化基地

魏轶炫

职务：苏州城发建筑设计院有限公司副院长、方案设计主持
职称：高级工程师

教育背景
三江学院

工作经历
2008年至今　苏州城发建筑设计院有限公司

主要设计作品
铂悦犀湖
楠香雅苑
仁恒仓街商业广场

张洁

职务：苏州城发建筑设计院有限公司主创建筑师、方案所所长
职称：工程师

教育背景
2007年—2012年　苏州科技大学建筑学学士
2018年—2019年　西班牙加泰罗尼亚理工大学建筑学硕士

工作经历
2020年至今　苏州城发建筑设计院有限公司

主要设计作品
吴江梅庄工程
苏州新区狮山小学
苏州园区斜塘学校
新建320520211801号地块商务办公及便民服务中心

李丽

职务：苏州城发建筑设计院有限公司方案主创

教育背景
2007年—2012年　武汉大学建筑学学士

工作经历
2018年至今　苏州城发建筑设计院有限公司

主要设计作品
吴江梅庄工程
东方维罗纳幼儿园
阳澄湖抗日纪念馆
苏州浒墅关经济开发区文体中心
中科院电子所苏州研究院
宿迁光电研究中心

苏州城发建筑设计院有限公司
SUZHOU URBAN-DEVELOPMENT ARCHITECTURAL DESIGN INSTITUTE CO.,LTD.

苏州城发建筑设计院有限公司成立于2006年，拥有建筑工程甲级资质，充分汲取原国企的精髓，又积极引入国外设计公司的先进理念和管理模式，逐渐形成了“以创新和服务利益客户，以质量和成就赢得尊重”的企业核心理念，企业通过ISO 9001质量体系认证，并于2017年被批准为国家高新技术企业。

设计作品涵盖政府公建项目、大中院校、大型商业建筑、高层办公、宾馆、高层住宅、别墅小区及关系民生的动迁安置小区和各类工业建筑。设计业务立足于苏州并逐步拓展至全国，以较强的方案原创能力为突破口，积极参与政府和社会的招标项目，取得了良好的成绩，作品多次荣获国家级、省部级、市级奖项。

地址：江苏省苏州市东环南路1号和诚大厦6楼
电话：0512-62873866
传真：0512-67773881
网址：www.szudad.com

苏州城发建筑设计院有限公司设计研发中心

Suzhou URban-Development Architectural Deslgn Institute Co., Ltd. Design and Research & Development Center

项目业主：苏州城发建筑设计院有限公司
建设地点：江苏 苏州
建筑功能：办公建筑
用地面积：7 162平方米
建筑面积：24 887平方米
设计时间：2020年—2021年
项目状态：在建
设计单位：苏州城发建筑设计院有限公司
主创设计：夏平、李丽

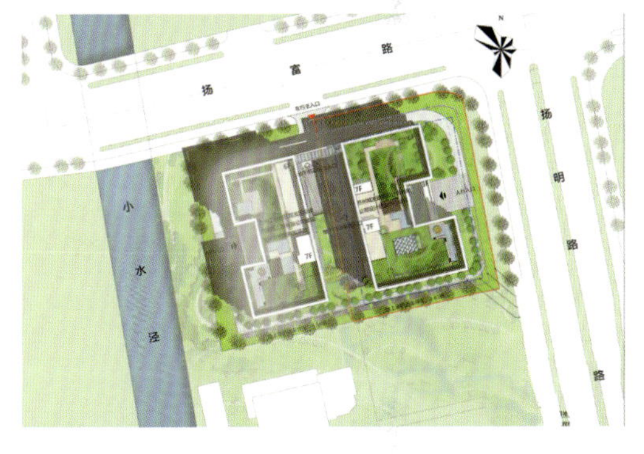

项目位于金鸡湖商务区，地理条件优越、自然景观丰富、交通便利。建筑大气简洁，立面设计采用横向线条与北面在建的建筑形成呼应，在横向线条的基础上增加几何切面，融入“精筑工匠，钻石品质”的设计理念。局部采用放大的铝板切面增加建筑主体的辨识度和设计感，利用起承转合与平面构成的设计语言，极大地丰富了建筑表皮，光影变换之间营造出具有力量感的建筑美学。

山墙面采用“连廊”和“连梁”，使两个主体形成大气沉稳的整体，大面积的材质采用白色铝板和纯净透亮的玻璃幕墙，现代简约。整个项目侧重于建筑功能最大化、建筑立面最优化，为企业和员工提供优质高效的综合性办公总部。

阳澄湖抗日纪念馆

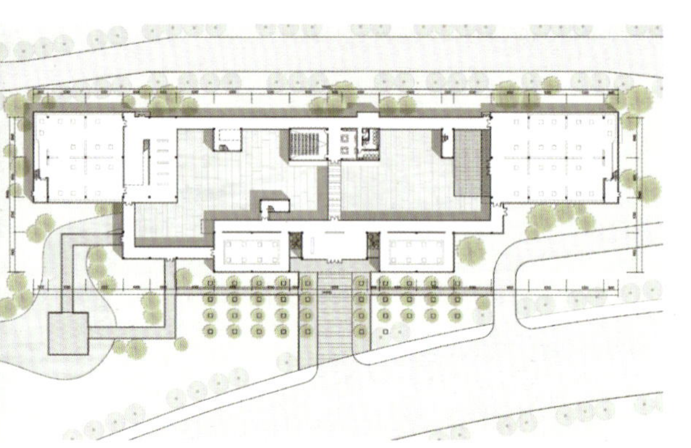

Yangcheng Lake Anti-Japanese War Memorial Hall

项目业主：苏州市相城区政府
建设地点：江苏 苏州
建筑功能：文化建筑
用地面积：1 341平方米
建筑面积：4 775平方米
设计时间：2020年
项目状态：方案
设计单位：苏州城发建筑设计院有限公司
主创设计：夏平、张洁、丁睿、李丽、刘茜、李君茹、朱容利、张晓晨

设计在保留纪念碑的前提下，在原址上进行扩建改造。改造后将成为阳澄湖抗日纪念馆，相城区烈士纪念馆和消泾村江抗纪念馆也将迁址至此。项目结合周边文化教育基点，传承抗战爱国精神，缅怀抗战牺牲的战士。建筑记载曾经的历史，湖畔树起不朽的丰碑。

设计旨在以建筑为载体，引发参观者对抗日烈士精神的共鸣，沟通历史与当下。设计以水庭象征阳澄湖，以展馆隐喻战争序列，重现波澜壮阔的战争史诗。建筑空间提取苏州园林的造景手法，借鉴烟雨江南中的粉墙黛瓦，营造现代园林的空间意境。清水混凝土凝练了厚重的时代氛围，人们可以在静谧深沉的江南烟雨中缅怀革命先烈，传承时代的荣光。

斜塘河南地块学校

School of South Block Xietang River

项目业主：苏州工业园区教育局
建设地点：江苏 苏州
建筑功能：教育建筑
用地面积：69 864平方米
建筑面积：87 520平方米
设计时间：2020年—2021年
项目状态：方案
设计单位：苏州城发建筑设计院有限公司
主创设计：夏平、张洁、丁睿、李丽、刘茜、张晓晨

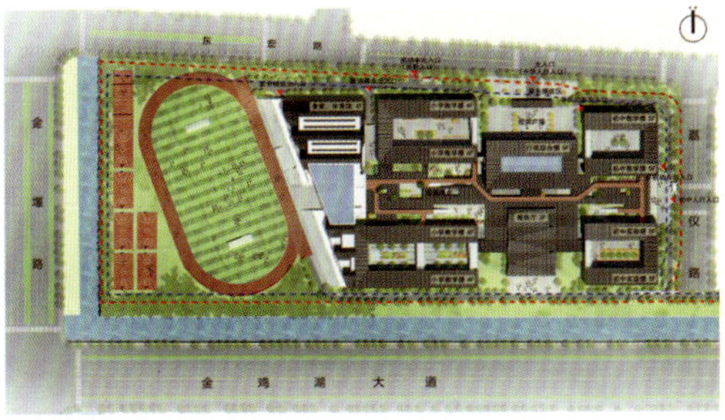

设计从平面布局与功能配置入手，小学与中学相对独立，且能与公共区域紧密联系，教学区与运动区互不干扰，动静分明。操场布置在基地西侧，以减少校区内部受到道路噪音的影响，餐厅和体育馆体块隔离运动场的噪音，实验楼布置在基地北侧隔离交通噪音，以保持教室的安静。项目设置两个行人出入口和一个机动车出入口，人车分流，流线合理。

校园空间设计立足于苏州地域文化，继承江南水乡粉墙黛瓦的建筑风貌，打造现代教育标杆。历史与现代的融合绵延苏州深厚的文化底蕴。逐渐递进的空间和错落有致的建筑与景观塑造出不同的视点和活力空间，营造出变幻莫测、充满惊喜的校园环境以鼓励学生学习、探索、创造。

黄桥总部经济科创园

Huangqiao Headquarters Economic Science and Innovation Park

项目业主：苏州市相城区黄桥工业园经济发展有限公司
建设地点：江苏 苏州
建筑功能：办公建筑
用地面积：59 651平方米
建筑面积：149 250平方米
设计时间：2021年
项目状态：方案
设计单位：苏州城发建筑设计院有限公司
主创设计：夏平、张洁、丁睿、李丽、张晓晨

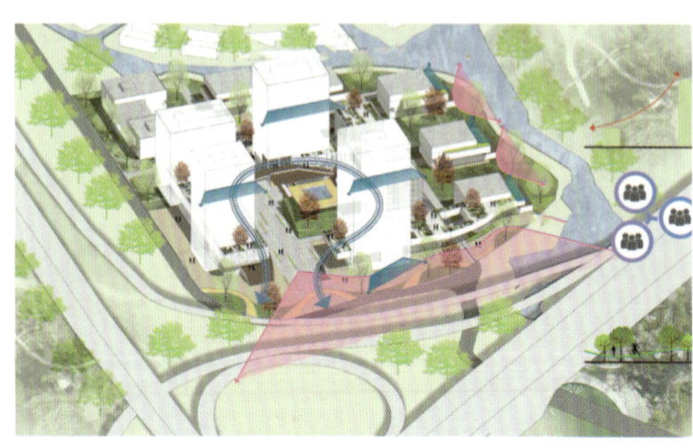

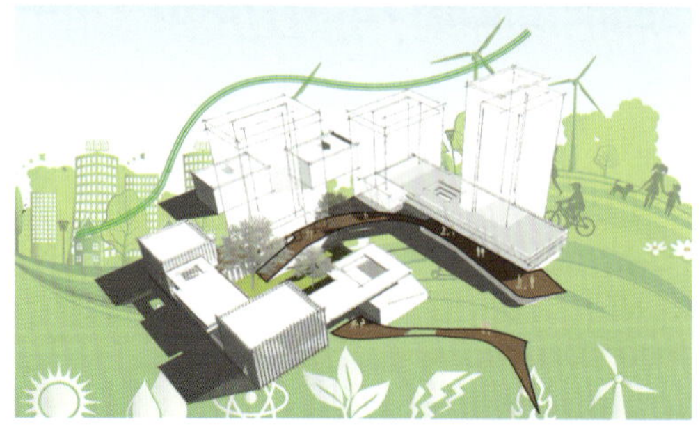

项目南临荷塘月色湿地公园，东临黄棣河荡，具有得天独厚的自然生态资源，建筑师提出“揽荷塘月色盛景，造城市生态地标”的设计愿景。建筑秉承“南拥荷塘月色，东揽碧波银涛”的设计理念，将南侧荷塘月色湿地公园以及东侧黄棣河的自然景观资源充分引入场地，营造现代花园式的生态办公环境。

建筑采用高低错落布局，营造大量的开放共享空间及室外活动场地，打破现代社会人与人之间树起的无形高墙，实现心灵的沟通。对中央核心景观进行重点打造，结合下沉庭院局部大台阶和屋顶平台打造“城中云谷、活力飘带”的景观生态活力之环，丰富园区内部空间形态的同时可以带动周边的产业配套，起到城市区域活力之核的作用。

新建 320520211801 号地块商务办公及便民服务中心

New Business Office and Convenience Service Center of Plot No.320520211801

项目业主：太仓恒通置业有限公司
建设地点：江苏 苏州
建筑功能：办公建筑
用地面积：12 493平方米
建筑面积：34 980平方米
设计时间：2021年
项目状态：方案
设计单位：苏州城发建筑设计院有限公司
主创设计：夏平、张洁、丁睿、李君茹、朱容利

建筑是一座绿色生态、服务市民、配套完善的综合性服务平台，包括商务办公、社区服务、行政执法、交通处理等功能。设计首先从布局入手，从整体上把握，运用有机疏散的原理，合理安排各个功能区，处理建筑与环境的关系，形成和谐的办公服务中心。

设计从用地的现状出发，结合地形、地貌、地物及周边环境，在节约用地的基础上追求整体品质，体现建筑特色与创新性。规划图底关系明确，突出主体建筑，传递稳定、坚实的信息，和周边建筑群有机协调。建筑整体呈现出现代简约风格，外立面简洁规整，与周边建筑协调。

邢超

职务：中联西北工程设计研究院有限公司
建筑二院创意总监
职称：高级工程师
执业资格：国家一级注册建筑师

教育背景

1999年—2004年 西安建筑科技大学建筑学学士
2004年—2007年 西安建筑科技大学建筑学硕士

工作经历

2007年至今 中联西北工程设计研究院有限公司

个人荣誉

2015年西安市青年岗位能手
中联西北工程设计研究院有限公司第二届优秀青年勘察设计师

主要设计作品

陕西省科技资源中心
荣获：2013年中国机械工业科学技术二等奖
2017年全国绿色建筑创新一等奖
秦汉新城规划展览中心
荣获：2017年陕西省优秀工程勘察设计一等奖
中联西北院科技办公楼
荣获：2018年机械工业优秀工程设计一等奖
国家增材制造创新中心
荣获：2020年陕西省优秀工程勘察设计一等奖
西安交通大学曲江校区前沿科学技术大楼
荣获：2020年陕西省优秀工程勘察设计二等奖
陕西富平热电新建行政办公楼
荣获：2019年全国优秀工程勘察设计二等奖
2021年全国建筑学会建筑设计二等奖
2020年陕西省优秀设计一等奖
机械工业优秀工程勘察设计一等奖
西安市沣西新城第一小学
西安航天新城第十学校
西安高新区软件新城小学
西安市沣东新城云检科创园
西安市丰瑞天然气公司办公楼
吉利配套零部件产业基地
乞力马扎罗国际会议中心
西安航天城CEC创想中心
西安航天城科技创新产业园
西安浐灞思普瑞城市广场
陕西省咸阳博物院

中联西北工程设计研究院有限公司
China United Northwest Institute for Engineering Design & Research Co.,Ltd.

中联西北工程设计研究院有限公司（简称“中联西北院有限公司”）创建于1964年，前身为机械工业部第十一设计研究院，现隶属世界500强特大型央企——中国机械工业集团有限公司，是以民用建筑设计为核心、工业与能源环境工程设计为特色、工程总承包为主业的综合性工程公司。

公司具有40余项各类资质，包含建筑（建筑工程）、机械（全行业）、市政（全行业）、电子广电通信（电子工程行业）、城乡规划、环境工程、风景园林、造价咨询等13项甲级资质和5项施工总承包资质，业务范围涵盖工程咨询、工程造价、工程设计、城乡规划、招标代理、工程监理（管理）、工程总承包、设备承包、施工图审查、固定资产投资项目节能评估文件编制与评审、消防评估检测、绿建核查等12大业务类型，实现了咨询、设计、造价、招标、施工、监理（管理）等业务链的横向贯通，首批入选陕西省全过程工程咨询试点、房屋建筑和市政基础设施工程总承包“双试点”企业。

公司挂牌中俄青年创业孵化器基地（西安）、陕西省博士后创新基地、陕西省研究生联合培养示范工作站、陕西省能源环境与建筑节能工程技术研究中心、陕西省众创空间孵化基地、陕西省青年创业孵化基地，掌握数十项特色或专有技术，累计为国内外设计7 000余项精品工程。500余项科研成果获得国家和省部级嘉奖，获批国家及陕西省科技计划项目40余项，授权国家专利80多项，主编和参编各类标准和规范40余项，连续8年获得陕西省技术交易工作先进单位。

公司现有1 100余名老中青相匹配的员工、产学研相融合的队伍、5支陕西省重点科技创新团队。公司拥有国家各类注册师400余人次、省部级专家近百人，与西安交通大学、西安建筑科技大学共建陕西能源环境与建筑节能工程联合研发平台、陕西省生态城市联合研发平台，携手西安交通大学、西安建筑科技大学、西北工业大学、长安大学、华北电力大学共建研究生实践基地。

公司的民用建筑、工业工程、市政规划、能源环境、工程建设五大业务板块齐头并进、稳健发展，综合竞争力跻身行业咨询设计骨干企业和区域全案式工程建设第一梯队。公司先后荣膺全国重合同守信用企业、全国信用评价AAA级信用企业、全国先进设计企业、全国勘察设计行业创优型企业、全国企业文化建设优秀单位、全国工人先锋号、全国机械行业文明单位、全国机械行业现代化管理企业、陕西省高新技术企业、陕西省技术交易工作先进单位、西安市先进集体等殊荣。

打造“国内领先、国际知名”综合型工程公司，中联西北院有限公司竭诚为国内外业主提供各类工程建设全方位、全过程、全价值链的技术支撑与管理服务，矢志成为构筑精品工程的卓越者。

地址：陕西省西安市高新区
丈八四路16号
电话：029-62351000
传真：029-62351222
网址：www.cuced.com
电子邮箱：cuced@cuced.net

国家增材制造创新中心

National Additive Manufacturing Innovation Center

项目业主：西安增材制造研究院有限公司
建设地点：陕西 西安
建筑功能：办公建筑
用地面积：18 666平方米
建筑面积：29 138平方米
设计时间：2018年
项目状态：建成
设计单位：中联西北工程设计研究院有限公司
主创设计：倪欣、邢超

项目位于西安市高新区西南部，周围交通便利，环境优美，整个基地分为两个部分，东侧为综合楼，西侧为厂房及配套设施。

设计理念与亮点。

1．追求规划布局的高效性与集约性，采用一体式布局来解决场地不足的困扰。

2．追求办公空间的品质感与共享性。采用围合式方式，为使用者提供交流、休闲的场所。

3．追求绿色低碳的建筑性能。办公共享大堂，采用了跨度达22米的可开启玻璃天棚，起到冬季蓄热、夏季拔风的作用；西侧的遮阳设计，为办公空间的低碳运行提供了可能；厂房屋顶的天窗设计，实现夏季空气流动、冬季蓄热的功能，加上双层类呼吸窗的设计，为员工的舒适办公提供了绿色保障。

4．追求时尚、灵动的建筑性格，追求独树一帜的城市形象，以契合前沿科研建筑的特性需求。

陕西富平热电新建行政办公楼

New Administrative Office Building Of Shaanxi Fuping Thermal Power Co., Ltd.

项目业主：陕西富平热电有限公司　建设地点：陕西 富平
建筑功能：办公建筑　用地面积：37 182平方米
建筑面积：17 398平方米
设计时间：2016年
项目状态：建成
设计单位：中联西北工程设计研究院有限公司
主创设计：倪欣、王福松、邢超、刘涛、叶蔚清、郑琨、尹诗雯

项目位于富平县新兴产业示范园内，是城市热电厂典范工程。建筑包括行政办公区、综合服务区、食堂活动中心、图书阅览室、健身房、多功能厅、室内篮球场等功能，为员工提供高效便捷的办公和生活场所，地下部分为汽车库和设备用房。

富平县是全国著名的“陶艺之乡”，项目利用当地的陶砖材料，寻找现代陶砖的表达方式，展现陶砖材料的建构之美。行政办公楼外墙采用双层夹心墙体，外侧为砖红色陶土砖墙，配合多种花格砖墙砌法，塑造斑驳的红墙砖影，营造出静谧雅致的建筑气质、厚重并具雕塑感的建筑形象，质朴但不失个性，简约而又时尚。

西安高新区软件新城小学

Xi'an High-tech Zone Software New Town Primary School

项目业主：西安市高新区教育局

建筑功能：教育建筑

建筑面积：42 956平方米

项目状态：建成

主创设计：倪欣、邢超

建设地点：陕西 西安

用地面积：31 300平方米

设计时间：2019年

设计单位：中联西北工程设计研究院有限公司

项目位于西安市高新区软件新城内，凭借独特的地理位置被创造出前沿的建筑形象。项目通过整体连续的规划布局、时尚动感的造型设计、大胆探索的色彩搭配、多元共享的空间塑造，给孩子们提供绚烂多彩的校园空间，让孩子们享受充满憧憬的花季时光。

设计大胆采用蓝绿冷色为建筑主色调，以强化学校的时尚感和独特性。学校采用朴素低碳的建造技术，追求空间的高采光率和无遮挡的通风需求。外廊均采用封闭设计，满足地域的耐候性。在满足视觉空间体验的同时，建筑在性能和安全性的设计上也有诸多考量，让孩子们在空间里可以自由地奔跑、开心地嬉笑。

西安航天城第十学校

Xi'an Aerospace City
No.10 School

项目业主：西安市航天新城教育局
建设地点：陕西 西安
建筑功能：教育建筑
用地面积：27 295平方米
建筑面积：51 390平方米
设计时间：2020年
项目状态：在建
设计单位：中联西北工程设计研究院有限公司
主创设计：倪欣、邢超

项目位于西安市航天城，是一所九年制学校，教学规模为12个中学班和36个小学班，这是一所具有航天新城特色，同时又颇具个性的唯美校园。

设计策略。

1. 由于项目用地紧张，为满足教育多元化的需求，积极发展地下、屋面等空间，拓展学生活动场地，营造立体校园空间。

2. 将小学部分与中学部分在竖向空间上分开，小学部设在一层至三层，中学部设在四层至五层，学生各自在所属区域内活动，互不影响，体现人文关怀。

3. 校园建筑形体简洁，建筑色彩以梵高“星空”为蓝本，用和谐的色彩搭配增强学生对校园的记忆。

4. 建筑师设计了丰富多彩的室内外空间，积极应对现代教学模式、学生生活模式以及学校空间模式的诸多改变，便于学生在课间放飞天性，自由交往。

项志峰

职务：温州设计集团有限公司总建筑师
职称：正高级工程师
执业资格：国家一级注册建筑师

教育背景

1987年—1991年　东南大学建筑学学士
2010年—2014年　浙江大学建筑与土木工程硕士

工作经历

1991年至今　温州设计集团有限公司

主要设计作品

高乐大厦
荣获：2005年浙江省优秀工程勘察设计二等奖
温州机场原航站楼立面改造工程
荣获：2006年浙江省建设工程优秀装饰设计三等奖
温州国际会展中心三期展厅
荣获：2015年浙江省优秀工程勘察设计二等奖
温州正泰民用智能电器工程
荣获：2016年浙江省优秀工程勘察设计一等奖
置信广场
荣获：2017年浙江省优秀工程勘察设计一等奖
温州经济技术开发区海洋科技创新园一期工程
荣获：2019年全国优秀工程勘察设计三等奖
　　　2019年浙江省优秀工程勘察设计一等奖
　　　2019年海峡两岸建筑交流活动杰出奖
温州滨江广场一期工程
荣获：2019年浙江省优秀工程勘察设计二等奖
永嘉县城体育馆、游泳馆
荣获：2020年浙江省优秀工程勘察设计一等奖
金融集聚区危旧房改造（安置联建）工程
荣获：2020年浙江省优秀工程勘察设计二等奖
温州肯恩大学商学院
荣获：2021年浙江省优秀工程勘察设计一等奖

李小波

职务：温州设计集团有限公司副总建筑师
　　　建筑研究设计院执行院长
职称：正高级工程师
执业资格：国家一级注册建筑师

教育背景

1993年—1998年　合肥工业大学建筑学学士
2010年—2017年　浙江大学建筑与土木工程硕士

工作经历

1998年至今　温州设计集团有限公司

主要设计作品

温州市鹿城文化活动中心
荣获：2003年浙江省优秀工程勘察设计三等奖
温州市金会昌家园
荣获：2009年浙江省优秀工程勘察设计三等奖
温州市中级人民法院
荣获：2010年温州市优秀工程勘察设计一等奖
温州市新桥山水居
荣获：2010年浙江省优秀工程勘察设计三等奖
温州市南塘街改建工程风貌区
荣获：2014年浙江省优秀工程勘察设计一等奖
　　　2015年香港两岸四地建筑设计大奖卓越奖
温州市海洋渔业局科技创业园
荣获：2017年温州市优秀工程勘察设计一等奖
瑞安市体育中心扩建工程--游泳馆工程
荣获：2017年浙江省优秀工程勘察设计二等奖
温州市牛山国际城市综合体一期工程
荣获：2018年浙江省优秀工程勘察设计三等奖
温州经济开发区海洋科技创新园一期工程
荣获：2019年全国优秀工程勘察设计三等奖
　　　2019年浙江省优秀工程勘察设计一等奖
　　　2019年海峡两岸建筑交流活动杰出奖
永嘉县城体育馆、游泳馆
荣获：2020年浙江省优秀工程勘察设计一等奖

温州设计集团有限公司
Wenzhou Design Assembly Company Ltd.

温州设计集团有限公司前身为温州市建筑设计研究院，创立于1953年。经过几轮改革重组，目前集团现有员工1 415人，专业技术人员占比90%，高级职称人员占比30%，各类注册执业资格工程师270多人。

集团涵盖设计咨询、EPC工程总承包、勘测检测、数字服务等四大业务板块，可提供一站式、全过程的城市建设工程咨询服务。集团拥有城乡规划编制、建筑、市政、风景园林、化工石化医药工程设计、勘察（综合）、测绘、监理、造价等甲级资质和工程咨询甲级资信，拥有水利设计（行业）、旅游规划设计、文物保护等乙级资质以及其他工程配套专业资质。

自2014年来，集团共有近500项工程设计、勘察、咨询成果获得全国优秀勘察设计奖、国家优质工程奖以及省钱江杯、市瓯江杯优秀勘察设计奖。

地址：温州市鹿城区香源路58号
　　　展鑫大厦
电话：0577-88826301
传真：0577-88822645
网址：www.wzadri.com
电子邮箱：bgs@wzadri.com

置信广场

Confidence Square

项目业主：置信房地产开发有限公司
建设地点：浙江 温州
建筑功能：公共、商业建筑
用地面积：36 266平方米
建筑面积：211 819平方米
设计时间：2007年—2010年
项目状态：建成
设计单位：温州设计集团有限公司
设计团队：项志峰、计川、雷震、张镇、李越

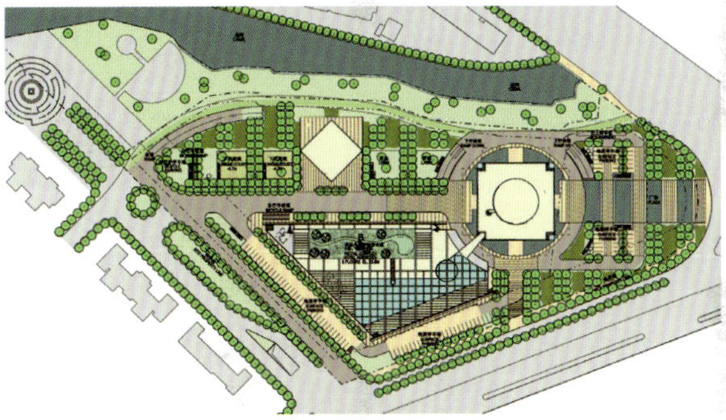

项目是温州首个大型城市综合体，也是温州目前最高的摩天大楼之一，建筑涵盖五星级酒店、住宅、商场、5A甲级写字楼等功能。建筑高度为213.5米，办公、酒店塔楼共49层，采用现浇框架核心筒结构。单元式的玻璃幕墙系统使得超高层建筑在削弱自身体量对城市压力的同时也提升了建筑的简约性和工业化；简洁的正方形塔楼以及顶部向外挑出的四片弧形板块，在天际线中勾勒出一个大气时尚的现代办公楼形象。

建筑按照高标准的绿色建筑要求进行设计，采用了断热铝合金单元式中空低辐射玻璃幕墙、外墙外保温隔热系统、变频空调机组、智能安防系统等绿色建筑成套技术。项目建成投入使用后，获得了社会各界的一致好评，合理的布局创造了新的城市空间形象，简洁动感的设计效果让人过目不忘，成为了温州新的地标性建筑。

温州经济技术开发区海洋科技创新园一期工程

Wenzhou Economic and Technological Development Zone Marine Science and Technology Innovation Park Phase I Project

项目业主：温州滨海新城投资集团有限公司
建设地点：浙江 温州
建筑功能：科研、办公建筑
用地面积：77 509平方米
建筑面积：243 904平方米
设计时间：2012年—2013年
项目状态：建成
设计单位：温州设计集团有限公司
设计团队：李小波、项志峰、陈辉、包舒拉、陈骞

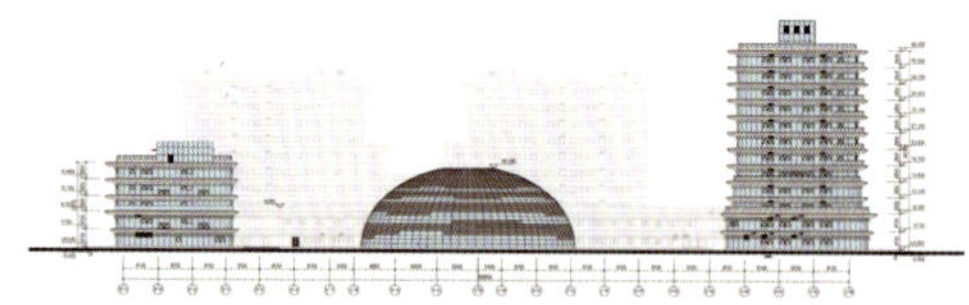

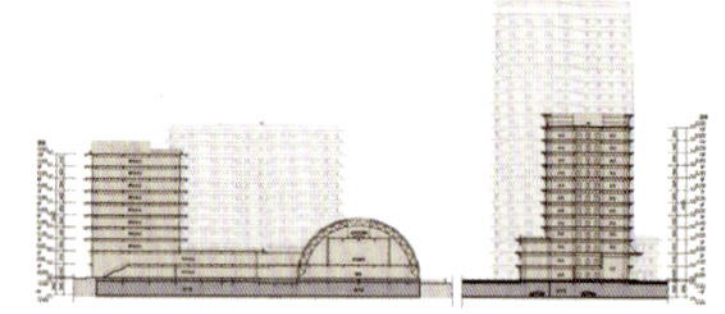

项目是浙南沿海产业集聚区实施双创战略的科创新平台，包含总部办公大楼、配套设施、孵化器以及人才公寓等建筑功能。

技术创新。

（1）打造通透开放的空间场所。利用层层退台、错落布置、有序旋转等手法将周边有利资源引入园区。

（2）营造多元共享的休闲空间。广场空间，收放有致。

（3）塑造特色鲜明的海洋科技形象。蜿蜒流动的线性造型元素，展现出高科技产业园的个性。

（4）结构体系和造型要素的完美统一。双塔采用钢桁架连接体系，塔楼建筑轮廓圆润优美。

（5）建筑物理在细部节点的精准应用。建筑外墙采用水平通长幕墙，有效地遮挡风雨，层间出挑的铝合金挑板反射太阳光提高了室内亮度。

永嘉县城体育馆、游泳馆

Yongjia County Gymnasium, Natatorium

项目业主：永嘉县县城建设指挥部
建设地点：浙江 温州
建筑功能：体育建筑
用地面积：40 000平方米
建筑面积：43 103平方米
设计时间：2010年—2012年
项目状态：建成
设计单位：温州设计集团有限公司
设计团队：项志峰、陈扬帆、李小波、陈辉、陈晨、林晓晓

项目位于温州市永嘉县上塘镇主城区中部，场馆分为体育馆与游泳馆。体育馆设置比赛场区、贵宾和运动员区、裁判员区等，另有部分商业用房附设在该馆底层；比赛馆包括45米X30米的比赛区、3700个座位的观众区（固定座位3 300个、临时座位400个）。游泳馆由综合门厅、一个标准池和一个短池、男女更衣淋浴区、300座观众厅等组成。

建筑造型设计提取永嘉楠溪江古村落民居建筑中的屋顶形态元素及层峦叠嶂的永嘉山水意向，运用现代建筑语言组织重现，与山水环境产生对话，回应地域性，传承传统文脉。设计做到建筑的外部形式与内部功能高度统一，功能与美学相统一，用线状的构图强调建筑的流线感，富有张力的曲线表达了场馆的运动精神，实现了建筑形态与结构体系的完美结合。

温州市南塘街改建工程风貌区

Landscape Area of Nantang Street Reconstruction Project, Wenzhou

项目业主：温州市安居工程建设指挥部
建设地点：浙江 温州
建筑功能：城市更新
用地面积：38 500平方米
建筑面积：45 240平方米
设计时间：2006年—2009年
项目状态：建成
设计单位：温州设计集团有限公司
设计团队：李小波、邵凯鸿、钟雄魁、雷震、黄叶绿、杨珍珏

项目位于温州市城市中心区，和城市中央公园毗邻，依傍着千年历史的南塘河。风貌街全长约1.1千米，最宽处约为50米，为集商业、餐饮、旅游、观光于一体的综合性风貌街区。南塘风貌区从旧城改造的肌理入手，充分利用街道地理位置以及河道边界，形成多级开放式空间。在改建过程中充分保留了古榕树的生存空间，通过修复或重建，重现了原有水乡的一些特色景象。在建筑单体上注重空间收放，营造形态各异的滨水空间，并形成了连续多变的沿河界面。在建筑造型的处理上，借鉴浙南民居的特色语言，并结合浙南地区的气候特征，形成淡雅朴实、富于文化气息的外部形象。

温州滨江广场一期工程

Wenzhou Binjiang Plaza Phase I Project

项目业主：温州滨江广场
建设地点：浙江 温州
建筑功能：商业建筑
用地面积：36 489平方米
建筑面积：184 260平方米
设计时间：2012年—2017年
项目状态：建成
设计单位：温州设计集团有限公司
设计团队：王雪然、项志峰、邵凯鸿、陈俊、陈廷标

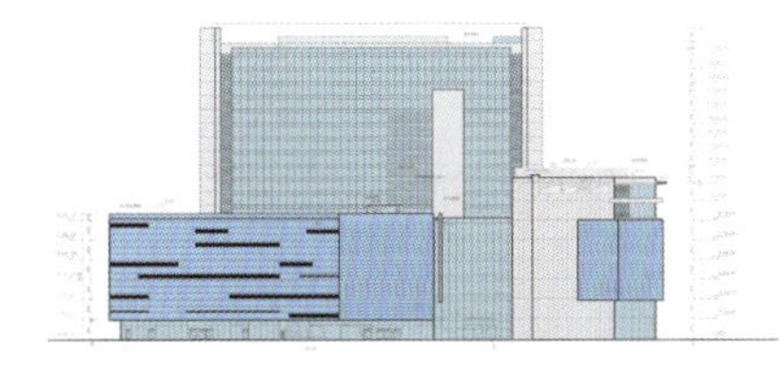

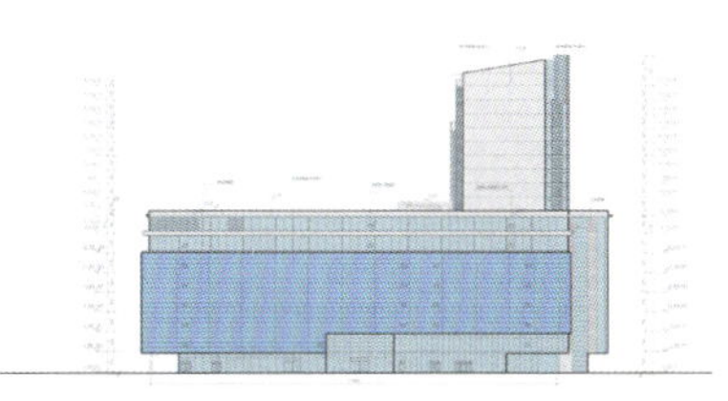

项目位于温州市江滨西路，是一座集办公、商业、餐饮等功能于一体的城市综合体。

项目技术难点：为使建筑形成大跨度、大尺度的入口空间，秉承结构安全为主导的设计理念，对上部主楼结构超限，采用钢骨及斜撑等处理手法来实现。整个裙楼东西宽150米、南北进深110米。设计将其分为东西两部分，通过中部近30米高弧形中庭将两侧商业连接，顶部通过玻璃天窗将光线导入，玻璃天窗兼火灾时排烟口功能，如遇火灾时，将与消防联动自动打开。东西侧商业在中庭处利用各层错位大跨连廊进行连接，减少顾客行走距离，同时丰富了中庭空间。西侧裙楼设计成错位布置的中庭，通过自动扶梯到达不同楼层位置，层层变化的空间能够带给顾客较好体验，多变的视觉冲击形成移步换景的效果。

徐备

职务：中建八局第二建设有限公司设计研究院
副院长（主持工作）
职称：正高级工程师

教育背景

1998年—2003年　山东建筑工程学院建筑学学士

工作经历

2003年—2020年　山东省建筑设计研究院有限公司
2021年至今　中建八局第二建设有限公司设计研究院

个人荣誉

中国医疗建筑设计年度新锐人物
全国十佳医院建筑设计师

主要设计作品

江苏大学附属医院病房楼
荣获：2009年山东省优秀工程勘察设计一等奖
枣庄市妇幼保健院
荣获：2013年山东省优秀建筑设计一等奖
东营市第二人民医院
荣获：2017年山东省优秀工程勘察设计二等奖
南京市浦口区桥林新城医院
荣获：2018年山东省优秀建筑设计二等奖
深圳大学总医院
荣获：2011年山东省优秀建筑设计三等奖
2014年山东省绿色建筑设计二等奖
2019年全国优秀工程勘察设计二等奖
2019年山东省优秀工程勘察设计一等奖
山东省公共卫生临床中心
荣获：2020年新冠肺炎应急救治设施设计奖二等奖
江南大学附属医院

学术研究成果

1.《外科楼建设的5个最“适用”原则》载于《中国卫生工程》(2008.06)
2.《济南历史文化遗产开发框架浅议》载于《中外建筑》(2012.03)
3.《高青县人民医院新院区建设项目——医养结合的“治疗花园”》载于《医养环境设计》(2017.07)
4.《因“地”制宜——此城·此地·此景——江南大学附属医院设计探索》载于《中国医院建筑与装备》(2018.07)
5.《以宁夏工人疗养院迁建项目设计为例谈疗养建筑中疗愈氛围的营造》载于《中国医院建筑与装备》(2020.08)

中建八局第二建设有限公司设计研究院

DESIGN AND RESEARCH INSTITUTE OF THE SECOND CONSTRUCTION LIMITED COMPANY OF CHINA CONSTRUCTION EIGHTH ENGINEERING DIVISION

中建八局第二建设有限公司设计研究院于2017年4月在山东省济南市正式挂牌成立，设计院组织架构完善，拥有一支政治素质高、引领能力强的高层领导团队和一支荟萃众多优秀专业人才的设计团队。设计院现有员工500余人，其中工程技术应用高级职称人员、一级注册建筑师、一级注册结构工程师、注册公用设备工程师、注册电气工程师等占总人数的19.6%。队伍秉承“八二铁军”的优良作风，专业强势、敢打敢拼，为全院的快速高质量发展赋予了强劲动力。

设计院技术实力雄厚，专业配套齐全，设有规划、建筑、结构、暖通空调、给排水、电气、市政、景观园林等专业，拥有建筑工程甲级、人防工程甲级、智能工程甲级、市政工程甲级、装饰设计甲级、岩土工程设计乙级、城乡规划编制丙级等资质。业务涵盖规划设计、大型民用与工业建筑设计、建筑幕墙工程设计、照明工程设计、市政设计、消防设施设计、景观设计、施工图深化、工程项目管理、策划、工程技术咨询、建筑技术研究等众多领域。

自成立以来，设计院充分发挥工程总承包企业独有优势，依托公司国内外市场战略布局，在设计施工一体化融合的道路上进行了一系列探索，不断创造企业价值，先后承接了济南经十一路安置房、日照黄海之眼、山东第一医科大学、济南超算中心科技园、树兰（济南）国际医院等几十个重点工程的设计及管理工作，赢得了良好的品牌形象和广泛的市场赞誉。

设计院秉承“服务立院、服务强院”的理念，紧扣战略定位，以“设计施工融合、技术带动生产”为主线，切实履行职能，专注于设计精品工程，综合实力快速跻身行业内上游梯队，先后荣获省部级奖5项、市级奖7项，同时，设计院积极投身于科技攻关领域，年均申报专利20余项，发表论文30余篇，荣获国际奖2项、省部级奖4项，并作为主体研究单位，当选山东省钢结构行业协会副会长单位。

发展之余，设计院也致力于打造多元的企业文化，依托单位深厚的铁军文化、品质文化、创新文化，形成了独具特色的“设计+”子文化，将“家”与“责”融进运营理念当中，努力为员工打造幸福、美好、一流的职业发展平台，不断丰富职工生活，并切实承担央企职责、感恩服务社会，赢得了广大职工群体和社会各界的充分认可，先后荣获“中建八局2017—2018年度模范职工小家”“山东省青年文明号”荣誉称号。

地址：山东省济南市历下区文化东路
16号中建文化城C座
电话：0531-87195662
网址：www.8b2.cscec.com
电子邮箱：shejiyuan8b2@163.com

淄博市中心医院西院区

Zibo City Central Hospital West Hospital District

项目业主：淄博市中心医院
建设地点：山东 淄博
建筑功能：医疗建筑
用地面积：180 000平方米
建筑面积：250 000平方米
设计时间：2014年—2015年
项目状态：建成

项目设计在功能布局和环境打造上充分体现“以人为本”的理念，为患者和医护人员提供了温馨、舒适、人性化的就诊及工作环境，项目符合国际JCI医疗评审标准。“环形轴线”科学地解决了大型医院建设规模较大、建筑占地密度高、平面功能路线过长的弊病，极大地拓展了医院建筑的内涵。

在“环形轴线”中结合医疗主街设计了集中候诊区、室外庭院，布置餐饮、商店、庭院绿化、小桥流水、艺术雕塑，可以使病人不管是在炎热的夏季还是在漫长的冬季，都不受室外环境的影响。下沉广场的立体交通设计理念，给地下空间提供了必要的通风和采光，也带动了地下的商业空间，实现了人车分流。

江南大学附属医院

Jiangnan University Affiliated Hospital

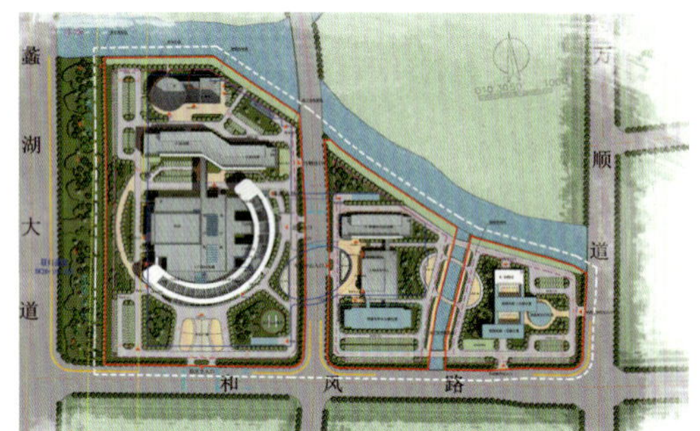

项目业主：江南大学
建设地点：江苏 无锡
建筑功能：医疗建筑
用地面积：120 000平方米
建筑面积：210 000平方米
设计时间：2014年—2016年
项目状态：建成

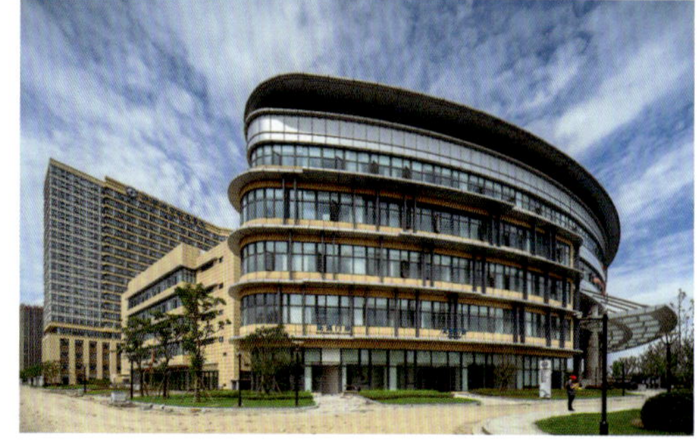

项目规划采用城市主义设计手法，以更宏观的视角解读基地与城市的关系，赋予新院区全新的场所精神。在递推、围合、顺应之间秩序性地回应场地。方案以“太湖明珠”为立意，将主医疗区建筑体量做圆形表达，以围合意向为出发点，在道路西侧做圆形围合建筑形态。两个地块之间以下沉广场为两侧基地的有效连接，形成场所处理的中心。设计统筹三块用地的形体构图，与城市文脉相契合。规划结构在城市环境中得到清晰和合理的呈现。

南京市浦口区桥林新城医院

Nanjing Pukou District Qiaolin New City Hospital

项目业主：南京天浦市政工程有限公司
建设地点：江苏 南京
建筑功能：医疗建筑
用地面积：75 000平方米
建筑面积：125 000平方米
设计时间：2017年—2020年
项目状态：设计完成

项目位于南京市浦口区，是一所特色鲜明、功能齐全、布局合理、理念先进、设施现代、技术领先的智能化二级综合医院。医院分门急诊楼、医技楼和病房楼三大部分，建筑为三栋多层建筑组成的建筑群体。建筑主体按门急诊楼、医技楼、病房楼流程进行布局，沿路部分均作退让处理。广场、绿化带、停车场等设施，在医院主体与周边环境之间形成缓冲区域。

设计通过"一纵、两横"围合成院区的"一中心"，打造高品质的城市医疗景观环境，水景与建筑在医院功能框架下相容共生。裙房建筑采用交错竖向穿孔铝板造型，比例与尺度宜人，有效地在感官上削减了庞大的建筑体量。入口设计成"S"形灰空间，缓解建筑斜向道路的压迫感。

前海人寿南宁医院

Qianhai Life Nanning Hospital

项目业主：前海人寿医院投资南宁有限公司
建设地点：广西 南宁
建筑功能：医疗建筑
用地面积：91 000平方米
建筑面积：250 000平方米
设计时间：2017年—2019年
项目状态：建成

项目按国家三级综合医院标准建设，是集医、教、研、养于一体的大型国际化医养综合体。规划开设医疗床位1 000张、养老床位800张，每日可容纳门诊量6 000余人次，实现医养深度结合，满足养老机构住户的高端医疗需求。

项目作为医养结合类示范性工程，以前区综合医院为依托，后区养老部分采用CRCC持续照料模式，功能照顾对象包括健康老人、半自理老人、失能失智老人，同时设置护理院、老年大学、棋牌室、多功能活动室、室外活动场所等。设计着重关注无障碍及人性化要求，采用智能化管理手段打造新型医养结合类项目。外立面采用现代风格，流畅的线条，简洁的立面，创造出新颖美观、充满活力的建筑形象。

宁夏回族自治区工人疗养院

Ningxia Hui Autonomous Region Workers' Sanatorium

项目业主：宁夏回族自治区总工会
建设地点：宁夏 银川
建筑功能：医疗建筑
用地面积：100 000平方米
建筑面积：39 800平方米
设计时间：2015年—2017年
项目状态：建成

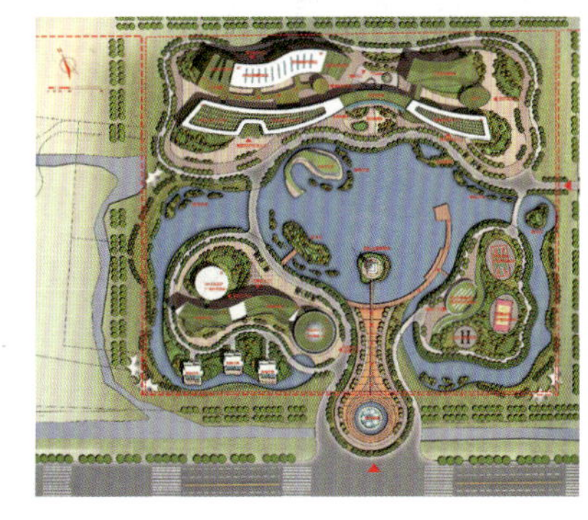

项目规划设计取意“凤凰来仪”，借凤凰鸟这一吉祥图腾将工人疗养院美好发展前景暗喻其中，同时与银川“凤凰城”这一传统称谓相呼应。结合地块和路网特点，园区整体规划采用曲线结构，如同来仪之凤凰仙鸟，整体形象生动有趣。

规划布局采用山水园林的手法，汲取银川当地湿地的形态特点，着力延伸银川“塞上江南”的城市肌理，体现银川“七十二连湖”的地域特色。景观营造上，本项目采用移步异景的园林手法，将“曲径通幽”的多重界面分层次表现，使湖面景观成“对景”姿态。

姚之瑜

职务：浙江省建筑设计研究院建筑创作中心主任
职称：教授级高级建筑师
执业资格：国家一级注册建筑师

教育背景
1994年—1997年　同济大学建筑学硕士

工作经历
1997年至今　浙江省建筑设计研究院

主要设计作品
阿里巴巴集团总部办公楼（与澳洲HASSELL合作）
荣获：2010年浙江省优秀工程勘察设计一等奖
　　　2013年全国优秀工程勘察设计三等奖
义乌市广电中心
荣获：2013年浙江省优秀工程勘察设计二等奖
宁波微软技术中心
荣获：2013年浙江省优秀工程勘察设计二等奖
台州恩泽医疗中心（与日本设计合作）
荣获：2017年浙江省优秀工程勘察设计一等奖
阿里巴巴集团总部办公楼二期
荣获：2019年浙江省优秀工程勘察设计一等奖
　　　2019年全国优秀工程勘察设计二等奖
萧山科技创新中心
荣获：2020年浙江省优秀工程勘察设计二等奖
嘉兴国际中港城五星级酒店
杭州地铁滨康站综合体
杭州AUX未来中心
温岭市医疗中心
上虞博物馆
浙江海盐县人民医院
杭州大关中学桥西地块
温州瑞安图书馆（与法国AS合作）
浙江永康职业技术学校
之江实验室二期

郑叶路

职务：浙江省建筑设计研究院建筑创作中心副主任
职称：高级工程师
执业资格：国家一级注册建筑师

教育背景
2003年—2008年　浙江大学建筑学学士
2014年—2015年　香港理工大学建筑与房地产学硕士

工作经历
2008年至今　浙江省建筑设计研究院

个人荣誉
浙江省建筑设计研究院第二届青年建筑师奖

主要设计作品
湖州爱山广场
荣获：2012年浙江省优秀工程勘察设计一等奖
　　　2013年全国优秀工程勘察设计二等奖
奉化体育馆
荣获：2018年全国优秀工程勘察设计三等奖
　　　2018年浙江省优秀工程勘察设计一等奖
　　　2018年杭州市优秀工程勘察设计一等奖
乐清图书馆
荣获：2018年浙江省优秀工程勘察设计二等奖
　　　2018年杭州市优秀工程勘察设计一等奖
乐清文化中心
荣获：2019年浙江省优秀工程勘察设计一等奖
　　　2019年杭州市优秀工程勘察设计一等奖
上虞奥体中心
荣获：2019年全国优秀工程勘察设计三等奖
　　　2019年浙江省优秀工程勘察设计二等奖
　　　2019年杭州市优秀工程勘察设计一等奖
丽水景宁沙湾镇小城镇改造EPC工程
2022年杭州亚运会技术官员村（与KPF合作）
四川青川县行政中心
海盐县人民医院

浙江省建筑设计研究院（ZIAD）

浙江省建筑设计研究院（ZIAD）创立于1952年，是国内享有盛誉的具有建筑、规划、园林、市政、消防等多种甲级资质的综合性勘察设计科研单位，下设10个综合设计分院、18个专业设计分院（设计部门）、7个技术研究中心和4个子公司。ZIAD主编、参编了大量国家和浙江省建设工程设计规范及技术规程，在办公、宾馆、体育、交通、文化、教育和医疗等大型公共建筑的设计及复杂超限高层建筑、大跨度空间结构、岩土工程设计和建设工程标准化等方面均处于行业领先水平。

69年来，ZIAD始终坚持“创作名院、科技兴院、人才强院、清廉护院”的发展理念，先后荣获 600余项国家级及省部级优秀设计奖和科学技术奖，荣膺中国勘察设计单位综合实力百强、全国建筑设计行业十强设计院、全国优秀勘察设计院、全国建设科技进步先进集体、当代中国建筑设计百家名院、全国

安吉路院区
地址：浙江杭州安吉路18号
电话：0571-85154691（总机）
传真：0571-85151540

紫金港院区
地址：浙江省杭州市西湖区古墩路598号同人广场C座
电话：0571-56097998

网址：www.ziad.cn
电子邮箱：ziad@ziad.cn

毛淼

职务：浙江省建筑设计研究院建筑创作中心
副总建筑师
职称：高级工程师
职业资格：国家一级注册建筑师

教育背景

2004年—2009年　浙江大学建筑学学士
2009年—2011年　日本国立佐贺大学都市工学硕士

工作经历

2011年—2012年　张雷联合建筑师事务所
2013年至今　浙江省建筑设计研究院

个人荣誉

浙江省建筑设计研究院第二届青年建筑师奖

主要设计作品

浙江大学医学院附属口腔医院
太和县人民医院
桐庐县妇幼保健院
永嘉县人民医院
庐江县中医院西城院区

黄婧

职务：浙江省建筑设计研究院建筑创作中心
主创建筑师
职称：工程师

教育背景

2015年—2018年　西安建筑科技大学建筑学硕士

工作经历

2018年至今　浙江省建筑设计研究院

主要设计作品

杭州钱江世纪城初级中学
杭州市炮台实验学校及社会公共停车场
杭州良渚树兰医学中心
台州创新区中学
义乌市口腔医院
温岭市第一人民医院
之江实验室二期

童超超

职务：浙江省建筑设计研究院建筑创作中心
主创建筑师
职称：助理工程师

教育背景

2009年—2014年　中国美术学院建筑学学士

工作经历

2014年—2015年　杭州零壹城市建筑设计事务所
2016年—2019年　杭州光隙建筑设计事务所
2019年至今　浙江省建筑设计研究院

主要设计作品

安吉县山川乡高家堂村设计方案
荣获：2014年浙江省美丽宜居方案竞赛三等奖
之江实验室·AI莫干山基地
萧山风情园科创中心二期
之江实验室二期
岱山游泳馆

建筑设计行业诚信单位、浙江省勘察设计单位综合实力十强、浙江省首批工程总承包试点企业、浙江省职工职业道德建设标兵单位、浙江省文明单位、浙江省标准创新贡献奖等几十项省级以上荣誉称号。

ZIAD专家荟萃、大师云集。近年来ZIAD坚决以“建平台、出政策、强保障”为举措，深入构筑人才高地，大批行业人才集聚回归，发展的凝聚力、战斗力和创新活力不断提升。ZIAD现有在职职工1 000余人，其中有中国工程设计大师2名、浙江省工程勘察设计大师5名、享受国务院政府特殊津贴专家6名、省部级劳动模范4名、省部级有突出贡献中青年专家3名、当代中国百名建筑师2名、当代中国杰出工程师6名、中国青年建筑师奖获得者5名、浙江省“151人才”15名、教授级高级工程师82名、一级注册建筑师88名、一级注册结构工程师81名、注册城市规划师13名、其他各类注册人员百余名。

当前，全体ZIAD人正牢牢抓住我国建筑业转型升级新机遇，以市场为导向，以“做大规模、做优主业、做强实力”为目标，坚定确立了“巩固设计主业、两头延伸发展、多种经营并进”的发展思路，高举全面深化改革大旗，加快推动体制机制和工程技术向纵深发展，ZIAD品牌实力与行业影响力焕发出新的蓬勃生机。

ZIAD坐落于风景优美的杭州市西子湖畔，现有安吉路和紫金港两大院区。

阿里巴巴集团总部办公楼二期

Alibaba Group Headquarters Office Building Phase II

项目业主：阿里巴巴（中国）网络技术有限公司
建设地点：浙江 杭州
建筑功能：办公建筑
用地面积：93 120平方米
建筑面积：244 183平方米
设计时间：2014年
项目状态：在建
设计单位：浙江省建筑设计研究院
设计团队：姚之瑜、张瑾、朱余博

项目主体建筑包含5栋方形组合建筑，建筑外观简洁大方，设计充分考虑项目的地块条件和功能要求，突出开放、庄重和亲和特色，创造出高低起伏的外观形象。建筑平面布局以相互扭转的角度沿基地周边展开，建筑形体采用外高内低的手法，沿内侧中心庭院布置3~4层的建筑，营造出宜人的空间尺度。中央共享景观兼顾绿化、休闲、交流等多重功能，折线形的连廊将5栋楼联系在一起，极好地满足了业主的最大连通性和平面灵活性的功能要求，同时也形象地实现了设计概念中希望反映的企业文化和产业特征。幕墙采用明框系统，通过均匀的外墙材质及微妙的变化，形成纽带的意向，使建筑以饱满的体量和整体的气势连成整体，并在城市肌理凸显出来。

萧山科技创新中心

Xiaoshan Science and Technology Innovation Center

项目业主：杭州萧山国有资产投资有限公司
建设地点：浙江 杭州
建筑功能：科研、办公建筑
用地面积：69 741平方米
建筑面积：362 992平方米
设计时间：2013年
项目状态：在建
设计单位：浙江省建筑设计研究院
设计团队：姚之瑜、杨新辉、朱立俊、彭怡

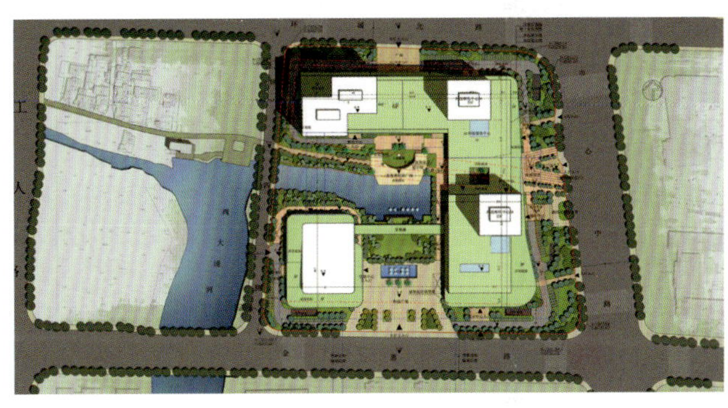

项目是一座集科技交流、科技展示、科技服务、孵化中心以及配套商业于一体的大型建筑综合体。主要建筑沿城市道路布局，既保持城市界面形象的完整性又方便对外联系。地块中间南北向为北海塘遗迹老塘路及沿路保留的部分西大浦河支流；科技交流中心与科技展示中心之间的围合空间为绿化空间。在造型和立面肌理的处理上由于裙房部分直接面向城市干道，因此设计结合功能、环境以及萧山历史文化等综合语汇，采用方整、大气、严谨的布局造型，又将钱江潮波澜起伏、灵动舒展的喻意环绕其间，创造出整齐而不呆板、丰富而不花哨的视觉效果。主体建筑部分采用典雅而精致的竖向线条为肌理与裙房产成视觉对比，形成和谐统一的设计效果。

上虞奥体中心

Shangyu Olympic Sports Center

项目业主：绍兴市上虞高铁新城建设投资有限公司
建设地点：浙江 绍兴
建筑功能：体育建筑
用地面积：211 300平方米
建筑面积：141 470平方米
设计时间：2013年—2018年
项目状态：建成
设计单位：浙江省建筑设计研究院
设计团队：许世文、裘云丹、郑叶路、俞乐伟、叶悦齐、周特峰

体育会展区作为高铁新城开发建设的一个“引擎”，肩负着使上虞市迈上一个新台阶的历史使命。设计理念从宏观角度出发，立意“潮起杭州湾”，隐喻从曹娥江奔向杭州湾的涌动浪潮。“涌动的时代浪潮”从北侧涌入体育会展区，慢慢向南汇入体育场以及整个体育会展区。主轴两侧的场馆就像堤岸上被河水冲刷过的礁石缓缓显现，表面上浮现闪闪的水珠，晶莹剔透。

设计分别从总图策略、体量构成策略、形式表现策略以及材料表现策略四个不同方面来传达设计意图。建筑师将“潮涌”作为设计元素加入到休憩集散广场中，塑造奔腾的浪花的文化景观，同时利用好滨江的景观优势。“和而不同”——在建筑物外观的设计中首先考虑的是一个整体，均采用流线型外观，呼应“潮涌”的主题，同时各场馆在统一中求变化，个性突出。

奉化体育馆

Fenghua District Stadium

项目业主：奉化文体局
建设地点：浙江 宁波
建筑功能：体育建筑
用地面积：27 971平方米
建筑面积：28 362平方米
设计时间：2011年
项目状态：建成
设计单位：浙江省建筑设计研究院
设计团队：裘云丹、郑叶路

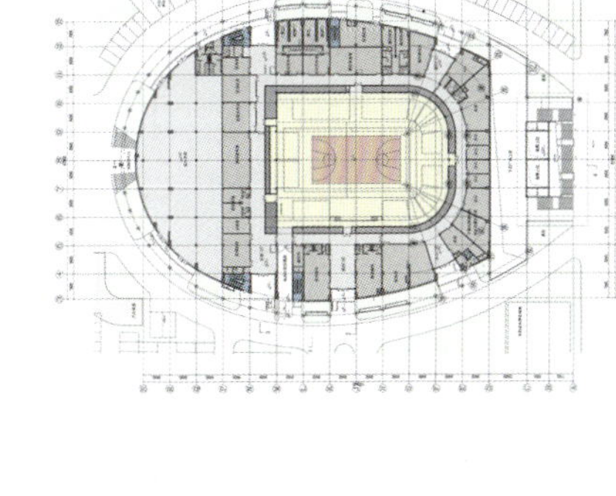

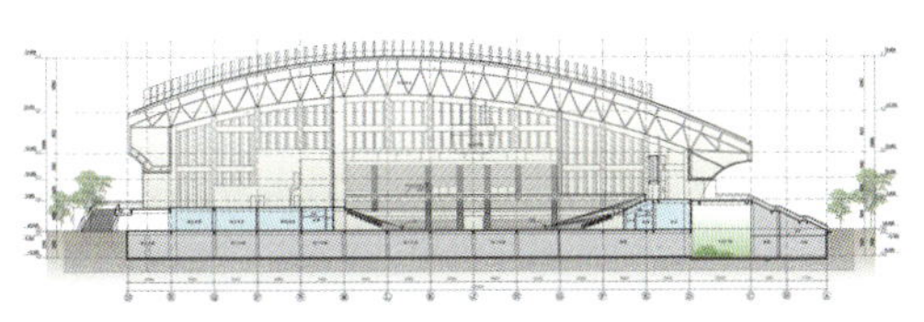

项目位于奉化市岳林街道，体育馆选用意寓为船桨的竖向垂直线条作为立面的主要肌理，各个面上均呈现出富有韵律的弧度，既体现了运动员拼搏奋斗的精神，又寓意奉化人民直面大海、敢于探索的精神。在平面布局上，注重建筑布局给运动员与观众带来使用的便捷性与空间感受的舒适性。

当代体育馆的发展，已经摆脱了单一的观赛功能，向开放、多功能和多元构成发展。建筑师在分割比赛用场馆和训练场馆的隔墙上设置了活动分隔，使得两个区域可分可合，满足了比赛、演出、会展等多种模式的要求。体育馆建成以来，已经成功举办了全国三人篮球锦标赛、中美篮球对抗赛、中国羽毛球俱乐部超级联赛、“桃文化节”等各类体育赛事及文化演出，成为了奉化市的标志性建筑和城市新名片。

浙江大学医学院附属口腔医院

Stomatological hospital affiliated to Medical College of Zhejiang University

项目业主：浙江大学医学院附属口腔医院
建设地点：浙江 杭州
建筑功能：医疗建筑
用地面积：8 787平方米
建筑面积：51 333平方米
设计时间：2016年
项目状态：在建
设计单位：浙江省建筑设计研究院
设计团队：陈志青、骆高俊、赵长青、毛淼、张健君

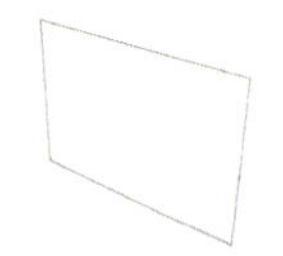

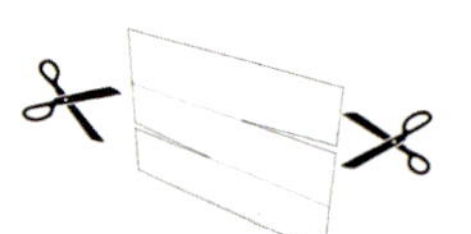

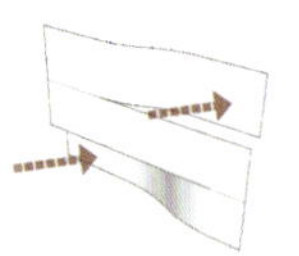

建筑顺应基地沿南北向呈矩形体量布置，一方面，严格控制与东侧现有建筑的间距；另一方面，在满足总体面积需求的前提下，拉伸长度以控制总体高度，并保证东侧住宅建筑的日照需求。

形态处理上，在有限的空间内，使北侧的高层部分与南侧的低层部分向西扭动，为北侧的高层与现有住宅之间获得更大间距，留出阳光射入的空间；而南侧低层的扭动则在东面道路与建筑体量间退让出充足的入口空间。面对高架，这样的扭动带来富有韵律的立面变化，为运动中的车流提供了有趣而律动的界面。

整体的竖向遮阳板，成为标志性的外立面特征，配合建筑形体的错动，随着观察者时间、位置的改变而使建筑立面产生流动性的光影变化。自然的形体流动、明快的色彩变化，既回应了场地周边的各项设计条件，又满足了项目本身的建筑形态需求。

太和县人民医院

Taihe County People's Hospital

项目业主：太和县重点工程建设管理局
建设地点：安徽 太和
建筑功能：医疗建筑
用地面积：139 368平方米
建筑面积：351 712平方米
设计时间：2017年
项目状态：在建
设计单位：浙江省建筑设计研究院
设计团队：陈志青、骆高俊、赵长青、毛淼、雷炜、陈珏、何彪、姚开明、吴望舒、吴杰

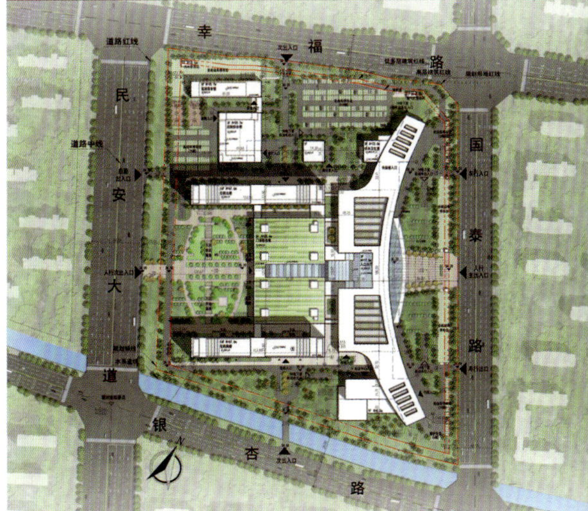

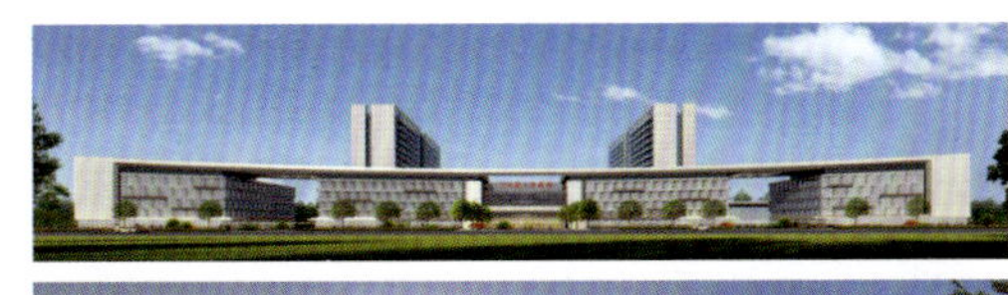

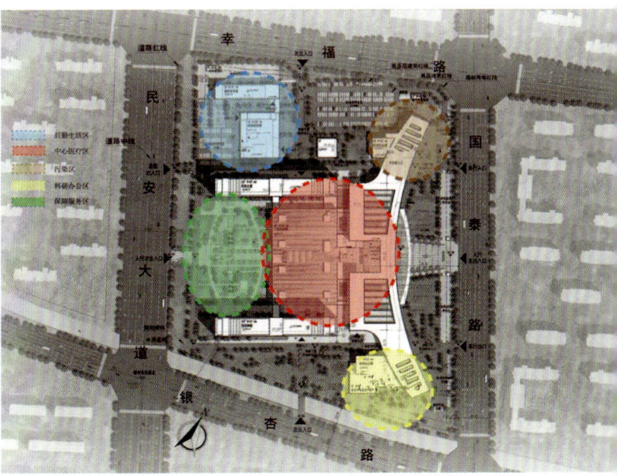

项目是一座超大型医疗综合体，主体建筑通过整体构架与两翼的附楼相连并沿横向展开，立面肌理采用连贯一致的设计元素，通过整体性极强的大尺度处理手法，构建出具有标志性的恢宏入口形象界面。同时，弧形环抱的立面姿态围合出极具气势而又不失亲和力的入口广场。病房主楼对称的处理体现出建筑整体端庄的气质，而楼体两侧遮阳板的变化，也展现了建筑规整中不失灵动的细节。

在功能布局方面，中心医疗区布置在用地中间，形成动静分区的空间布局。东侧弧形展开的建筑形态将城市景观引入医院，结合多个景观内院使建筑与景观融为一体，为医院创造良好的景观环境，也为患者营造舒适的休闲场所。

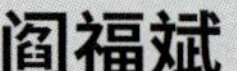

阎福斌

职务：中国中建设计集团有限公司
党委委员、副总经理、副总建筑师
华南区域总经理、总部设计三院院长
职称：高级建筑师
执业资格：国家一级注册建筑师

教育背景

1998年—2003年　沈阳建筑大学建筑学学士
2003年—2006年　沈阳建筑大学建筑学硕士
2004年—2005年　德国魏斯玛大学建筑学硕士研修

工作经历

2006年至今　中国中建设计集团有限公司

主要设计作品

辽宁省交通规划设计院长白岛科研中心
荣获：2011年中国建筑优秀工程勘察设计二等奖
沈阳九洲湾景汇
荣获：2013年全国优秀工程勘察设计三等奖
大杨镇湖畔新城复建点项目
荣获：2020年中国建筑优秀勘察设计三等奖
北京新机场南航基地生产运行保障设施
荣获：2020年中国建筑优秀勘察设计一等奖
2021年北京市优秀工程勘察设计二等奖
大源·紫檀文苑
荣获：2021年北京市优秀工程勘察设计三等奖
南泥湾学院会议中心EPC总承包

周飞

职务：中国中建设计集团有限公司副总建筑师
总部设计三院副院长
职称：高级建筑师
执业资格：国家一级注册建筑师

教育背景

1999年—2004年　厦门大学建筑学学士
2004年—2007年　厦门大学建筑学硕士

工作经历

2007年至今　中国中建设计集团有限公司

主要设计作品

辽宁朝阳技术学校
荣获：2011年中国建筑优秀勘察设计二等奖
沈阳九洲湾景汇
荣获：2013年全国优秀工程勘察设计三等奖
北京新机场南航基地生产运行保障设施
荣获：2020年中国建筑优秀勘察设计一等奖
2021年北京市优秀工程勘察设计二等奖
辽宁营口高新区科技大厦
青海坎布拉酒店
内蒙古赤峰二道井子遗址博物馆

周亮

职务：中国中建设计集团有限公司总部设计三院副院长
职称：高级建筑师

教育背景

2000年—2005年　北京交通大学建筑学学士

工作经历

2005年—2014年　中国中建设计集团有限公司西北院
2014年至今　中国中建设计集团有限公司

主要设计作品

北京新机场南航基地生产运行保障设施
荣获：2020年中国建筑优秀勘察设计一等奖
2021年北京市优秀工程勘察设计二等奖
晋城市图书馆、文化馆、档案馆
荣获：中建设计集团优秀建筑方案设计二等奖
山东大源·枫香小镇
夏县人民医院
稷山县人民医院

中国中建设计集团有限公司（以下简称：中建设计集团），隶属于中国建筑集团有限公司（以下简称：中国建筑），是国内专业最全、规模最大的国有甲级建筑企业之一。

中建设计集团认真贯彻“创新、协调、绿色、开放、共享”五大发展理念，坚持推进“横向多元化，纵向一体化”的发展战略，全力打造“规划设计、风景园林、建筑设计、文化旅游、基础设施、装饰设计”六大业务类型，以“全过程咨询、工程总承包、设计总包”三大项目管理模式为客户提供一体化解决方案，以匠心品质为客户创造价值。

中建设计集团坚持以“厚知健行、内圣外强”的企业文化为精神引领，持之以恒地肩负起“拓展幸福空间”的企业使命，坚定不移地奉行“品质保障价值创造”的核心价值观，深入践行“智造幸福”的企业宗旨，倾力打造国际化科技型工程设计咨询企业集团，助力中国建筑创建世界一流示范企业。一路走来，中建设计集团赢得了客户的认同、同行的尊敬、社会的尊重。

地址：北京海淀区三里河路15号
中建大厦B座5层
电话：010-88083900
传真：010-88083588
网址：www.ccdg.cscec.com
电子邮箱：jzyczx@126.com

北京新机场南航基地生产运行保障设施

Beijing New Airport China Southern Airlines Base Production and Operation Support Facilities

项目业主：中国南方航空股份有限公司
建设地点：北京
建筑功能：办公建筑
用地面积：88 569平方米
建筑面积：364 543平方米
设计时间：2017年—2019年
项目状态：建成
设计单位：中国中建设计集团有限公司
主创设计：施宏、赵中宇、薛峰、阎福斌、唐一文、陈宁、沈冠杰、杨瑞、薛晓荣、刘颐、王铭帅、孙路军、魏鹏飞、满孝新、韩占强

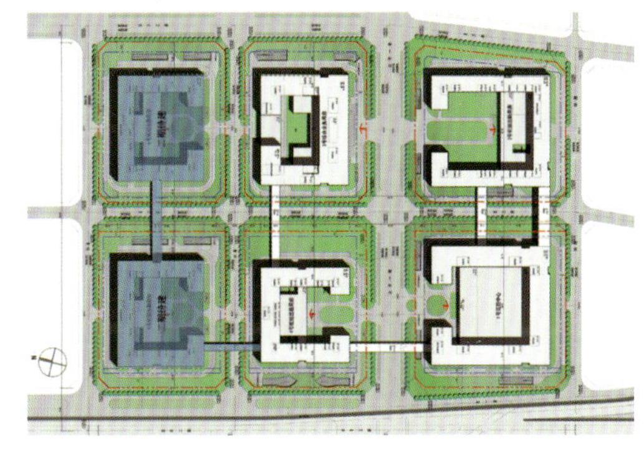

总平面图

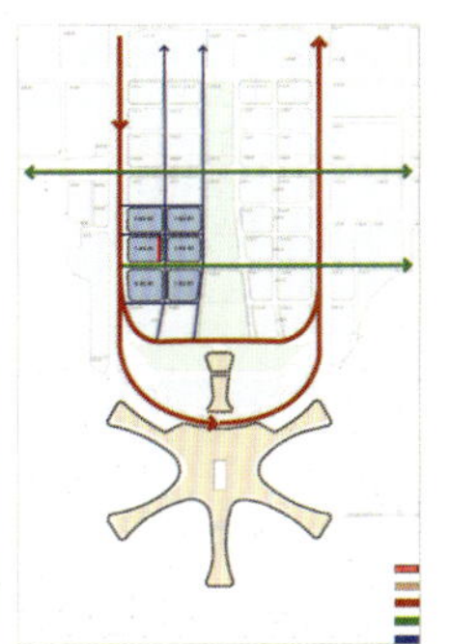

交通分析图

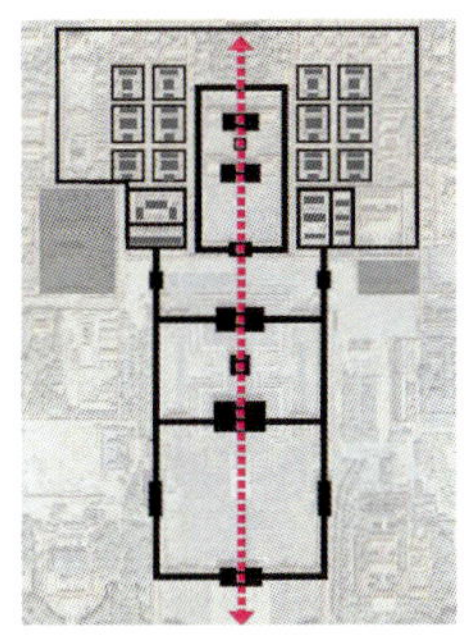
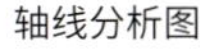
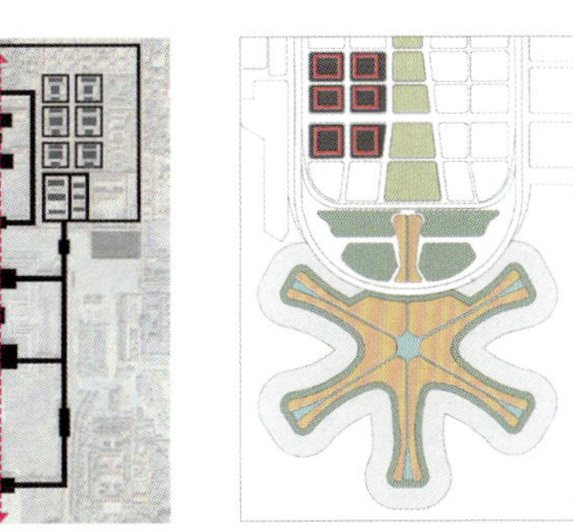
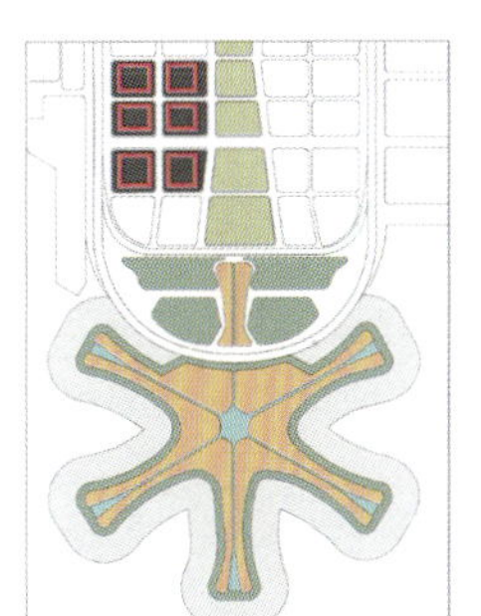

轴线分析图

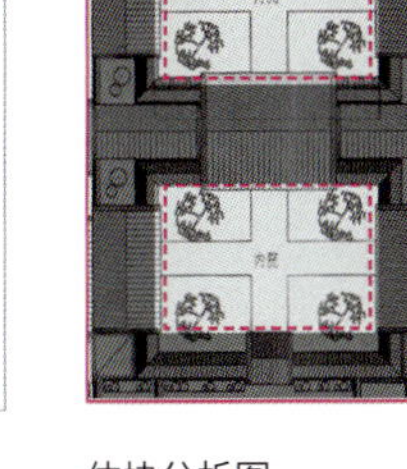
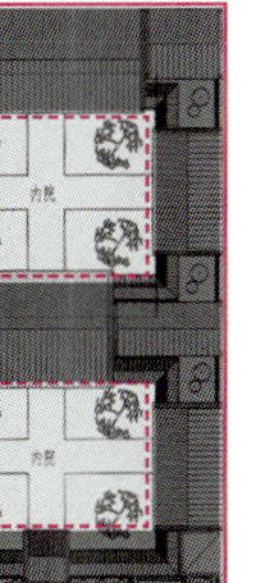
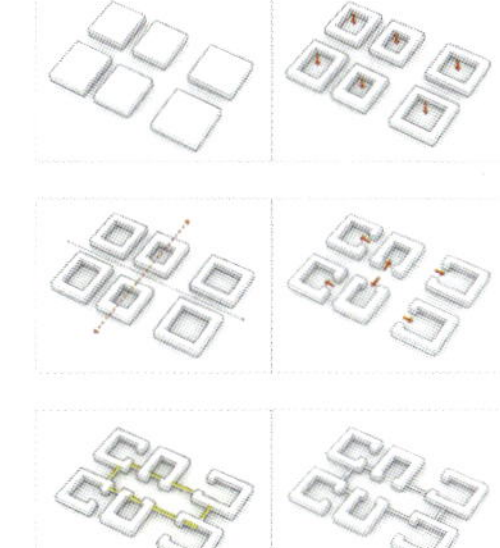
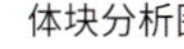

体块分析图

中国南方航空
CHINA SOUTHERN

项目位于北京市大兴国际机场红线范围内，由6栋单体建筑组成，分别是1号运控中心、2号机组出勤用房、3号综合业务用房、4号机组过夜用房、5号和6号机组出勤用房。

在机场主航站楼和绿轴的秩序控制下，南航基地的规划以6个围合体为设计原型，形成严整的城市界面，强化城市轴线与生态绿化互相融合。建筑形态上，以方正的空中合院强化城市秩序，以严谨的建筑群体展现企业风采，并用空中环廊联为一体，以宏大典雅的群体形象与北京新机场相得益彰，形成独具创新精神的空中合院，营造符合大型国有航空企业的现代办公总部。

整体设计以高效的运行服务保障业务流程为根本，打造国际一流的一站式飞行运行及保障服务办公建筑。项目的建成，实现了南航“广州—北京”双枢纽的战略布局，对大兴国际机场工程整体建设具有重要意义，为机场顺利通航打下坚实基础。

大源·紫檀文苑

Dayuan Rosewood Literature Garden

项目业主：山东大源置业有限公司
建设地点：山东 诸城
建筑功能：居住建筑
用地面积：89 300平方米
建筑面积：345 249平方米
设计时间：2015年—2017年
项目状态：建成
设计单位：中国中建设计集团有限公司
主创设计：阎福斌、周飞、舒振兴、马翠英、陈宁、韩波、贾业、徐骁、陈浩然、丛琳、王铭帅、曹瑞军、黄毅、杨晓帆、律海波

项目位于诸城市区中部，西至府前街，北邻舜华园小区，南为文化路，东临东关大街。地势东高西低，基地内现状主要为宅基地。规划住宅20栋及配套沿街商业，设计规划布局为“两轴、一心、三组团”的格局。

用地分为三个组团：西南侧沿街水域景观组团、中部园林绿地景观组团、东侧回迁区园景组团。各组团通过南北向中心主轴与东西向次轴进行串联组织；中心景观节点与各入口空间节点点缀其间，使得整体布局紧凑连续，变化丰富。项目最大限度地营造室外景观绿化空间，借助周边成熟的配套教育功能，实现“谧林隐学府，书香润大宅”的宗旨。

合肥市董大水库水源保护区大杨镇湖畔新城复建点项目

Dongda Reservoir Water Source Protection Area, Dayang Town Lake New Town Reconstruction Point Project, Hefei

项目业主：合肥市新农村建设有限公司
建设地点：安徽 合肥
建筑功能：居住建筑
用地面积：226 200平方米
建筑面积：563 400平方米
设计时间：2014年—2015年
项目状态：建成
设计单位：中国中建设计集团有限公司
主创设计：赵中宇、郭海山、满孝新、阎福斌、周飞、舒振兴、陈宁、薛晓荣、马翠英、张世宪、刘康、李悦、蒋永明、刘妍君

合肥市董大水库水源保护区大杨镇湖畔新城复建点项目位于合肥市庐阳区，性质为政府回迁房，共30栋楼和4个地下车库，楼层高为20~33层。项目采用预制装配整体式剪力墙结构，预制构件包括：预制夹芯保温外墙板、预制叠合阳台、预制空调板、预制楼梯和预制防火隔墙板，标准层预制装配率在50%左右。

项目主要应用了两项创新技术，分别是多连梁剪力墙板和楼梯间防火隔墙板，是目前国内最大的装配式住宅项目。

杨宇滨

职务：清华大学建筑设计研究院有限公司简盟工作室副主任、合伙人
职称：高级工程师
执业资格：国家一级注册建筑师

教育背景

1988年—1993年　清华大学建筑学学士

工作经历

1993年—2005年　中外建工程设计与顾问有限公司
2005年—2015年　北京清华同衡规划设计研究院有限公司
2015年至今　清华大学建筑设计研究院有限公司

主要设计作品

唐山丰南行政中心（政府大楼、国税大楼、地税财政大楼等）
唐山丰南剧院及文化馆、图书档案规划馆、广播电视中心
唐山滦南行政中心
宁波和丰创意广场
荣获：2013年全国优秀工程勘察设计三等奖
2013年中国建筑设计奖（建筑创作）银奖
2013年教育部优秀建筑工程设计二等奖
顺鑫国际商务中心GBD二期
北京2022年冬奥会和冬残奥会张家口赛区太子城冰雪小镇修建性详细规划及重点地段详细城市设计
荣获：2019年北京市优秀城乡规划二等奖
北京2022年冬奥会和冬残奥会张家口赛区运动员村
荣获：2019年单位优秀方案创作一等奖
北京2022年冬奥会和冬残奥会张家口赛区古杨树公园总体规划
北京2022年冬奥会和冬残奥会张家口赛区冰玉环和山地技术官员酒店
北京2022年冬奥会和冬残奥会张家口赛区各场馆群赛时临时建筑与设施规划设计
北京2022年冬奥会和冬残奥会北京赛区首钢场馆群赛时临时建筑与设施规划设计
首都儿科研究所附属儿童医院通州院区
荣获：2020中国医疗建筑设计年度优秀项目
2021年第五届“中国医院建设匠心奖”
海淀三山五园艺术中心

清华大学建筑设计研究院有限公司
ARCHITECTURAL DESIGN & RESEARCH INSTITUTE OF TSINGHUA UNIVERSITY CO., LTD.

清华大学建筑设计研究院成立于1958年，为国内知名建筑设计机构，2011年1月改制为清华大学建筑设计研究院有限公司（THAD），2011年11月，被认定为北京市“高新技术企业”。

THAD2011年被中国勘察设计协会审定为“全国建筑设计行业诚信单位”，2012年被中国建筑学会评为“当 代中国建筑设计百家名院”，2013年被中国勘察设计协会评为“全国勘察设计行业创新型优秀企业”。

THAD现有员工1 300余人，包括中国科学院和中国工程院院士6人、勘察设计大师3人、国家一级注册建筑师202人、一级注册结构工程师72人、注册公用设备工程师37人、注册电气工程师14人。有9个综合设计分院、8个专项设计分院，以及以教师创作为特色的创新设计分院及3个教师工作室和4个院级研究中心。

成立至今，THAD始终严把质量关，秉承“精心设计、创作精品、超越自我、创建一流”的奋斗目标，热诚地为国内外社会各界提供优质的设计和服务。THAD的队伍是年轻和充满活力的，如果说建筑是一座城市的文化标签，THAD的建筑师将用流畅的线条勾勒它，用灵魂的笔触描绘它，用迸发的激情演绎它，目的只有一个——让世界更加美好。

TeamMinus｜简盟工作室

简盟工作室成立于1999年，早期只是一个设计研究室，于2004年正式注册后成为一个独立的专业事务所，目前有50余位成员。

自2005年起，简盟工作室参与了全国各地一系列具有影响力并富于挑战性的项目，其中的一些项目获得了国内和国际的关注。这些项目从大型事件类建筑，如全国花博会的主场馆（2009年）和上海世博会中国馆屋顶花园（2010年），到大型综合性城市公共建筑，如宁波和丰创意广场（2008年—2012年），再到社区文化类建筑，如金昌文化中心（2008年）和嘉那嘛呢游客到访中心（2013年）等作品。

简盟工作室的所有工作都有一个基本的诉求，即对中国的另一种现代性的探寻。目睹中国快速的城市化进程，简盟设计事务所对传入中国的现代性提出质疑，认为在建筑创作过程中的实证主义与技术至尚主义异化着中国城市与建筑。

地址：北京市海淀区中关村东路八号东升大厦
电话：010-62569548
传真：010-62564046
网址：www.teamminus.com
电子邮箱：master@teamminus.com

首都儿科研究所附属儿童医院通州院区

Tongzhou District, Children's Hospital Affiliated to Capital Institute of Pediatrics

项目业主：首都儿科研究所附属儿童医院
建设地点：北京
建筑功能：医疗建筑
用地面积：109 000平方米
建筑面积：188 000平方米
设计时间：2020年—2022年
项目状态：方案
设计单位：清华大学建筑设计研究院有限公司
主创设计：刘玉龙、杨宇滨、张铭琦
参与设计：蒙先荣、贾若天、李振华、吴建豪、李月明

首都儿科研究所附属儿童医院成立于1986年，是集医疗、教学、科研、预防、保健于一体的三级甲等儿童专科医院。通州院区规划床位1 000张，建设内容为门诊、急诊、医技、住院、儿童保健、科研、教学、行政办公、康愈花园等功能。

项目设计尊重历史文脉，构建宜人高效的城市空间，满足北京城市副中心蓝绿交织、城景交融、文化传承、舒缓宜人的城市设计总体要求，以“打造以儿童健康为中心的当代儿童医院建设典范”为建设目标，把关注儿童健康放在首位，对标国际一流儿童医院，并结合自身优势，争创国家级儿童医学中心、儿童研究中心、儿童保健及指导中心。此次设计在城市空间、儿童特色塑造、卓越医疗中心、平疫结合、康愈花园、技术应用等方面做了大量的探索，为未来我国儿童医院的建设提供了有益指导。

北京2022年冬奥会和冬残奥会张家口赛区运动员村

Athletes' Village in Zhangjiakou Competition Area of 2022 Beijing Winter Olympic Games and Winter Paralympic Games

项目业主：张家口奥体建设开发有限公司
建设地点：河北 张家口
建筑功能：商业、公寓建筑
用地面积：197 600平方米
建筑面积：238 000平方米
设计时间：2018年—2020年
项目状态：在建
设计单位：清华大学建筑设计研究院有限公司
主创设计：张利、杨宇滨、张铭琦
参与设计：于立方、钟善、杨慧明、李月明、赵彬、阎梓寒

北京2022年冬奥会和冬残奥会分为北京、延庆、张家口三个赛区，北京赛区是承担冰上项目的城市赛区，延庆赛区和张家口赛区是承担雪上项目的山地赛区。

张家口赛区运动员村是张家口赛区规模最大的场馆，位于太子城冰雪小镇组团内，距离太子城高铁站1千米，距离京礼高速棋盘梁服务区1.5千米，西侧与太子城遗址公园毗邻。永久建筑总建筑面积为238 000平方米，其中地下面积为103 000平方米，地上面积为135 000平方米，共10个组团，31栋楼。运动员村作为各个国家和地区运动员、教练员及代表团成员的主要居住地，承担着全部冬奥会和冬残奥会运动员、官员在住宿、餐饮、娱乐、休闲等方面的服务工作，也是各国和各地区运动员集中举行国际交流和联欢活动的场所。

运动员村设计采用“尊重自然、集约资源、国际标准、地方特点”的理念，遵循与地形和环境有机结合的根本思路，规划上采用化整为零的组团式布局，建筑单体以3~4层小体量建筑为主，打造中国北方山地风格的冬奥会村，保持山谷自然风貌。

运动员村户型以适应全季候山地度假特色的户型为主，户型大小适中，厨房、餐厅、卫生间、洗浴室、客厅、卧室等功能都有配备，赛时为运动员提供温馨舒适的居住环境，赛后作为滑雪公寓使用。房间内以明亮的浅色调为主，墙面选用暖白色耐擦洗壁纸，地面选用原木色地板，材料生态环保。

运动员村场地中心设置下沉广场，不但营造出一个休闲娱乐的交流空间，而且有利于实现地下空间的自然通风与采光，降低建筑能耗。

宁波和丰创意广场

Ningbo Hefeng Creative Plaza

项目业主：宁波市工业设计投资发展有限公司
建设地点：浙江 宁波
建筑功能：酒店、商业、办公、公寓建筑
用地面积：100 000平方米
建筑面积：340 000 平方米
设计时间：2007年—2010年
项目状态：建成
设计单位：北京华清安地建筑设计事务所有限公司
主创设计：张利、杨宇滨、张铭琦、郭晓辉
参与设计：郝阳、余知衡、王雨锋、张玲梅、董铁鑫、卓然

项目是宁波市重点工程，位于宁波市江东区甬江东南岸滨江区。设计以展现现代工业设计及文化创意为主题，项目建成后形成了集工业设计、文化创意产业及知识型服务业为一体的集聚地，营造出了具有专业化、社会化、市场化、高效率的工业及文化氛围的城市环境。项目结合周边众多的工业遗产形成了以休闲、娱乐、展览、商业、创意产业办公为主的宁波市滨江“工业遗产走廊”，促进了宁波及整个长三角地区制造业向产业链上游移动，使自身成为宁波市的重要城市品牌之一。

建筑师在充分考察和研究了伦敦、巴黎、纽约、上海这几个拥有悠久历史的依水而建的世界著名城市的滨水空间后，确立了创建垂直于江面的梳状群板的主体造型方案。综合考虑群体效果、空间节奏、楼座容量等因素，将建筑主体设计成5幢19层板楼沿江垂直排布，建筑高度控制在85米以内。北侧4幢板楼功能为商务办公；南侧一幢板楼为园区配套，包括酒店、会议、展示、管理等功能。面向城市一侧布置4层裙房，功能为商业、办公等；面向江面一侧设置退台建筑，功能为休闲、商业、办公，充分体现滨水建筑的特点。

杨文禄

职务：四川宏基原创建筑设计有限公司总经理、执行总建筑师
职称：工程师

教育背景
2002年—2007年　西华大学建筑学学士

工作经历
2007年至今　四川宏基原创建筑设计有限公司

主要设计作品
德阳市旌阳区中医院门诊住院综合大楼
新疆北屯市引水入城商业步行街
中江蓝图名门小区
德阳市紫金山幼儿园
成都金堂通航机务区
成都市龙腾集团商业综合体
德阳市云镜悦府
德阳市第五人民医院门诊楼

张方果

职务：四川宏基原创建筑设计有限公司方案创作中心设计总监
职称：工程师

教育背景
2002年—2007年　辽宁科技大学建筑学学士

工作经历
2007年至今　四川宏基原创建筑设计有限公司

主要设计作品
德阳市东汽小学
荣获：2013年四川省工程勘察设计“四优”二等奖
德阳市金沙江路学校
德阳市罗江区人民医院传染病区
成都双流区建筑垃圾资源化利用示范基地
文泰·蔚蓝半岛

四川宏基原创建筑设计有限公司
SICHUAN HONJEE INVENTION ARCHITECTURE DESIGN CO.,LTD

四川宏基原创建筑设计有限公司成立于1993年5月，随着公司的发展成立了成都、德阳双总部及若干分公司，下设子公司德阳市四维公路工程咨询监理有限责任公司。公司具有建筑行业（建筑工程）设计甲级、房屋建筑工程监理甲级、市政公用工程监理甲级、市政行业（燃气工程、轨道交通工程除外）设计乙级、风景园林工程设计专项乙级、城乡规划编制乙级、公路工程监理乙级以及人民防空工程建设监理丙级等资质。

公司现为四川省勘察设计协会理事单位、四川省人民防空协会会员单位、德阳市勘察设计协会理事长单位、德阳市城乡规划协会会长单位等。公司曾多次被评为省市勘察设计先进单位，荣获“四川省诚信守法企业”称号，同时也是四川省工程总承包首批试点企业。

公司拥有一批优专业技术人才和设计精英，技术人员涵盖建筑、结构、给排水、电气、暖通、市政、园林、规划、岩土、绿建、BIM、概预算、工程咨询、项目管理、工程监理等专业，为业主提供规划、设计、监理、项目管理、工程咨询等建设项目的全过程咨询服务以及EPC设计施工总承包等与建设相关的各种服务。

公司自成立以来已完成几千项设计、监理项目，覆盖了各类公共建筑、商业建筑、工业厂房、住宅设计、市政设计及规划设计等范围，多次荣获省市级规划设计、监理、工程总承包的各类奖项。

公司以“优质、守信、高效”为服务宗旨，自成立以来，通过自身不断的努力，以创新的经营理念、精心的设计以及优质的服务赢得客户嘉许和市场认可，为公司持续的技术创新、不断地拓展市场，奠定了坚实而可靠的基础。

公司经过了近30年的发展征程，取得了点滴成绩，但面向未来，面对国家战略以及发展需求，公司将在不断加强内部技术力量和提高设计能力的前提下永不停歇向上攀登的脚步。四川宏基原创建筑设计有限公司将由一个单纯的建筑设计企业成长为能向不同业主提供勘察设计、工程监理、工程总承包、工程咨询等建设工程全过程服务的综合服务商。

“路漫漫其修远兮，吾将上下而求索”，四川宏基原创建筑设计有限公司将继续秉承“优质、守信、高效”服务理念，携手全社会的有识之士，为实现中华民族的伟大复兴贡献一个企业的微薄力量。

地址：成都市成华区东华一路47号
电话：028-83348750
传真：028-83348750

地址：德阳市镇江街18号
电话：0838-2901822
传真：0838-2901822

网址：www.宏基原创.cn
电子邮箱：hjyc@vip.163.com

成都市龙腾集团商业综合体

Chengdu Longteng Group Commercial Complex

项目业主：龙腾集团
建设地点：四川 成都
建筑功能：城市综合体
用地面积：17 862平方米
建筑面积：94 221平方米
设计时间：2019年
项目状态：竞标方案
设计单位：四川宏基原创建筑设计有限公司
主创设计：杨文禄、冯林、谭立、陈辉

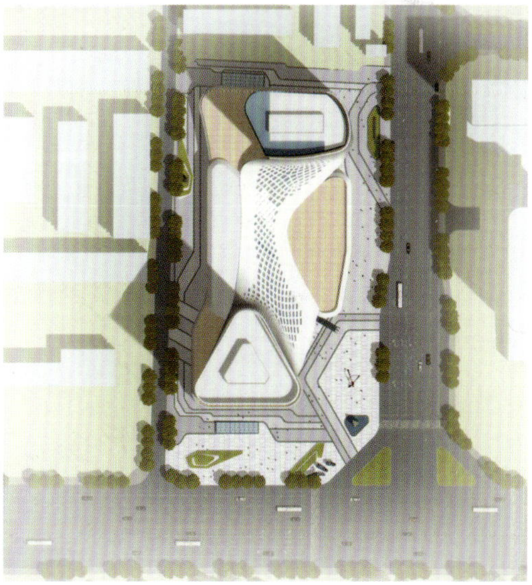

项目位于成都市成华区，是一座集商业、酒店、办公等建筑功能于一体的城市综合体。设计以极具自然元素的体验式特色商业街区作为产品设计指导思路，同时考虑到商业自持产品后期经营的可持续性以及同周边商业的差异化。商业产品业态规划将以学生、亲子、年轻人作为主要的目标消费群体，利用项目山水洞天元素的商业景观氛围等元素，满足不同人群的消费需求。

整体业态复核设计，利用购物消费不同需求结合楼层高差形成纵向交通消费流线，同时利用商业部分细节位置打造网红IP，增加流量，更可以利用个性化标签，在后期商业运营中利用商业内街空间开展不同节点的营销活动。

德阳市旌阳区中医院门诊住院综合大楼

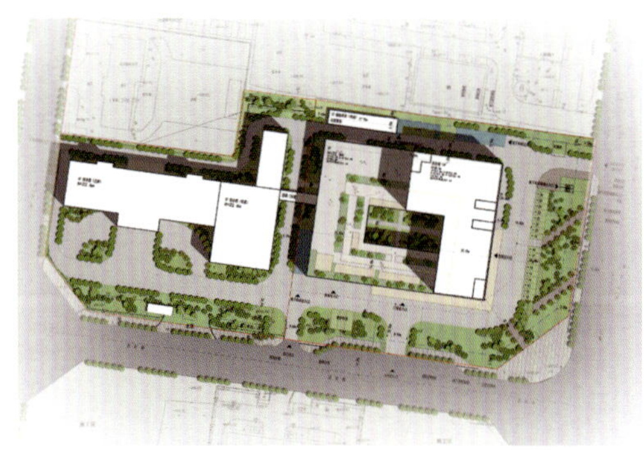

Deyang Jingyang District Traditional Chinese Medicine Hospital Outpatient and Inpatient Complex Building

项目业主：德阳市中医院
建设地点：四川 德阳
建筑功能：医疗建筑
用地面积：10 496平方米
建筑面积：42 832平方米
设计时间：2018年
项目状态：建成
设计单位：四川宏基原创建筑设计有限公司
主创设计：杨文禄、冯林、谭立

项目位于德阳市旌阳区，新建医院为三级乙等中医医院综合楼及相关配套建筑，主要包括急诊部、门诊部、住院部、医技科室、保障系统、行政办公、院内生活服务等。

设计指导思想从五个方面考虑：(1) 各功能区域满足医院功能要求及相关规范；(2) 平面布局洁污分区、洁污分流、运行便捷，管线经济合理；(3) 以人为本，为病人、家属、医护人员和管理人员提供优良的室内空间环境；(4) 环保节能，重视建筑节能，充分利用自然通风和天然采光，采用环保材料及节能技术措施；(5) 作为现代化的中医院，建筑形态上符合“现代、高效、生态、安全、环保”的设计理念。

德阳市紫金山幼儿园

Deyang Zijinshan Kindergarten

项目业主：德阳市教育局
建设地点：四川德阳
建筑功能：教育建筑
用地面积：8 585平方米
建筑面积：6 298平方米
设计时间：2020年
项目状态：在建
设计单位：四川宏基原创建筑设计有限公司
主创设计：杨文禄、钟一苇、曾芳

项目位于德阳新城孝感区，教学规模为15个幼儿班。

设计结合幼儿园单元式建筑空间组合的特征和小比例与小尺度的亲切体量感，采用幼儿建筑主流的连廊联系生活单元的布局方式，意在用路路相通、自由串联的连续空间衔接室内空间、过渡室内与室外空间，让孩子与建筑直接对话。

幼儿园呈枝叶状布局，置身于园内环境绿地、园外公共绿地以及周边林田，并与之交相辉映，让孩子们与自然直接对话。同时，个性独立的建筑使人产生共鸣。以枝为廊，以叶作舍，连续形成的空间如无形的源泉，所有的旋律流向它们所必须通过的地方，超越时间，无限延伸。

德阳市东汽小学

Deyang Dongqi Primary School

项目业主：德阳市东汽小学灾后重建项目
建设地点：四川 德阳
建筑功能：教育建筑
用地面积：38 667平方米
建筑面积：14 774平方米
设计时间：2008年
项目状态：建成
设计单位：四川宏基原创建筑设计有限公司
主创设计：张方果、李强

项目位于德阳市经济技术开发区，新建小学30个班、幼儿园6个班。

校园设计新颖、经济适用、具有现代风格特点，做到了建筑、人与自然的和谐统一。空间组织上，学科交叉文理渗透，建筑群以室内或室外通廊连成一个整体，使交通流线成为师生交流的场所。建筑群空间内外交融，丰富了师生的校园生活，增加了多重的交流空间。设计采取节能技术和节能材料，充分考虑节能的要求，强调可持续性发展。配套设施现代化、智能化，在充分保证一般重复性教学建筑应有的建筑质量的基础上，加强校园标志性建筑的表达。

德阳市罗江区人民医院传染病区

Infectious Disease Area of Deyang Luojiang District People's Hospital

项目业主：德阳市罗江区人民医院
建设地点：四川 德阳
建筑功能：医疗建筑
用地面积：13 334平方米
建筑面积：11 288平方米
设计时间：2020年
项目状态：在建
设计单位：四川宏基原创建筑设计有限公司
主创设计：张方果、谭立

项目位于德阳市罗江区金山镇，新建的传染病区包括门诊部、住院部、医技科室、保障系统、行政办公建筑功能。

设计指导思想。

（1） 两地块同时作为普通医院使用，疫情期间作为传染病医院使用。

（2） 用地周边均为绿地，西南侧有黄水河流经，环境优美，有发展为高标准医院的优势。

（3） 高品质、多元化、亲近自然的一座现代化医养结合的医院。

（4） 为后期疗养院预留用地，结合前期医院形成真正意义上的可持续发展。

（5） “平战结合”，实现“平”可统筹作为经济开发区二级综合医疗机构使用，“战”可相互封闭独立运营，分别按照疫情期间的普通医疗机构和传染病区使用。

（6） 满足区域10万常住人口就医需求，后期运营中将发展成为有专科特色的医疗机构。

杨昕

职务：大连市建筑设计研究院有限公司
常务副总建筑师
杨昕建筑方案创意工作室主任
职称：教授研究员级高级工程师
执业资格：国家一级注册建筑师

教育背景

1988年—1992年　沈阳建筑工程学院建筑学学士
2011年—2013年　大连理工大学建筑学硕士

工作经历

1992年—1993年　大连市建筑科学研究设计院
1993年—1996年　深圳三木子设计技术有限公司
1996年至今　大连市建筑设计研究院有限公司

个人荣誉

辽宁省工程设计大师
辽宁省建设工程评标专家
2008年大连市优秀勘察设计师
2009年辽宁省优秀青年建筑师
2012年国家优质工程先进个人
2013年中国青年建筑师奖

主要设计作品

辽宁友谊会议中心
荣获：2003年大连市优秀工程勘察设计一等奖
中共中央党校总体规划
荣获：2003年大连市优秀规划设计一等奖
大连人民广场总体环境改造
荣获：2003年大连市优秀规划设计一等奖
大连人民广场总体环境改造
荣获：2004年辽宁省优秀工程勘察设计三等奖
河南发展大厦
荣获：2007年大连市工程设计技术创新奖
2008年辽宁省优秀工程勘察设计三等奖
2009年全国民营工程设计华彩奖银奖
2010年全国优秀工程勘察设计三等奖
烟台喜来登大酒店
荣获：2012年全国工程建设项目优秀设计成果二等奖
2012年辽宁省优秀工程勘察设计二等奖
沈阳铁西万达广场
荣获：2012年辽宁省优秀工程勘察设计三等奖
沈阳奥体万达广场A6六星级酒店工程
荣获：2014年全国工程建设项目优秀设计成果二等奖
沈阳奥体万达广场
荣获：2016年辽宁省优秀工程勘察设计二等奖
大连航运交易市场南侧地块改造
荣获：2016年辽宁省优秀工程勘察设计三等奖

杜聿春

职务：大连市建筑设计研究院有限公司
杨昕建筑方案创意工作室副主任
职称：高级工程师
执业资格：国家一级注册建筑师

教育背景

1999年—2004年　大连理工大学建筑学学士

工作经历

2004年至今　大连市建筑设计研究院有限公司

主要设计作品

大连国际会议中心
荣获：2014年中国建筑学会建筑创作银奖
2015年全国优秀工程勘察设计一等奖
青岛万达东方影都酒店群项目六星级酒店
荣获：2021年辽宁省优秀工程勘察设计一等奖

杨昕建筑方案创意工作室是隶属于大连市建筑设计研究院有限公司的建筑设计工作室，是一支高素质、年轻化、富有战斗力的设计团队。依托大连市建筑设计研究院有限公司雄厚的技术支持，工作室所接项目常具有一定挑战性，设计质量管理严格，竭诚地为甲方服务。工作室以建筑方案创作为主，承接以商业、文化旅游、酒店、别墅及精品住宅为主的设计项目，同时承接新型工业园区项目，并在项目创作中对建筑市场进行细分，力求做细做精，走专业化道路。工作室富有活力，鼓励个人和公司同步发展，在设计中强调理论与实践相结合、研究与创新共发展，工作室以创作高标准、高品质的建筑为目标。

地址：大连市西岗区胜利路102号
电话：13390016971
传真：0411-84317216
网址：www.dlad.com.cn
电子邮箱：yangxinstudio@163.com

航海时代文旅城概念规划及方案设计

Cultural Tourism City in the Era of Navigation Conceptual Planning and Scheme Design

项目业主：大连大白鲸置业有限公司
建设地点：辽宁 大连
建筑功能：文旅建筑
用地面积：800 000平方米
建筑面积：500 000平方米
设计时间：2021年
项目状态：在建
设计单位：大连市建筑设计研究院有限公司杨昕建筑方案创意工作室
主创设计：杨昕、杜聿春、鲁续

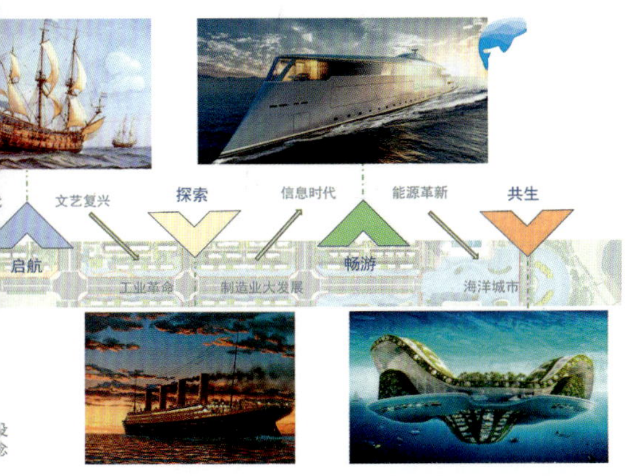

项目位于国家AAAAA级旅游度假区——大连金石滩，项目由9块建设场地中轴线形成情景文博商街，以人类探索海洋的发展为轴，依时代变革形成起源海洋、探索海洋、畅游海洋、未来海洋的多个节点文博商街，串联起水族馆、极地馆、研学基地、酒店、民宿酒店等多个功能区块，形成以航海时代为母题的文旅城。设计旨在形成全年龄、全体验、全互动、全时段的文旅消费项目。

旅顺足球小镇

Lushun Football Town

项目业主：大连足球小镇产业发展有限公司
建设地点：辽宁 大连
建筑功能：文体建筑
用地面积：102 000平方米
建筑面积：102 000平方米
设计时间：2019年
项目状态：方案
设计单位：大连市建筑设计研究院有限公司杨昕建筑方案创意工作室
主创设计：杨昕、杜聿春、鲁续

项目位于大连市，项目创作伊始即充满了足球的情结。设计结合A、B、C三个地块的功能要求——体育创业、文化展示、对外运营，以莫比乌斯环的空间形式将各自的使用功能串联起来，隐喻文化、产业、价值之间生生不息、无尽循环的设计理念。

设计手法上，用写意化的形态和业态动线，将枯燥的通行变为有趣且独特的空间感知、艺术欣赏过程，动静分区的同时最大限度地增加了商业动线的长度。地面海洋抽象的曲线与建筑的挺拔线条形成动静、虚实对比，将人与自然、传统与艺术自由连通，刚劲的建筑线条与运动精神相呼应，以博返约，以简驭繁。

开原市咸达学校

Kaiyuan Xianda School

项目业主：开原市咸达学校
建设地点：辽宁 铁岭
建筑功能：教育建筑
用地面积：90 000平方米
建筑面积：60 000平方米
设计时间：2017年
项目状态：在建
设计单位：大连市建筑设计研究院有限公司杨昕建筑方案创意工作室
主创设计：杨昕、杜聿春、鲁续

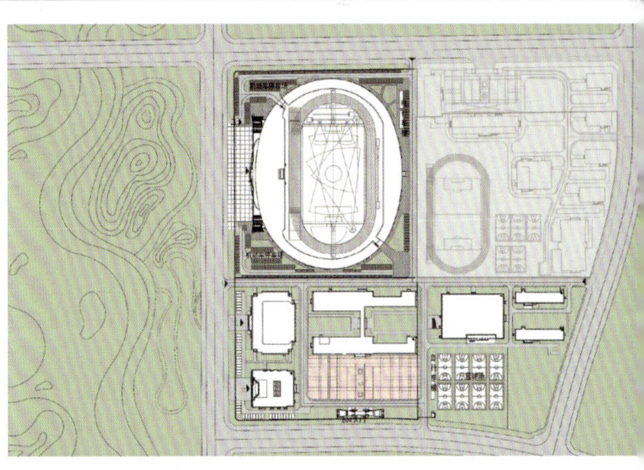

项目位于开原市滨水新城，目标规划建成新区的教育集聚区。其中，高中部分总建筑面积约60 000平方米，包含高中教学主楼、食堂及阶梯教室、宿舍、图书馆、体育馆、体育场。作为省重点高中，学校以传统示范性高中为蓝本，增设相应的选课机制（设置多个跨学年阶梯教室），在设计初期即结合创新教学思想实现建设的实用性。其中图书馆、体育馆、体育场均为依据城市标准建设的城市与学校共用的公共设施。设计应用了参数化的技术手段，对体育场的屋顶设计进行了优化，采用多个梯形拼接的方式模拟了方案设计的“马鞍型”曲面。

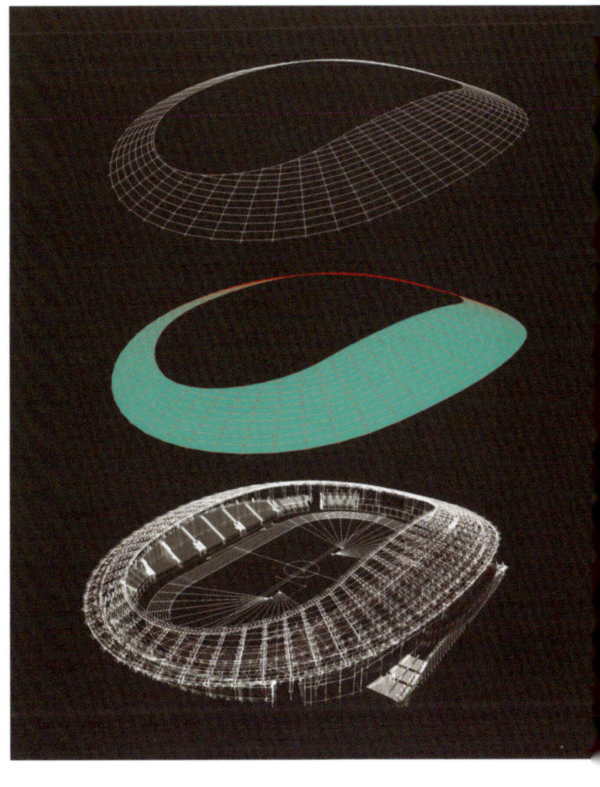

大连东泉酒店式公寓及单层客房

Dalian Dongquan Hotel Apartment and Single-storey Guest Room

项目业主：大连东泉绿洲里有限公司
建设地点：辽宁 大连
建筑功能：酒店建筑
用地面积：12 800平方米
建筑面积：10 643平方米
设计时间：2019年
项目状态：在建
设计单位：大连市建筑设计研究院有限公司杨昕建筑方案创意工作室
主创设计：杨昕、杜聿春、鲁续

项目位于大连市金州区石河街道小黑山风景区，是原有温泉度假酒店的扩建工程，其中，酒店式公寓占地面积5 900平方米、单层客房占地面积6 900平方米；酒店式公寓建筑面积9 420平方米、单层客房建筑面积1 223平方米。业主鉴于运营发展需求，扩建了以长租客为主的公寓及以高端旅客为主的单层客房。

设计方案延续原有建筑中式的建筑设计风格，选取新的材料对古典风格进行现代化设计提升。其中的单层客房，依山体地势形成独特的山地建筑；以三条错开的纵轴形成主要的旅客人行通道，通道尽端以植物组团形成四季分明的端点；建筑采用相似的客房平面，以景观为主体的轴线错落地布置在山地之上，形成韵律感。

丹东易斯特厂房项目

Dandong East Plant Project

项目业主：丹东易斯特科技有限公司
建设地点：辽宁 丹东
建筑功能：工业建筑
用地面积：66 600平方米
建筑面积：100 000平方米
设计时间：2020年
项目状态：在建
设计单位：大连市建筑设计研究院有限公司
杨昕建筑方案创意工作室
主创设计：杨昕、杜聿春、鲁续

项目位于丹东经济技术开发区，建筑外观采用现代的几何体量，向外表达高铁沿线厂区立面的序列感；以涂料和铝板结合的白色线条，面对城市表达厂区入口的引导性；以精细简洁的门窗划分，向民众表达建筑项目本身的科技感和现代建筑造型风格。

内部规划以广场为中心，将厂区沿风车状道路划分为研发区、生活区、生产区。立面结合各自使用功能，由体量及线条细腻的研发区向体量粗犷的生产厂区过渡，由讲究对称庄重的研发区主楼向线条灵活的生活区转化，形成风格统一，又各自独具精神属性的厂区单体建筑。

亚惠中央厨房物流园

Yahui Central Kitchen Logistics Park

项目业主：大连亚惠食品有限公司
建设地点：辽宁 大连
建筑功能：工业建筑
用地面积：25 000平方米
建筑面积：27 000平方米
设计时间：2015年
项目状态：方案
设计单位：大连市建筑设计研究院有限公司
杨昕建筑方案创意工作室
主创设计：杨昕、杜聿春、鲁续

项目位于旅顺绿色产品园区，具有较好的工厂建设的商业和地理优势。基地建筑包括办公楼、冷藏区、中央厨房、熟食制品区、集中分拣区等功能模块。设计规划为使纵横环绕的路网围绕厂区，立面采用现代简约的建筑风格，使表达科技及速度感的横向条纹立面与办公区现代风格的黑色格构成对比，并形成协调的几何感，彰显项目的效率意识及现代风格。

杨胤

职务：杨胤建筑设计事务所主持建筑师
执业资格：国家一级注册建筑师

教育背景

1990年—1995年　沈阳建筑大学建筑学学士

工作经历

1995年—2020年　沈阳建筑大学建筑学院
1998年　创立别人建筑工作室
2014年　创立杨胤建筑设计事务所

作品入选

2005年作品入选《建筑中国》
2007年作品入选《中国建筑设计作品年鉴》
2007年作品入选《国魂——设计精英卷》
2008年作品入选《中国建筑设计竞标集成》
2008年作品入选《中国新型建筑》
2009年作品入选《创意中国——设计卷》
2009年作品入选《中国建筑师》
2010年作品入选《先锋建筑在中国》

主要设计作品

华根卫浴商展中心
荣获：2014年艾特奖最佳商业空间设计奖
盛京玖玖体检中心整体改造
荣获：2015年金拱奖建筑设计金奖
沈阳小鸟网络科技办公空间
荣获：2016年亚太室内设计精英邀请赛佳作奖
朝阳燕都国际酒店
荣获：2019年沈阳市优秀工程勘察设计一等奖

地址：辽宁省沈阳市浑南区沈阳国际软件园E16一楼
电话：024-83600893
传真：024-83600893
网址：www.others.cn
电子邮箱：1678231589@qq.com

杨胤建筑设计事务所成立于1998年，前身为别人建筑工作室，2014年正式更名为杨胤建筑设计事务所。

经过23年的积累与沉淀，事务所已发展成为具备城市规划、建筑设计、室内设计、景观设计等全方位设计能力的建筑事务所。多项设计入选《建筑中国》《中国制造》《中国新型建筑》《时代建筑》《中国建筑设计竞赛集成》《先锋建筑在中国》《中国建筑艺术国际双年展特刊》《当代建筑师》《中国当代青年建筑师》等一系列国内外出版物，并引起行业媒体的广泛关注。

多年以来，事务所一直在探索中实践，在实践中探索，并形成自己的设计理念：不再单纯地思考作品的内在含义，而是让体量与空间交织，让形式变得鲜活、充满生命力，并任由它们自在地表达，探索一种形式的语言，类似于音乐中的连续性与音调的和谐，也类似于写作中的文字排列，各个元素都受到内部相互关系的严格限制，形成相互的张力。

沈阳北市场

Shenyang North Market

项目业主：沈阳市和平区国资公司
建设地点：辽宁 沈阳
建筑功能：商业建筑
用地面积：45 775平方米
建筑面积：50 810平方米
设计时间：2017年
项目状态：方案
设计单位：杨胤建筑设计事务所
主创设计：杨胤、张亦宁、高德占、王晶石

沈阳北市场是个大命题，涉及诸多领域，它是商业项目，但又关系到历史、复杂的城市肌理、区域文化（市井文化）、地域文化、仪式广场（仪式感）、人的驻留（场所感）等。

设计通过一系列的手段来阐述建筑师对仿古建筑的态度：历史是时间和空间的见证，不是一蹴而就的。场地内有全国重点保护建筑，有仿古建筑群，一场场历史的大戏随时上演，缺的是一个可以看戏的舞台。设计通过构筑一个融合场地文脉、场地肌理的带烟火气的大舞台来满足历史文化、市井文化、城市肌理、仪式感、场所感等众多需求。

太原和谐园

Taiyuan Harmonious Garden

项目业主：太原市双创示范园
建设地点：山西 太原
建筑功能：酒店、商业、居住建筑
用地面积：71 000平方米
建筑面积：429 780平方米
设计时间：2016年
项目状态：方案
设计单位：杨胤建筑设计事务所
主创设计：杨胤、张亦宁、高德占

项目包括酒店、写字楼、公寓、住宅四大建筑功能。设计用裙房把这几个功能连接起来，利用连廊，形成空中景观，移步易景，这样既可以使建筑拥有更加开阔和通透的视野，又可以让人欣赏周边的景观。再将这几种功能模块设计成大小不一、高低起伏的建筑单体，并由连廊将其连在一起，形成自己相对独立又互相联系的一个空间，使走廊更细节化、曲折化，让人们在其中驻足，并实现一系列的活动。

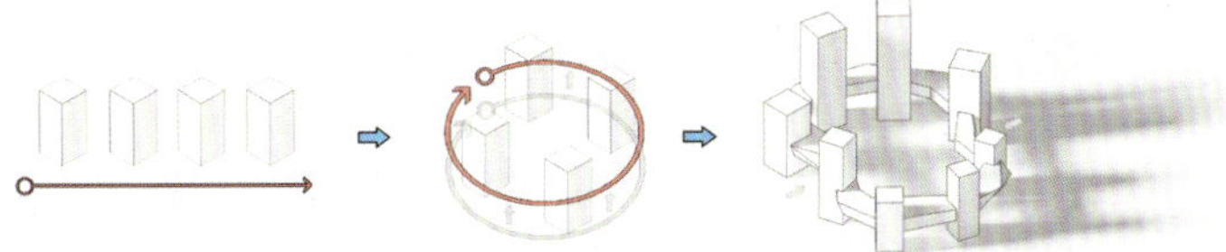

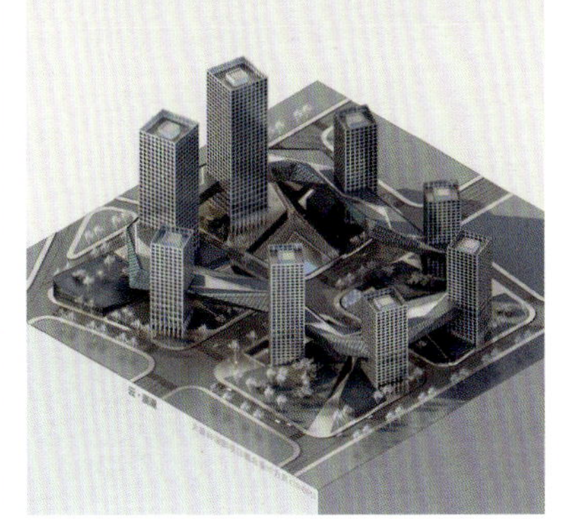

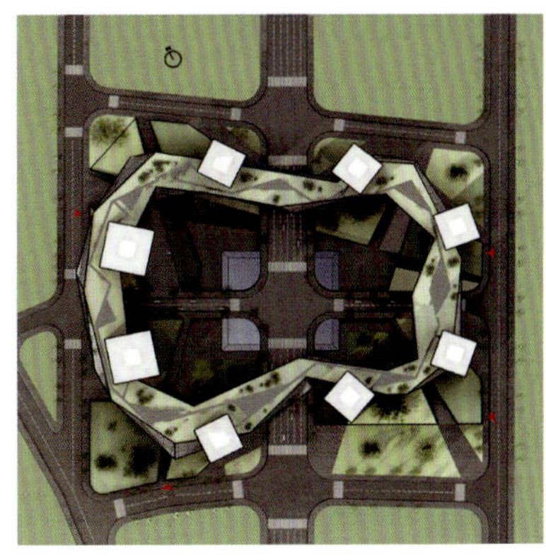

雅德里岛

Yadeli Island

项目业主：沈阳市雅德房地产开发有限公司
建设地点：辽宁 沈阳
建筑功能：商业、酒店、美术馆建筑
用地面积：22 631平方米
建筑面积：54 060平方米
设计时间：2019年
项目状态：在建
设计单位：杨胤建筑设计事务所
主创设计：杨胤、张亦宁、高德占、王晶石、初凯

商业建筑：商业布局采用增强建筑均好性、统筹设计各层商业、提高总体商业价值、创造多种商业业态的形式。内街布置双排商业，建筑进退有致，形成曲折多变的空间，内街结合广场，收放自如。内街的引进形成沿河商业和沿街商业均好性的布局形态，增加了商业展示面，同时将人流引进建筑组团内部。

高层建筑：包括裙房和两座塔楼，建筑体块交错，造型轻灵，时尚现代。

景观长廊：艺术长廊环绕整座岛屿与建筑内街、艺术广场、露台、连廊一起构筑了一个丰富灵活的动线，这里有丰富的商品、优美的景观、高雅的艺术品。

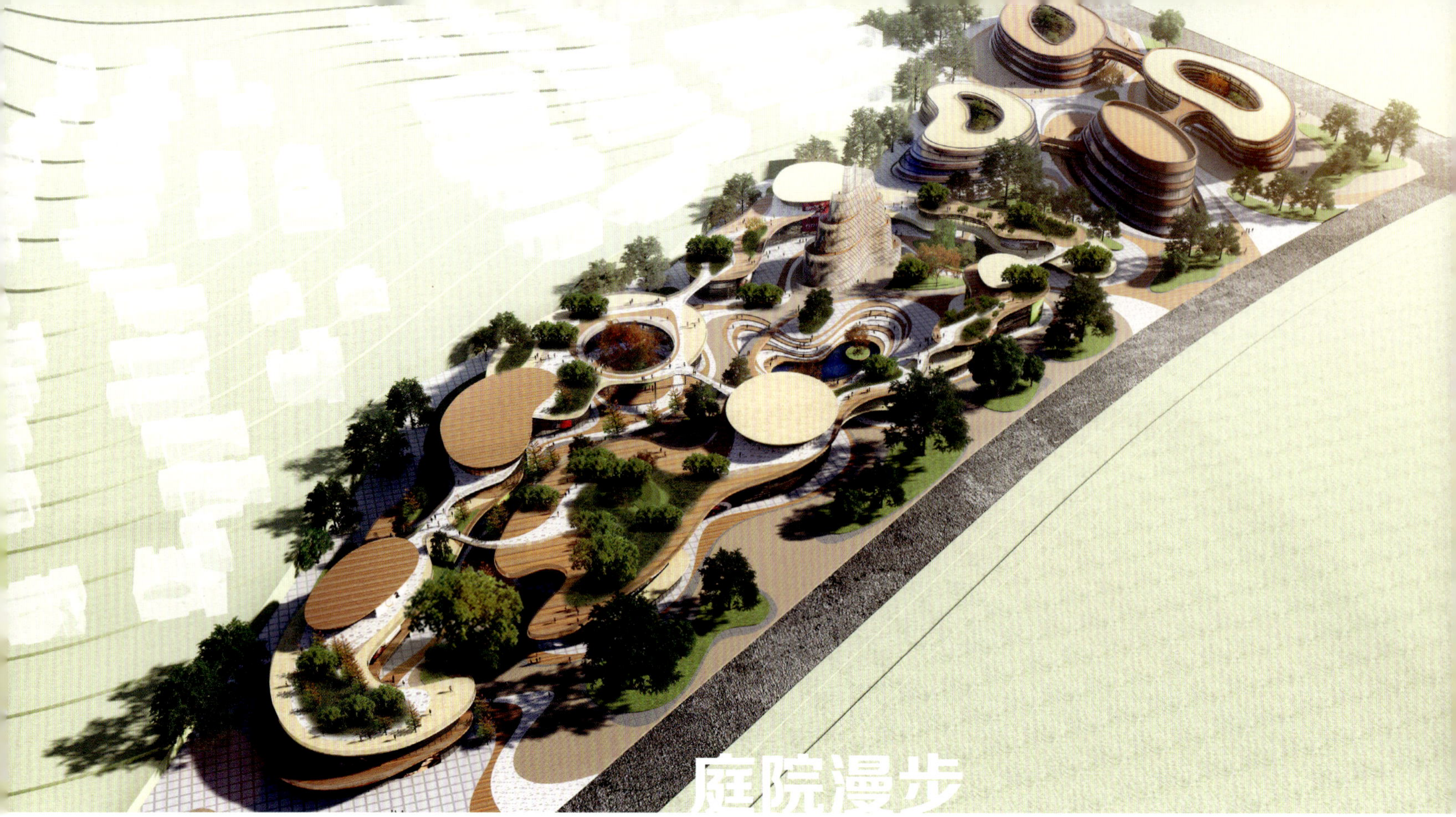

庭院漫步

Courtyard Walk

建设地点：辽宁 沈阳
建筑功能：社区、医疗建筑
用地面积：96 000平方米
建筑面积：54 000平方米
设计时间：2019年
项目状态：方案
设计单位：杨胤建筑设计事务所
主创设计：杨胤、张亦宁、高德占、王晶石、陶思雨、初凯

项目采用传统园林的设计手法，一个区域先规划景观，然后用房子进行点缀。设计力求打造一个以生态为主题的社区中心及医院，营造一种轻松、便利、舒适的邻里氛围，不仅使游客有家一样的温暖，还有一种吸引力，来调动那根人与人之间的相互交流的积极性。设计由曲线构成，因为曲线本身就是放松、舒缓的，形成主体交错的交通体系。建筑由暖色的石材、木材构成，给人以温暖的感觉。

像素空间

Pixel Space

项目业主：沈阳市瑞甫家园房地产开发有限公司
建设地点：辽宁 沈阳
建筑功能：商业、公寓、酒店建筑
用地面积：25 246平方米
建筑面积：99 950平方米
设计时间：2019年
项目状态：在建
设计单位：杨胤建筑设计事务所
主创设计：杨胤、张亦宁、高德占、王晶石、冯雷

这是一座景观建筑、一个空中花园。方案演变由太极圆图到太极方图，阴阳相抱，环绕而生，完整聚气，循着阴阳相生的方式，以像素形式叠加体量，形成更加复杂的虚实体系；体量为阳，骨架为界，形成虚实结合、阴阳相生的建筑实体，树木、亭台为太极眼。

建筑由体量和结构骨架构成完整体系，体量与骨架相互交融、变化，形成律动的阴阳曲线，在空间上形成多种阴阳组合，进而交织形成复杂、融合的阴阳体。在此基础上创造出不同尺度的灵活的灰空间，激发整个建筑体量，提升建筑的活跃度。

杨艳荣

职务：承德市建筑设计研究院有限公司总建筑师
副总经理
职称：教授级高级工程师
执业资格：国家一级注册建筑师

教育背景
1993年—1998年　河北工业大学建筑学学士
2015年—2018年　哈尔滨工业大学城乡规划学硕士

工作经历
1998年至今　承德市建筑设计研究院有限公司

社会任职
河北省政协第十一、十二届委员
九三学社承德市委员会委员
河北省土木建筑学会建筑师分会理事

个人荣誉
河北省勘察设计行业优秀青年设计师
承德市城市建设领域优秀城市规划设计师
承德市第十批“新世纪学术、技术带头人”

主要设计作品
滦平县客运枢纽站
承德微型智慧创业创新科技园
宽城鹤鑫巢旅游文化综合服务中心
滦平职教图书馆
承德师范学院实训楼
围场县能源大厦
平泉铸合中学
围场御道口小学及幼儿园
隆化天卉中学及幼儿园
承德二中校园改造

王连成

职务：承德市建筑设计研究院有限公司建筑创研中心二所负责人、教育建筑研究所所长
职称：中级工程师

教育背景
2008年—2013年　黑龙江工程学院建筑学学士

工作经历
2013年至今　承德市建筑设计研究院有限公司

主要设计作品
滦平县客运枢纽站
现代城小学

胡希宇

职务：承德市建筑设计研究院有限公司建筑创研中心一所负责人、山地建筑研究所所长
职称：中级工程师

教育背景
2008年—2013年　河北建筑工程学院建筑学学士

工作经历
2016年至今　承德市建筑设计研究院有限公司

主要设计作品
平泉公园里油画城
承德县北雁大厦项目

李小艳

职务：承德市建筑设计研究院有限公司建筑创研中心二所主创建筑师

教育背景
2009年—2014年　内蒙古科技大学建筑学学士

工作经历
2014年至今　承德市建筑设计研究院有限公司

主要设计作品
林西红星美凯龙商业园区
渼滦湾大师庄园

承德市建筑设计研究院有限公司前身为热河省建筑设计室，成立于1953年，现已发展成为多元化、科技型、服务建设工程全过程的高新技术企业。

公司现有各类专业技术人员260余人。其中，设计大师4人、高级工程师30余人、各专业工程师80余人，国家一级注册建筑师、国家一级注册结构师、国家注册规划师、国家注册设备师、国家注册岩土工程师、国家注册监理工程师40余人，各专业施工图审查人员30余人。高素质的人才队伍和先进的智能化办公管理系统，为公司提供高品质的产品和高质量的技术服务奠定了坚实的基础。

地址：承德市双桥区武烈路瀚明大厦14-15层
电话：0314-2297003
电子邮箱：gxqsjy2013@126.com

承德微型智慧创业创新科技园

Chengde Minature Smart Start-up Innovation and Technology Park

项目业主：承德创元建设开发有限责任公司
建设地点：河北 承德
建筑功能：厂区、办公建筑
建筑面积：225 600平方米
设计时间：2017年
项目状态：建成
设计单位：承德市建筑设计研究院有限公司
主创设计：杨艳荣、王连成、胡希宇、李小艳、沈晓敏

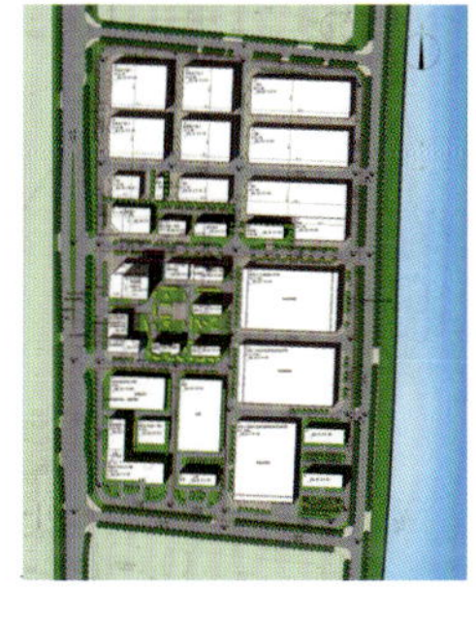

项目位于承德市高新区上坂城镇工业园区，建筑功能包括标准化定制厂房、园区智慧中心以及配套服务中心，是一座基于工业4.0的智能制造产业园区。

规划设计尊重地域环境及工艺要求，注重内部空间及院落空间的营造，通过带形及集中开敞空间的设计，营造花园式智慧园区。设计梳理山水格局，留足视线及景观廊道，注重与周边山水的对话，通过内部东西向景观大道自然将园区分为南北两区。建筑造型设计尊重建筑特性，实用、绿色，在打造整体化园区的同时，对建筑单体进行推敲、研究，使整个园区呈现出简洁而富有活力的现代建筑群形象。

滦平县客运枢纽站

Luanping County Passenger Terminal

项目业主：滦平县交通运输局
建设地点：河北 承德
建筑功能：交通建筑
建筑面积：15 000平方米
设计时间：2014年—2020年
项目状态：建成
设计单位：承德市建筑设计研究院有限公司
主创设计：杨艳荣、王连成、李小艳

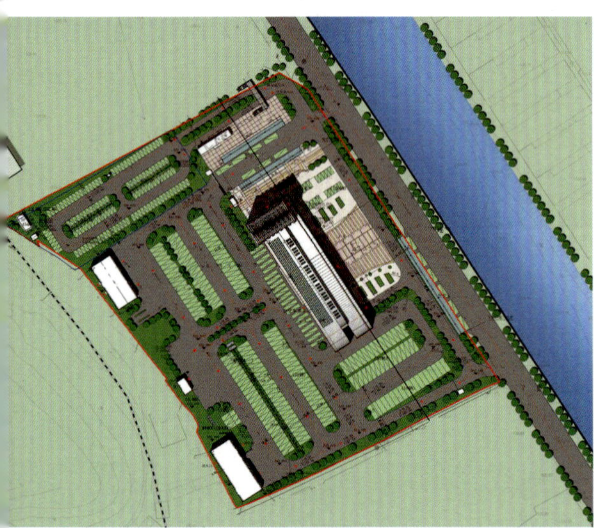

项目位于承德市滦平县京承高速连接线西侧、滦平县城的门户位置，功能为一级汽车客运站，建成后对京津冀地区之间的交通联系和城市的协同发展起到积极的促进作用。

项目设计从金山岭长城“长城蜿蜒如箭弦，山关高耸势连天”引发灵感。采用现代设计手法，展现主体建筑柔美舒展以及蜿蜒起伏的形象。建筑通体采用钛锌板和玻璃幕墙形成多变的光影效果，展现出公共建筑的韵律美和力量美。

滦平县客运枢纽站设计以高效、舒适、安全为目标，近远期结合，合理布局，高效疏解客流、物流与车流，满足客运、公交以及铁路三大功能的高效换乘需求。建筑设计追求建筑艺术与技术完美结合，体现地域特征和人文情怀，是一座高效便捷、智能生态、有地域特色的新型交通枢纽。

平泉铸合中学

Pingquan Zhuhe Middle School

项目业主：河北铸合集团承德市盛合房地产开发有限公司
建设地点：河北 承德
建筑功能：教育建筑
建筑面积：18 000平方米
设计时间：2020年
项目状态：在建
设计单位：承德市建筑设计研究院有限公司
主创设计：杨艳荣、王连成、李小艳、吴瑕

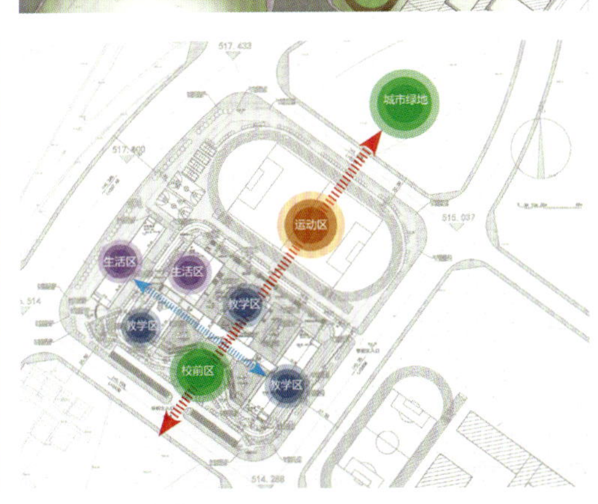

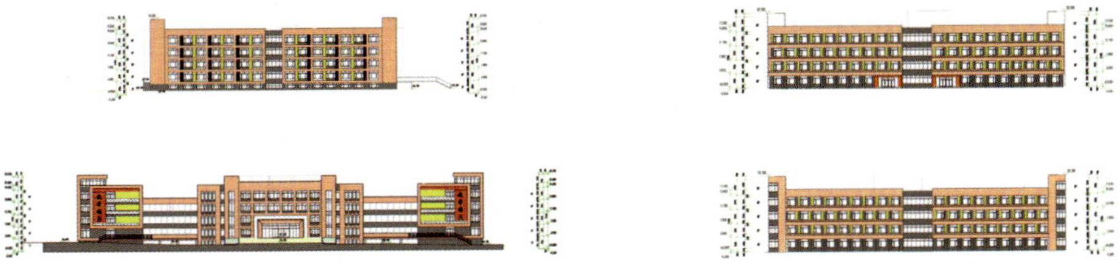

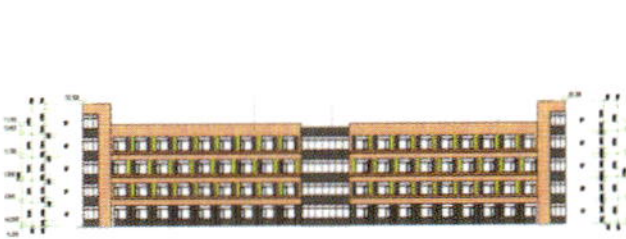

项目位于河北省平泉市北部，是一所36班的中学，设计采用架空、穿插、错落等手法，最大限度利用场地空间，并将自然环境融入校园，使建筑成为学校各种功能和区域之间的纽带，多层次的室外空间设计也被赋予了不同的功能和教学意义。

自由灵活的功能布局为建筑的使用方式和流线组织提供了新的可能性。设计中通过架空层和下沉庭院，打造多元化的室外公共场所，让教学参与者的互动不仅存在于教室中，更存在于校园空间的每个角落。

建筑师为校园设置了四个半围合的下沉庭院空间，每个庭院之间又通过架空的廊道彼此联系，形成一个整体。校园设计中，不同节点处的不同空间将创造源源不断的交流机会。偶然性的交流在连续的校园空间中发生并产生共鸣，使校园充满乐趣和活力。

宽城鹤鑫巢旅游文化综合服务中心

Kuancheng Hexinchao Tourism and Culture Integrated Service Center

项目业主：承德鹤鑫巢建筑工程有限责任公司
建设地点：河北 承德
建筑功能：文化建筑
建筑面积：18 000平方米
设计时间：2010年
项目状态：建成
设计单位：承德市建筑设计研究院有限公司
主创设计：杨艳荣、侯丽华、张然

项目位于承德市宽城县，是集服务、办公、商业等功能为一体的综合性建筑。

规划采用中式合院理念，强调隐含、秩序，并通过若干大小不一、功能各异的庭院空间设计，营造中式秩序和空间氛围。建筑设计强调建筑群落的营造，建筑高低错落，屋面变化有序，层次中处处体现着紧凑。建筑呈灰色调，与白色和咖啡色相搭配，色彩干净雅致。仿古门头、红色灯笼、仿古窗格、青色小块瓦屋面等元素的应用，使得整个建筑在充满现代气息的同时，还洋溢着古香古色的韵味，每个立面造型细节都体现设计者的别具匠心。该项目也是宽城县首家采用新能源的公共建筑，为绿色建筑的典范。

平泉公园里油画城

Pingquan Gongyuanli Oil Painting Town

项目业主：平泉中浙房地产开发有限责任公司
建设地点：河北 承德
建筑功能：居住、商业、酒店建筑
建筑面积：230 000平方米
设计时间：2015年—2019年
项目状态：建成
设计单位：承德市建筑设计研究院有限公司
主创设计：杨艳荣、胡希宇、黎振达

项目地处平泉县城西北部，主要业态为居住、商业及酒店建筑。

总体规划布局充分考虑与地域环境的高度融合，随山就势，强调与自然山体的肌理关系，形成围合空间。中央景观轴贯穿项目各个地块，景观轴两侧形成多个景观节点，与中央景观相呼应，通过点、线、面相结合的景观系统营造，创造优美的环境。建筑采用英式建筑风格，外立面提取经典英伦建筑色彩与符号，既呼应了平泉整体的城市风格，又与“油画城”的主题相结合，展现了富有特色的小区形象，营造了符合项目特征的建筑氛围。

杨曙光

职务：山东省建筑设计研究院有限公司第四分院院长
　　　山东省卫生建筑设计研究所所长
职称：工程技术应用研究员
执业资格：国家一级注册建筑师

教育背景
1988年—1993年　山东建筑工程学院建筑学工学学士
2006年—2009年　天津大学建筑与土木工程硕士

工作经历
1993年至今　山东省建筑设计研究院有限公司

个人荣誉
中国十佳医院建筑设计师
山东省建筑设计研究院有限公司先进工作者
山东省建筑设计研究院有限公司优秀共产党员
山东省建筑设计研究院有限公司生产标兵

社会职务
山东省评标专家
中国医学装备协会医院建筑与装备分会常务委员
中国医学装备协会医院建筑规划学组副主任委员
全国卫生产业企业管理协会医院健康环境分会副会长
《医养环境设计》第一届编辑委员会委员
《中国卫生工程》副理事长
中国医疗建筑设计师联盟理事会理事
西北地区医院建设与发展协作联盟理事
中国医疗建筑设计师联盟第一届理事会理事

杨曙光先生致力于医疗建筑设计的研究和实践已有28年，主持完成几十所医院的设计工作。鉴于医疗建筑对设计要求高、专业性强、难度大的特点，他组织人才深入开展课题攻关，不断优化医疗流程，完善功能布局。

他引入绿色医院、生态医院的理念，解决好复杂医疗建筑的功能和医疗环境问题，达到节能、环保、健康的目的。他从建筑空间环境和文脉分析入手，结合医疗功能整合，使新建及改建医疗建筑与周围环境和谐相处，融合共生，同时又展现出各自的魅力。

他的设计作品体现人性化的设计理念，关注病患及医护人员的感受，设计的目的就是为患者和医务工作者服务，使医院成为一个舒适、温馨的家园。

主要设计作品
工程设计
南通市第三人民医院医疗综合楼
荣获：2011年山东省优秀工程勘察设计二等奖
安徽省亳州市人民医院新院
荣获：2013年山东省优秀工程勘察设计一等奖
佛山市禅城区中心医院医疗大楼
荣获：2015年山东省优秀工程勘察设计一等奖
　　　2017年全国优秀工程勘察设计二等奖
北大医疗鲁中医院内科病房楼
荣获：2016年—2017年国家优质工程奖
吉林国文医院
荣获：2017年山东省优秀工程勘察设计一等奖
章丘市人民医院急诊保健综合楼
荣获：2016年山东省优秀工程设计二等奖
　　　2017年山东省优秀工程勘察设计一等奖
滨州医学院附属医院门诊医技病房综合楼
荣获：2019年山东省优秀工程勘察设计三等奖

方案设计
济南市中医医院东院区
荣获：第五届山东省优秀建筑设计方案二等奖
烟台市福山区妇幼保健计划生育服务中心及疾控中心
荣获：第五届山东省优秀建筑设计方案三等奖
霍邱县第一人民医院
荣获：第五届山东省优秀建筑设计方案三等奖

山东省建筑设计研究院有限公司（第四分院）
Shandong Province Architetural Design Institute co.,ltd
山东省卫生建筑设计研究所

山东省建筑设计研究院有限公司是国家甲级勘察设计单位、全国重信用守合同单位、全国建筑设计行业诚信单位、当代中国建筑设计百家名院，是山东省建筑设计行业的龙头企业。

山东省建筑设计研究院有限公司第四分院（以下简称：第四分院）是由原山东省卫生厅在1988年挂牌成立的山东省卫生建筑设计研究所，是国内最早从事卫生建筑设计、研究及咨询的专业机构，在医疗卫生建筑领域有独特的专业优势，树立了良好的形象和品牌，在业内享有盛誉。第四分院现有职工近1 050人，其中专业技术人员693人、国家一级注册建筑师及其他各专业注册工程师共259余人、山东省勘察设计大师9人。第四分院平均每年完成近500万平方米的医院设计任务，是全国市场份额最大的医院建筑设计院，荣获国家优秀设计金奖、银奖及省部级以上优秀勘察设计奖、学术成果奖三百余项。

第四分院重视建筑创新，技术力量雄厚，设计理念先进，质保体系健全。其作品遍布全国各地和亚洲、非洲、大洋洲、北美洲的十几个国家。设计研究范围包括可行性研究与咨询、医院规划、医院建筑设计、养老及康复建筑设计以及相关的专项设计，包括医院室内设计、净化设计、幕墙设计、绿化景观设计、弱电智能化设计及总承包EPC服务。

第四分院坚持“质量第一，用户至上，诚信设计”的服务理念，全力支持医院建设，得到了各级医院的信任和友谊，优质、专业的服务已成为第四分院最重要的特色之一。

地址：山东省济南市市中区
　　　小纬四路2号
电话：0531-87913043
传真：0531-87913043
网址：www.sdsad.com
电子邮箱：4s@sdad.cn

甘肃省中医院西北区域中医医疗中心

Northwest Regional Traditional Chinese Medicine Medical Center Of Traditional Chinese Medicine Hospital, Gansu

项目业主：甘肃省中医院
建设地点：甘肃 兰州
建筑功能：医疗建筑
用地面积：53 398平方米
建筑面积：271 360平方米
设计时间：2008年—2009年
项目状态：在建
设计单位：山东省建筑设计研究院有限公司第四分院
主创设计：杨曙光、李俐功、李阔

甘肃省中医院由A座、B座、C座、D座、E座和康复保健楼组成，其中B座、C座、D座因建成时间较长，设施陈旧，难以满足现代化医疗需求，因此在院区发展规划中计划拆除，在原址建设甘肃省中医院西北区域中医医疗中心。

具体规划设计，分三步实施。

第一步，在院区中部由南向北建设综合管沟，将现有场地内管网转入管沟内部，管线转移完成后拆除B座、C座及其他附属建筑，原址新建西北区域中医医疗中心。

第二步，待西北区域中医医疗中心建成后，D座住院楼病区搬迁至新大楼内，拆除D座楼，在原址建设中心绿地。

第三步，拆除北侧和东侧住宅楼，在七里河北街结合院区绿化广场开设院区出口，地块作为远期预留发展用地。

设计中，强化可持续发展理念，做到医患分流、洁污分流，明确两组功能的区域关系，为医院的高效运营、简化管理提供保障。改造后的新院区，功能完善、设施齐全、硬件良好、景观怡人，是一座现代化的区域医疗中心。

山东大学齐鲁医院蓝谷院区

Shandong University Qilu Hospital Blue Valley Hospital District

项目业主：山东大学齐鲁医院
建设地点：山东 青岛
建筑功能：医疗建筑
用地面积：84 735平方米
建筑面积：100 000平方米
设计时间：2019年
项目状态：在建
设计单位：山东省建筑设计研究院有限公司第四分院
主创设计：杨曙光、杨其林、杜仲浩

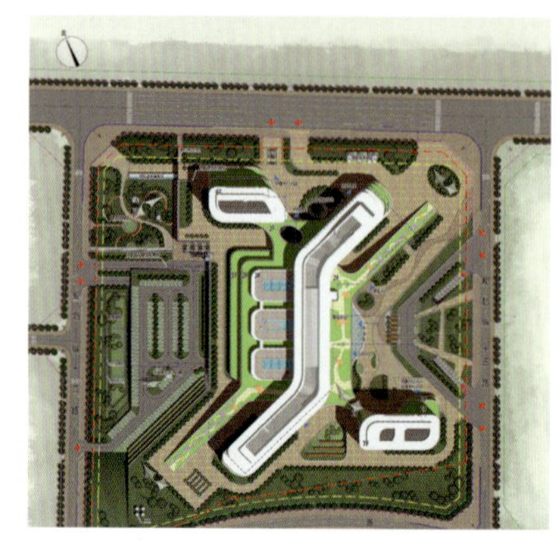

项目位于山东大学南侧，距海岸线1.4千米，该医院的设立主要基于完善青岛蓝谷的医疗服务体系，满足蓝谷区域科研人员及周边居民就医需求，同时为山东大学青岛校区提供优质的医疗保障。

建筑师期望创造一个与附近的山东大学具有同等标识意义的建筑体。医院建筑与自然环境相融合，为患者提供一个安全的治疗环境，为医生提供一个舒适的工作环境，为居民提供一个绿色的休闲环境。

设计灵感来源于海边的城市景观花园，使患者在欣赏美景的同时不影响病房内的隐私。立面处理上采用简洁流畅的水平带型窗来塑造，在特定的位置通过带型窗的变化让建筑更为灵动。在靠近主干道及主入口位置设计了一些架空空间，把外围的城市环境引入建筑内部，也让建筑形态显得格外轻盈舒展，远远看去，犹如一艘白色的生命之船航向大海！

辽宁省肿瘤医院

Liaoning Provincial Cancer Hospital

项目业主：辽宁省肿瘤医院
建设地点：辽宁 沈阳
建筑功能：医疗建筑
用地面积：48 890平方米
建筑面积：229 078平方米
设计时间：2008年
项目状态：在建
设计单位：山东省建筑设计研究院有限公司第四分院
主创设计：杨曙光、杨其林、王聪

项目设计主要是结合院区改造进行全院的整体规划，整个项目分期建设，近期实施门诊楼、医技楼、病房综合楼工程。综合楼包含门诊、医技、科研、病房等建筑功能，平面通过医疗街连接各功能模块；流线设计体现医患分流的思想，方便管理使用。项目以绿色医院、生态医院为建设目标，将绿色建筑、生态建筑及可持续发展的理念引入医院的规划和单体设计中，满足病人和医护人员的生理和心理需求。

立面造型通过对主楼形体的有机切割，使建筑形象更加挺拔，充满张力；面对院内的裙房，立面以强烈的虚实对比衬托出整座建筑的雕塑感，凸显现代医院建筑的特有气质。

朱贺

职务：浙江东南建筑设计有限公司资深合伙人、建筑三所所长
职称：高级工程师
执业资格：国家一级注册建筑师

教育背景

1996年—2001年　山东科技大学建筑学学士

工作经历

2001年—2004年　北京燕华建筑设计事务所
2004年—2013年　中国美术学院风景建筑设计研究院
2013年至今　浙江东南建筑设计有限公司

主要设计作品

千岛湖滨江希尔顿度假酒店
荣获：2012年浙江省优秀工程勘察设计二等奖
滨江东方海岸
荣获：2019年杭州市优秀工程勘察设计三等奖
天朗蔚蓝城
滨江万家之星
锦南新城颐养小镇B-05-08、09地块
中南君奥时代
滨江卧城印象
花语江南府
杭州联发云景天章

李小兰

职务：浙江东南建筑设计有限公司资深合伙人、建筑四所所长
职称：高级工程师
执业资格：国家一级注册建筑师

教育背景

2000年—2005年　昆明理工大学建筑学学士

工作经历

2003年—2011年　中国美术学院风景建筑设计研究院
2011年至今　浙江东南建筑设计有限公司

主要设计作品

万家花城一期
荣获：2010年浙江省优秀工程勘察设计三等奖
滨江凯旋门
荣获：2016年杭州市优秀工程勘察设计三等奖
滨江东方海岸
荣获：2019年杭州市优秀工程勘察设计三等奖
海宁环球贸易中心
滨江滨旭府
滨江博语华庭
滨江宁波滨涛府

逯建成

职务：浙江东南建筑设计有限公司资深合伙人、创研二所所长
职称：高级工程师
执业资格：国家一级注册建筑师

教育背景

1998年—2003年　武汉理工大学建筑学学士

工作经历

2003年—2018年　汉嘉设计集团股份有限公司
2018年至今　浙江东南建筑设计有限公司

主要设计作品

华润万象城
荣获：2017年浙江省优秀工程勘察设计优质奖
丽水市莲都区采桑未来社区
萧山金帝银泰百货商业综合体
城南银泰城商业综合体
新浪智慧网谷产业园
养生堂总部办公园区
锦尚和品府
保利澄品101
融创武义四季和鸣

SEA 东南设计

地址：浙江省杭州市西湖区双龙街119号东南设计大厦
电话：0571-85880606
传真：0571-85822500
网址：www.seadesign.cn
电子邮箱：brand@seadesign.cn

浙江东南建筑设计有限公司（SEA）始建于1998年，具有建筑甲级、园林甲级，规划乙级、市政乙级等资质，经过20多年的积淀，已形成由建筑、结构、机电、规划、景观、室内、幕墙、BIM技术等多专业协同、多领域共享的产业体系，目前拥有专业设计师400多名，已完成3 000多个项目，案例遍及全国100多个城市。

专业是核心竞争力，创新是发展驱动力。居住建筑、酒店建筑、商业建筑、办公建筑、产业园区是SEA的设计所长，今后还将重点把握特色小镇、未来社区等城市建设新趋势，进行设计创新探索，突破和丰富学术理论和思维体系，研究实践建筑参数化设计、高密度城市规划设计等。同时，SEA与香港大学、中国美术学院、浙江大学等院校及研发机构建立创新技术同盟，构建人才培育、学术交流、产品转化的协同机制，推动理念升级、技术创新和行业进步。

思无界，行有方，设计可信仰。SEA将继续以谦逊的态度深耕建筑设计领域，秉承“择高处立，就平处坐，向宽处行”的价值观，坚持“把技术变成艺术，让产品变成作品”的企业使命，逐步实现从单一到多元的全方位发展。

花语江南

Lakeside Mansion

项目业主：中国铁建股份有限公司
建设地点：浙江 绍兴
建筑功能：居住建筑
用地面积：107 895平方米
建筑面积：269 732平方米
设计时间：2019年
项目状态：在建
设计单位：浙江东南建筑设计有限公司
设计团队：朱贺、滕云、姜薇、殷龙啸

项目汲取纽约One57大楼设计精髓，大面积选用玻璃、金属铝板拼接工艺，以城市顶级都会作品。演绎莫兰迪灰艺术美学，勾勒出沉静、内敛的视觉享受。同时借鉴江南院子作品风格，以中式元素的点缀诠释空间艺术美学，缔造代言绍兴的都会佳品。

紫樾府

Gorgeous Mansion

项目业主：中南房地产开发有限公司
建设地点：浙江 杭州
建筑功能：居住建筑
用地面积：46 795平方米
建筑面积：130 190平方米
设计时间：2016年
项目状态：建成
设计单位：浙江东南建筑设计有限公司
设计团队：李小兰、刘忠卫、孔丹、程琳

项目规划采用了对称围合式的布局形式，主要景观轴线贯穿南北，强调中轴对称，讲究围和、尺度，营造出半私密半公共的组团花园空间。在户型设计上，建筑师把面宽指标作为户型设计的重要考量标准，中轴上的板楼及4个点楼，以一梯两户、每户4开间的大面宽，一跃成为网红楼盘。沿马路的一圈小户型更是做成了极致的复式跃层。住宅的立面用形体拉平，规整对称，立面三段式，塑造了公建化的简约立面，并且用窗墙体系实现了幕墙的效果，用浅灰色铝板实现了优雅大气的立面风格。项目售楼处及地下会所还获得了德国红点大奖。

同协金座

Tongxie Mansion

项目业主：杭州滨江房产集团股份有限公司
建设地点：浙江 杭州
建筑功能：办公建筑
用地面积：47 000平方米
建筑面积：198 216平方米
设计时间：2017年
项目状态：建成
设计单位：浙江东南建筑设计有限公司
设计团队：杨雁、李小兰、刘忠卫、黄俊辉、杨兆枫、于欣

建筑以玻璃幕墙、铝板和石材作为主要材质，进行统一化设计建造，使立面更加精致细腻、简单大方，更具现代感。项目采用大量的玻璃幕墙形式，在不改变建筑原有功能的前提下，对公共建筑外立面进行设计与建造，以提升城市品位，提高建筑性能，同时使建筑更加经久耐用、节约能源，实现资源可持续利用。如果说，建筑是无言的守候者，那么光线便给予了建筑生命的灵魂。夜幕降临，灯光让建筑更加美丽，给冰冷的外表增添了家的暖意。

锦绣之城

Splendid City

项目业主：杭州滨江房产集团股份有限公司
建设地点：浙江 义乌
建筑功能：居住建筑
用地面积：61 383平方米
建筑面积：249 736平方米
设计时间：2018年
项目状态：建成
设计单位：浙江东南建筑设计有限公司
设计团队：盛婷、张荣杰、黄俊辉、施继民、孔丹、杨兆枫

项目位于义乌最繁华的商业地段，是一座臻美园林景观大宅。设计按照滨江豪宅营造标准，由香港贝尔高林公司全程规划棕榈园林、高级会所、开阔泳池等，以精致铝板构筑外立面，高端定制义乌老城中心双泳池传世府邸。项目拥有媲美迪拜塔的耀眼外立面；拥有别具风格的新古典园林、多景观有序组团；拥有高贵细腻的私人会所。给予业主从内而外、从感官到内心的极致非凡的入住体验。

澄之华庭

Aman Metropolis

项目业主：滨江、华润、新希望、华侨城
建设地点：浙江 杭州
建筑功能：居住建筑
用地面积：108 000平方米
建筑面积：465 252平方米
设计时间：2018年
项目状态：在建
设计单位：浙江东南建筑设计有限公司
设计团队：逯建成、汪涛、韩娟、葛宇梁、蒋升、邬征宇、占彬彬

建筑采用现代国际风格的方式打造有细节、有价值的典雅豪宅，空间规划布局完整、仪式感强、轴线明确，体现了城市的时代气息及现代人的价值取向和欣赏品味，为人们营造现代时尚的城市情结。

建筑立面主要从人性化的角度出发，用建筑的语言拉近人、环境及建筑之间的距离。丰富的建筑立面使建筑整体更为灵动，达到构图上的均衡、挺拔，更适合现代人的审美追求。深层次挖掘建筑自古以来要求的人性化，提升了住宅作为居住空间的舒适性，向人们演绎一种诗意栖居的高尚生活。

朱力

职务：云南省设计院集团有限公司建筑专业技术委员会委员、第四建筑设计研究院副总建筑师、建筑创作中心主任
职称：高级工程师

教育背景
1996年—2001年　昆明理工大学建筑学学士
2016年—2018年　英国UCL大学景观建筑专业硕士

工作经历
2001年至今　云南省设计院集团有限公司

主要设计作品
云电阳光高尔夫会所及别墅
荣获：2002年云南省优秀工程勘察设计二等奖
大理红龙井商业文化街区
荣获：2007年云南省优秀工程勘察设计一等奖
　　　2007年全国优秀工程勘察设计二等奖
昆明野鸭湖山水假日城
荣获：2009年云南省优秀工程勘察设计一等奖
　　　2009年全国优秀工程勘察设计一等奖
海埂会议中心
荣获：2011年云南省优秀工程勘察设计一等奖
云南西双版纳接待中心
荣获：云南省第一届卡瓦格博建筑优秀创作一等奖

范张驰

职务：云南省设计院集团有限公司建筑专业技术委员会委员
职称：正高级工程师

教育背景
1998年—2003年　昆明理工大学建筑学学士

工作经历
2005年—2021年　云南省设计院集团有限公司

主要设计作品
云南亚广影视传媒中心广电大楼
荣获：2015年云南省优秀工程勘察设计二等奖
石林彝族自治县人民医院
荣获：2016年云南省优秀工程勘察设计二等奖
上海东盟商务大厦
荣获：2016年云南省优秀工程勘察设计三等奖
昆明市第三中学呈贡新校区
荣获：2017年云南省优秀工程勘察设计二等奖

夏芳

职务：云南省设计院集团建筑专业技术委员会委员
职称：高级工程师
执业资格：国家一级注册建筑师

教育背景
2000年—2005年　昆明理工大学建筑学学士
2005年—2008年　昆明理工大学建筑学硕士

工作经历
2008年—2021年　云南省设计院集团有限公司

主要设计作品
曲靖体育中心
荣获：2015年云南省优秀工程勘察设计一等奖
昆明学院洋浦校区体育馆
荣获：2017年云南省优秀工程勘察设计二等奖

云南省設計院 集团有限公司
YUNNAN DESIGN INSTITUTE GROUP CO., LTD.

云南省设计院集团有限公司创建于1952年，是国内最早成立的承担民用与工业项目建设的大型综合性甲级设计院，自成立以来一直为云南省的建筑设计龙头单位。集团现有员工1 150人，拥有国家级设计大师1名、云南省工程勘察设计大师6名、正高级工程师88人、高级工程师448人、工程师574人，290名设计师持有国家各类注册工程师资格。集团设计成果遍及全国及海外，获国家级、省部级优秀设计奖的优秀勘察设计作品共500余项，并先后被国家住建部、省委省政府授予“科技型先进单位”称号。

集团于2013年底进行了机构改革，由原综合设计所重组成立了8个设计分院，第四建筑设计研究院（以下简称“四院”）即那时组建成立的。四院以商业、办公、酒店、住宅、文旅建筑设计为主，同时涉及文化、教育、体育及医疗等多种建筑类型。截至2020年，已完成昆明市行政中心、曲靖体育中心、中海环湖花园、海伦国际、海伦中心、世博生态城鸣凤邻里、昆明恒隆广场、昆明滇池国际会展中心、绿地国际健康城、抚仙湖寒武纪乐园等几十项大中型项目，其中多项获省级奖项。2021年正在进行大理大华中心、鹏瑞利国际健康商旅城、西双版纳嘎洒云茶小镇、勐巴拉普洱茶小镇等项目设计，在超高层建筑、绿色建筑及文旅建筑设计方面有了更进一步的突破。四院本着“精心设计、严格管理、满意服务”的集团服务宗旨，愿与社会各界人士携手合作，共创美好明天。

地址：云南省昆明市佣金路一号
电话：0871-67181987
网址：www.ydi.cn
电子邮箱：914492981@qq.com

昆明星云湖度假屋

Kunming Xingyun Lake Holiday House

项目业主：私人
建设地点：云南 昆明
建筑功能：度假别墅
用地面积：1 300平方米
建筑面积：1 200平方米
设计时间：2014年
项目状态：建成
设计单位：云南省设计院集团有限公司
主创设计：朱力

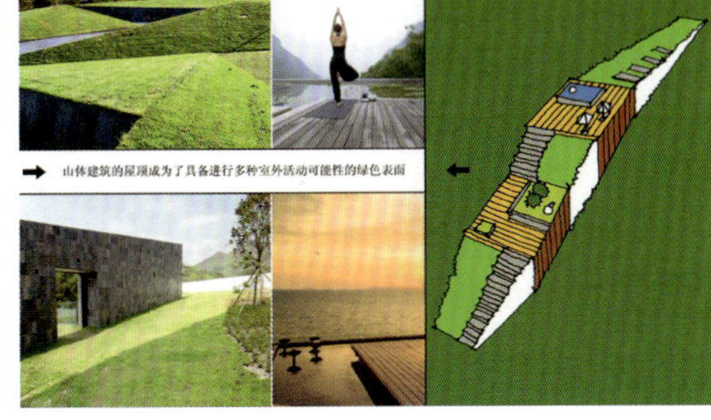

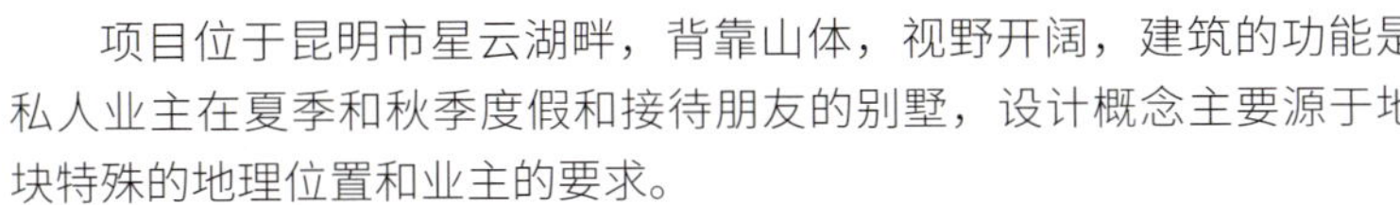

项目位于昆明市星云湖畔，背靠山体，视野开阔，建筑的功能是私人业主在夏季和秋季度假和接待朋友的别墅，设计概念主要源于地块特殊的地理位置和业主的要求。

建筑师充分利用无与伦比的外部环境为建筑带来风景环绕的360度景观面，在建筑内部创造出一系列庭院，可以让度假的人们得到耳目一新的空间体验。建筑师通过巧妙的布局和一些创新的设计手段实现“景观最大化”，同时，使建筑临水面的观景效果不只是单调地看湖，而是通过对内部庭院的诠释来提升使用者的视觉效果和心理感受。

昆明野鸭湖山水假日城

Kunming Duck Lake Landscape Holiday City

项目业主：昆百大集团房地产开发有限公司
建设地点：云南 昆明
建筑功能：度假别墅
用地面积：30 000平方米
建筑面积：6 000平方米
设计时间：2008年
项目状态：建成
设计单位：云南省设计院集团有限公司
主创设计：朱力

项目位于昆明市野金殿野鸭湖风景区，拥有得天独厚的外部自然条件，定位为度假休闲别墅区。

建筑师经过对现代城市居民的度假型居住模式的分析和对地块周边自然环境的观察，通过设计为居住者完整地还原了“自然村落式的慢生活方式”。

设计的主题是“回归自然、重返乡村”，通过建筑师长期对云南少数民族原生态建筑形式的研究，提炼出了创作素材。一方面，整体规划布局采取自然生长的“村落形态”；另一方面，在景观设计和建筑材料的选择上采用了低成本和环保的“低碳模式”。最终创造出朴素的建筑外观、亲切的居住空间和充满乡村人情味的度假生活方式。

大理红龙井商业文化街区

Dali Honglongjing Commercial and Cultural District

项目业主：昆明置地行房地产开发有限公司
建设地点：云南 大理
建筑功能：旅游、商业建筑
用地面积：21 333平方米
建筑面积：8 000平方米
设计时间：2007年
项目状态：建成
设计单位：云南省设计院集团有限公司
主创设计：朱力

项目位于云南省大理市的大理古城中心区，是一个既可让古城居民休闲，又方便外地游客购物消费的商业地块。大理古城是云南一座非常重要的国家级历史文化名城。设计内容包括传统中国四合院式的旅游商业建筑和一些具有现代风格的文化博览建筑。

通过大理古城中心区这样一个特殊地块的商业街区的设计，在历史商业街区和游客以及古城居民的“多元化关系”中寻求一些新的答案。另外，尝试与古城当地工匠进行图纸设计，实现现场施工上的“跨界合作”。设计除了引导游客“购物消费”，还可以选择历史文化名城的“文化消费”，通过建筑师和民间艺人、工匠的合作来表现历史古城的“新建筑”。

上海东盟商务大厦

Shanghai ASEAN Business Building

项目业主：云锰集团
建设地点：云南 昆明
建筑功能：办公、商业建筑
用地面积：30 114平方米
建筑面积：185 000平方米
设计时间：2010年
项目状态：建成
设计单位：云南省设计院集团有限公司
主创设计：桂镜宇、范张驰、陈文斌、谭早

项目位于昆明市呈贡新区吴家营行政商务区的核心区域，是昆明新区CBD的地标性建筑。基于“上海”“东盟”“昆明”三位一体的设计理念，形成了以云锰集团总部为主体形象的三栋高层塔楼的布局。主体办公楼平面为六边形，其中相隔三边向上逐层向内收缩，形成稳定的六边形平面高层体量。裙房设计结合基地的高差特点，设置下沉广场，对办公、地下超市、商场、机动车库等功能进行区分，实现人车分流。该项目采用了地源热泵技术，通过可再生能源利用、非传统水源利用、地下空间采光设计等多方位的设计控制，获评二星级绿色建筑。

王府井 · 滇池小镇

Dianchi Town, Wangfujing

项目业主：云南省城投集团
建设地点：云南 昆明
建筑功能：商业、民宿建筑
建筑面积：85 000平方米
设计时间：2016年
项目状态：建成
设计单位：云南省设计院集团有限公司
主创设计：唐春晓、夏芳、周弋力

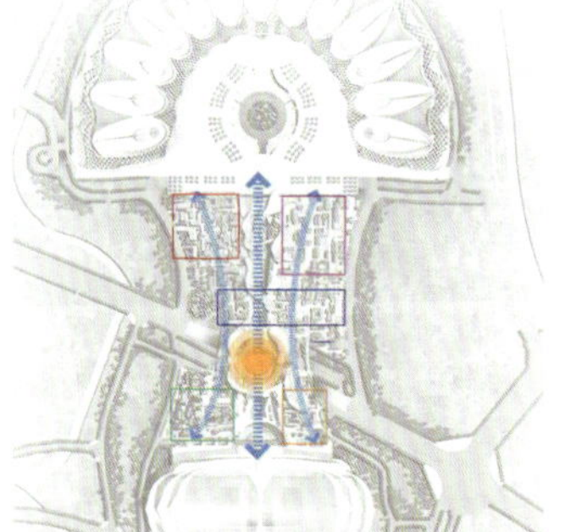

项目以“体现云南多民族特色，与周边建筑和谐共处，提倡绿色建筑、生态建筑和节能建筑”为设计理念，结合云南省多元的民族文化和独特的自然地理环境，提出“白云人家、山水印象”的设计构思。

整体规划，本着大处着眼、小处入手的思路，通过对云南的多元民族文化、自然环境和建筑发展历史的深入研究，以兼收并蓄、传承发展、控制风貌为原则，从空间景观规划入手，取云南山高谷深的自然地貌和“三江并流”的大山水格局，将旅游小镇的建筑统一在“一轴、两纵、三台、五片区、多节点”的空间规划布局中。“五片区”则以云南省的自然空间格局形成“滇西北、滇东北、滇中、滇南和中央广场”五个区域，分别展现云南省独特的地域文化和建筑文化。

悦天地项目

Yuetiandi Project

项目业主：昆明广基房地产开发有限公司
建设地点：云南 昆明
建筑功能：办公、商业、酒店建筑
用地面积：9 773平方米
建筑面积：37 322平方米
设计时间：2012年
项目状态：建成
设计单位：云南省设计院集团有限公司
主创设计：杨铭钊、张楠、金朝龙、Andrea Gestefanis、李伟

改造前

项目是在原昆明橡胶厂旧厂房建筑基础上改造建设的，以“保护+创新”为城市更新的设计理念。设计在合理有效地解决项目内部功能需求的同时较好地处理了与周边的城市空间界面关系。设计对原有旧厂房采取了分级甄别的方法，科学合理地界定了保护和新建的范围，为城市更新提供了借鉴。设计关注对旧建筑的保护，采取合理的技术措施，通过设计在如此狭小的空间里完全做到人车分流。

项目有效地避免大拆大建，为城市更新改造、绿色环保提供了非常有益的探索，为橡胶厂注入了新的希望，时空仿佛已经穿越，又能听见橡胶厂机器运转的轰鸣声……

朱岳童

职务：匠意营学工作室主持建筑师
山东同创设计咨询集团有限公司董事、执行副总裁
山东山大基础教育集团建筑设计专家顾问
执业资格：国家一级注册建筑师

教育背景

2007年—2012年　山东建筑大学建筑学学士

工作经历

2012年—2014年　北京市建筑设计研究院有限公司
2014年—2016年　同圆设计集团有限公司
2016年至今　山东同创设计咨询集团有限公司

主要设计作品

济南市龙洞片区E地块配套公建九年一贯制学校
荣获：2017年济南市优秀工程勘察设计二等奖
山东大学附属中学改造
荣获：2019年山东省优秀建筑方案设计三等奖
安德湖威森未来学校
荣获：2019年山东省优秀建筑方案设计三等奖
伊璞高级中学
荣获：2019年山东省优秀建筑方案设计三等奖
2020年中国国际建筑装饰与艺术博览会华鼎奖金奖
2021年济南市优秀工程勘察设计三等奖
济南高新区康虹路学校
荣获：2021年济南市优秀工程勘察设计二等奖
山大地纬软件研发基地
德州市永锋实验幼儿园
威海高新区山大实验学校
山东大学实验学校（青岛校区）
绿地国际博览城C-3项目
绿地国际博览城配套学校、幼儿园
山东省实验中学教育集团-济南新航实验外国语学校改造工程
江苏省扬州中学综合实验楼
济南外国语学校正丰中学
济南崇华中学项目建设全过程咨询
济南东城逸家第二小学项目建设全过程咨询
济南烯谷国际中心配套学校、幼儿园
济南市历下区姚家学校

公益捐助项目

河南省驻马店市确山县第五中学改造设计
河南省驻马店市确山县留庄镇中心学校设计
河南省驻马店市确山县实验学校设计

匠意营学工作室聚焦于基础教育类项目建设，服务内容涵盖建筑新建及改扩建设计、室内设计、景观设计、校园文化设计及建设项目全过程咨询工作等。近年来，匠意营学工作室在教育类项目设计方面形成了自己的独特优势，主持设计了近50所学校的新建、改扩建工程，并多次获得过“华鼎奖”金奖、山东省优秀建筑方案设计、济南市优秀工程勘察设计等奖项，与多家知名教育集团建立了长期战略合作关系。

山东同创设计咨询集团有限公司成立于1996年，由济南市建委下属设计院改制而成，具有建筑工程设计甲级、工程监理甲级、工程造价乙级等资质。它是一家以工程设计和工程监理为主，集招标代理、造价咨询、项目管理、工程全过程咨询于一体的技术密集型工程设计咨询集团。

集团下设四个建筑设计院、工程监理公司、工程造价和招标公司及工程全过程咨询公司。现有专业技术人员300余人，其中各类注册工程师50余人（含建筑、结构、规划、公用设备、电气、监理、造价、建造等专业）。一流的人才、完善的管理体系共同构筑了顶尖的工程设计、监理和咨询一体化的设计咨询集团。

地址：济南市解放东路
金宇大厦11层
电话：0531-88752785
传真：0531-88752785
网站：www.sdtcsj.cn
电子邮箱：admin@tcad.net.cn

山东大学实验学校（威海校区）

Experimental School of Shandong University (Weihai Campus)

项目业主：威海高新控股集团有限公司
　　　　　山东山大基础教育集团
建设地点：山东 威海
建筑功能：教育建筑
用地面积：91 486平方米
建筑面积：80 709平方米
设计时间：2020年
项目状态：在建
设计单位：山东同创设计咨询集团有限公司
主创设计：朱岳童
参与设计：丁奇、辛宁、宋羽、项敬北

结合山东山大基础教育集团的办学理念、威海海滨城市的地域特色，建筑师为该项目赋予了一个美丽的主题“书海拾贝”，并将这一主题贯穿规划、建筑、景观、室内等一系列设计中。设计充分借助场地内的高差及山体景观资源，通过各年级独立的建筑单体及场地高差来塑造自由而富有秩序感的校园空间。空间体验是学生感受建筑的主要方式，在设计中针对不同功能营造不同的场所体验感，教学空间体现内敛性，广场空间体现礼仪性，活动空间体现开放性。

山东大学实验学校（青岛校区）

Experimental School of Shandong University (Qingdao Campus)

项目业主：青岛市海洋科技投资发展集团、山东山大基础教育集团
建筑功能：教育建筑
建筑面积：96 960平方米
项目状态：在建
设计单位：山东同创设计咨询集团有限公司
匠意营学工作室
主创设计：朱岳童
参与设计：郑延鼎、丁奇、项敬北

建设地点：山东 青岛
用地面积：112 328平方米
设计时间：2019年—2020年

设计团队在与山东山大基础教育集团的一系列项目合作中，持续探讨如何实现学校建筑3.0时代的校园基础设施建设。最终探索出一种针对开放式、走班制、学部制教学理念的标准化教学单元模块，从而实现校中校、班组群、混龄制教学和跨年级导师制等一系列教育方式和教育理念，并且可以随学校规模及用地变化任意组合，以适应新高考模式下集团化办学的各种需求。项目建成后，将在山东大学实验学校（青岛校区）形成幼儿园、小学、初中、高中的配套基础教育体系，从而更好地推进“共享生命成长”的教育实践。

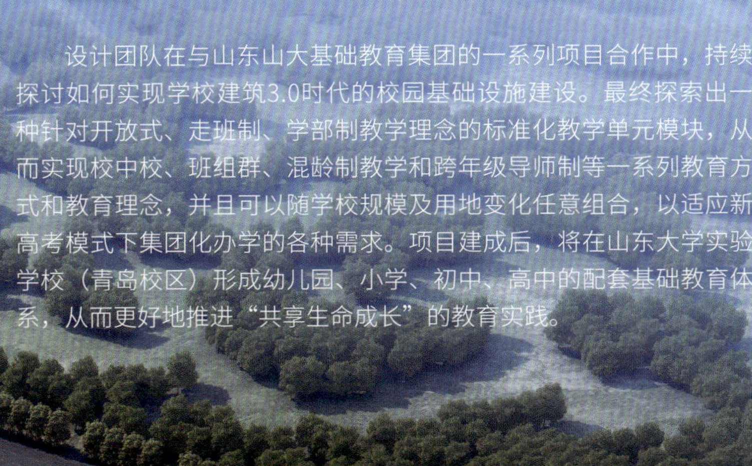

伊璞高级中学

Yipu Senior Middle School

项目业主：山东永锋置业有限公司
建设地点：山东 德州
建筑功能：教育建筑
用地面积：81 972平方米
建筑面积：112 829平方米
设计时间：2019年
项目状态：建成
设计单位：山东同创设计咨询集团有限公司
主创设计：朱岳童
参与设计：郑延鼎、辛宁、宋羽、项敬北

项目打破了超大型高中一贯的布局模式，借鉴国外学校“校中校”模式，开创性地采用了教学模块化布局方式。设计将大规模学校分为若干个小社区，几个社区之间共享公共服务设施。各个社区相对独立完整，避免了单一尺度、规模巨大的校园浪费空间场所，能够有效改善日常交通流线，增强空间的停留感、交往性，创造围合性强的积极空间。同时将体育场馆、礼堂等使用率不高的公共服务设施布置在外围，可以在不影响正常教学的前提下向社区和城市开放。因此，方案设计在布局模式、结构形态、空间构成等方面充分体现灵活、开放、有机、弹性、与社区和城市共享的特征，充分满足教学需求，实现全民教育、构建学习型社会的目标。

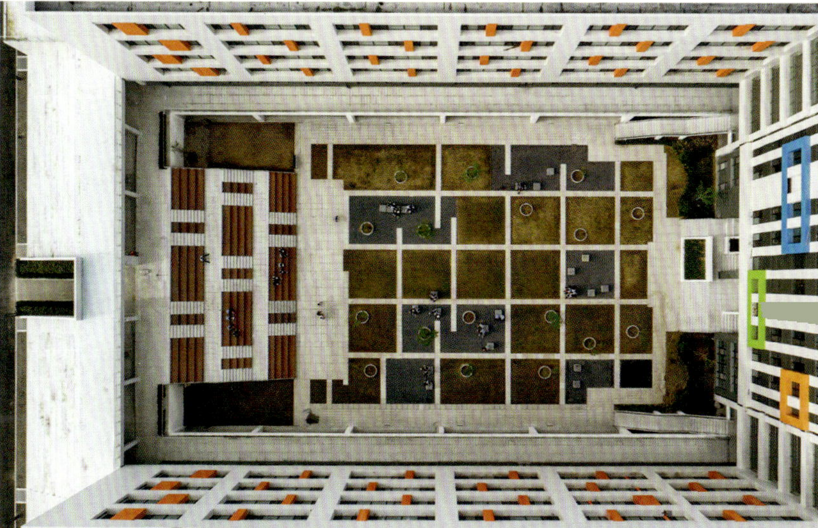

张葵

职务：清华大学建筑设计研究院有限公司副总建筑师
第一分院总建筑师
职称：高级工程师
执业资格：国家一级注册建筑师

教育背景
1991年—1994年　清华大学建筑学硕士

工作经历
1994年至今　清华大学建筑设计研究院有限公司

主要设计作品
中国中医科学院中药科技园一期工程青蒿素研究中心
张家口奥林匹克体育公园国家跳台及越野滑雪中心
华山游客中心
石家庄国际会展中心
乔波冰雪世界滑雪馆及配套会议中心
万载田下古城保护区（核心区）
承德医学院附属医院
吉林大学基础教育园区教学及实验楼
广州市花都区秀全中学

张红

职务：清华大学建筑设计研究院有限公司建筑策划
与设计分院副院长
职称：正高级工程师
执业资格：国家一级注册建筑师

教育背景
1986年—1992年　清华大学建筑学学士

工作经历
1992年至今　清华大学建筑设计研究院有限公司

主要设计作品
2022年北京冬季奥运会冬季两项比赛中心
石家庄国际会展中心
清华大学光华路校区大楼
山东省博物馆新馆
台州博物馆
渭南博物馆
中国第一历史档案馆
奥运会北京射击馆
北京联合大学旅游学院综合实训楼

姚虹

职务：清华大学建筑设计研究院有限公司
第一分院院长
职称：高级工程师
执业资格：国家一级注册建筑师

教育背景
1993年—1996年　清华大学建筑学硕士

工作经历
1996年至今　清华大学建筑设计研究院有限公司

主要设计作品
清华大学出土文献研究与保护中心
清华大学新土木馆
清华大学百年会堂（音乐厅及校史馆）
2022年北京冬奥会北欧中心跳台滑雪场（看台）
北京宋庄文化创意产业集聚区A1地块项目
清华长三角研究院创业大厦
乔波冰雪世界滑雪馆及配套会议中心
山东庆云文化中心
平顶山文化中心

清華大學 建筑设计研究院有限公司
ARCHITECTURAL DESIGN & RESEARCH INSTITUTE
OF TSINGHUA UNIVERSITY CO., LTD.

清华大学建筑设计研究院成立于1958年，为国内知名建筑设计机构，2011年1月改制为清华大学建筑设计研究院有限公司（THAD），2011年11月，被认定为北京市“高新技术企业”。

THAD2011年被中国勘察设计协会审定为“全国建筑设计行业诚信单位”，2012年被中国建筑学会评为“当代中国建筑设计百家名院”，2013年被中国勘察设计协会评为“全国勘察设计行业创新型优秀企业”。

THAD现有员工1 300余人，包括中国科学院和中国工程院院士6人、勘察设计大师3人、国家一级注册建筑师202人、一级注册结构工程师72人、注册公用设备工程师37人、注册电气工程师14人。有9个综合设计分院、8个专项设计分院，以及以教师创作为特色的创新设计分院及3个教师工作室和4个院级研究中心。

成立至今，THAD始终严把质量关，秉承“精心设计、创作精品、超越自我、创建一流”的奋斗目标，热诚地为国内外社会各界提供优质的设计和服务。THAD的队伍是年轻和充满活力的，如果说建筑是一座城市的文化标签，THAD的建筑师将用流畅的线条勾勒它，用灵魂的笔触描绘它，用迸发的激情演绎它，目的只有一个——让世界更加美好。

地址：北京市海淀区清华大学
建筑设计中心楼
网址：www.thad.com.cn

经营计划部
电话：010-62788579
电子邮箱：jzsjy@tsinghua.edu.cn

人力资源部
电话：010-62782687
电子邮箱：hr@thad.com.cn

石家庄国际会展中心

Shijiazhuang International Convention and Exhibition Center

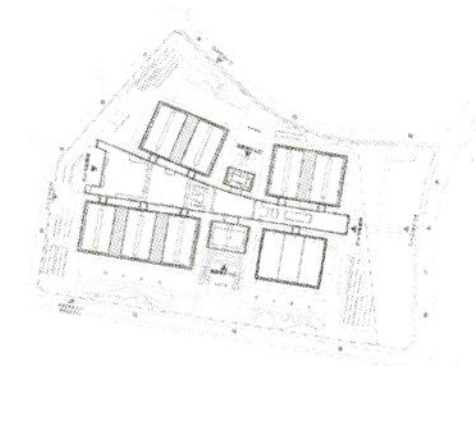

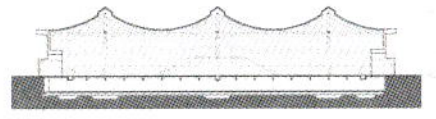

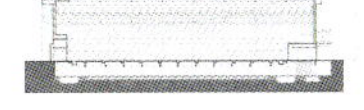

项目业主：中建浩运有限公司
建设地点：河北 石家庄
建筑功能：展览、会议建筑
用地面积：644 361平方米
建筑面积：359 213平方米
设计时间：2015年—2017年
项目状态：建成
设计单位：清华大学建筑设计研究院有限公司
项目负责：庄惟敏、张葵、张红
设计团队：张维、梁增贤、章宇贲、王禹、王威、龚佳振、张啸乾、于航、李璞、李向苡、张怀萍、吴雪、王子林、刘永彬
获奖情况：2009年—2019年中国建筑学会建筑创作大奖
2019年教育部优秀工程勘察设计一等奖
2019年全国优秀工程勘察设计一等奖
2020年全国绿色建筑创新设计二等奖

项目紧邻石家庄正定国际机场、机场高铁站等重要交通枢纽，建筑功能主要包括展览、会议两部分。场地形状呈不规则的五边形，规划布局由中央枢纽区串联会议和展览各个部分，呈鱼骨式展开。中央枢纽区作为主要的中央大厅和会议中心，承载着人流、集散、服务等公共性功能。展览部分包含7个面积为11 000平方米的标准展厅和一个面积为26 000平方米的大型多功能展厅，总体展览建筑面积达110 000平方米。展厅部分采用悬索结构，是目前建成的世界最大悬索结构展厅。

清华大学光华路校区大楼

Guanghua Road Tower of Tsinghua University

项目业主：清华大学　　建设地点：北京
建筑功能：科研、办公建筑　　用地面积：8 876平方米
建筑面积：149 974平方米　　设计时间：2013年—2015年
项目状态：建成
设计单位：清华大学建筑设计研究院有限公司
项目负责：庄惟敏、张红
设计团队：张维、龚佳振、张咏、解志军、王毓杰、于航、陈瞰

项目位于北京市CBD核心区，建筑高度231米，主要功能为科研和办公，毗邻中国尊和中央电视台两座地标性建筑，是CBD核心区唯一全过程由中方设计团队完成的超高层项目。

设计以功能的需求为切入点，进行建筑策划分析并引导设计。从工程设计层面进行精细化挖掘，使标准层达到较高的使用系数。限额设计方面采取适宜的技术策略，多方面降低成本，结构选定筒中筒方案，外立面选用石材幕墙而非玻璃幕墙以降低能耗、节约成本。夜景照明、景观设计、室内装修设计，不追求豪华和新奇，反复打磨，努力寻求最得体的解决方案。

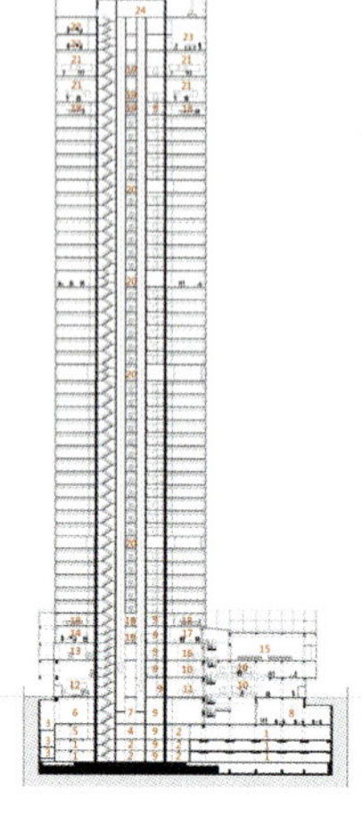

华山游客中心

Mt.Huashan Visitor Center

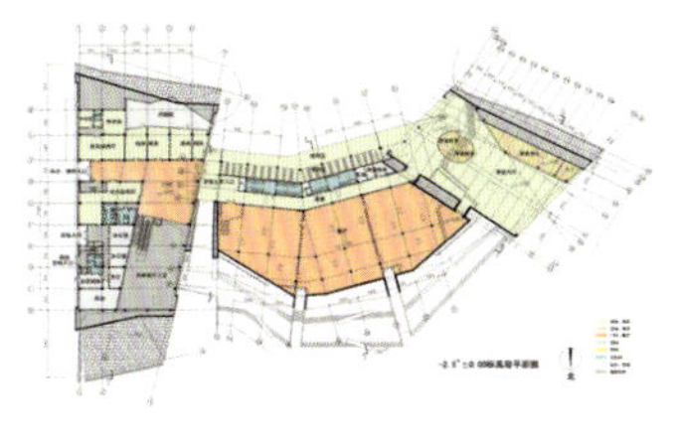

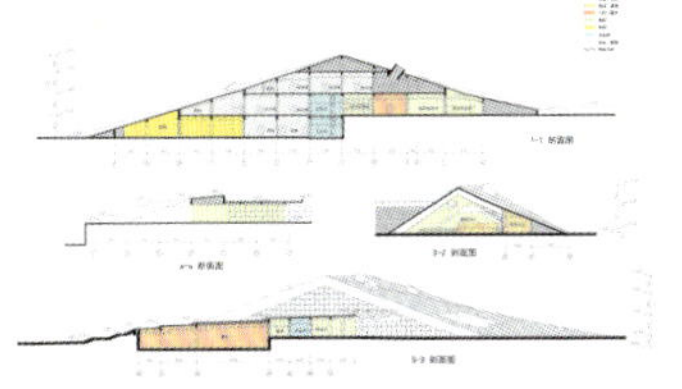

项目业主：华山风景名胜区管理委员会
建设地点：陕西 华阴
建筑功能：旅游服务
用地面积：408 008平方米
建筑面积：8 667平方米
设计时间：2008年—2009年
项目状态：建成
设计单位：清华大学建筑设计研究院有限公司
设计团队：庄惟敏、张葵、陈琦、章宇贲、梁增贤
获奖情况：2012年中国建筑学会建筑创作金奖
2013年教育部优秀工程勘察设计一等奖
2013年全国优秀工程勘察设计一等奖
2014年亚洲建协建筑奖提名奖
2009年—2019年中国建筑学会建筑创作大奖

项目位于陕西省华阴市城南、华山的北麓。设计采用尊重自然、尊重华山的设计理念，遵循宜小不宜大、宜藏不宜露的原则。整座建筑匍匐在华山脚下，融入原有的自然环境之中。

游客中心是集游客集散、咨询服务、导游服务、旅游购物、餐饮及配套办公管理等功能于一体的综合性小型建筑。主体建筑高二层，地下局部一层。建筑采用简洁合理的几何形体，山形的折板屋顶自地面升起，侧面灰绿色的玻璃幕墙掩映在青山绿树中，与环境融为一体。屋顶及台地上散落的透光立方体将自然光引入室内。室外广场及层层台地均设有无障碍坡道，方便游人到达。屋顶及广场台地均使用当地石材。

清华长三角研究院创业大厦

Yangtze Delta Region Institute of Tsinghua University, Chuangye Tower

项目业主：浙江清华长三角研究院

建筑功能：科研、办公建筑

建筑面积：95 000平方米

项目状态：建成

建设地点：浙江 嘉兴

用地面积：32 000平方米

设计时间：2006年—2011年

设计单位：清华大学建筑设计研究院有限公司

设计团队：庄惟敏、姚虹、宋烨皓、梁增贤

获奖情况：2009年教育部优秀工程勘察设计三等奖

2009年中国建筑学会建筑创作大奖

项目分两期建设，建筑规模为地上21层、地下3层、裙房3层，建筑高度为97.9米。

建筑立面设计体现了江南水乡特色，结合清华早期建筑采用红砖的特点，表达鲜明的时代气息。设计采用了通高的预制暖色混凝土外挂板单元和玻璃幕墙体系，混凝土外挂板为反打板作为外墙挂在主体建筑上，其数量从低层到高层，逐层递减，以展现从地到天，从实到虚的渐变，并以混凝土挂板的红色调来体现清华“红砖”特点。塔楼的东西立面则采用玻璃幕墙，用磨砂玻璃和透明玻璃混排，这样利用玻璃自身的通透，形成一种梦幻般的效果。塔楼顶层为屋顶花园，花园顶部设计了与侧墙相同的遮阳体系。裙房则采用了大面积的玻璃幕墙，体现建筑的科技性和时代性。

乔波冰雪世界滑雪馆及配套会议中心

Qiaobo
Ice & Snow World

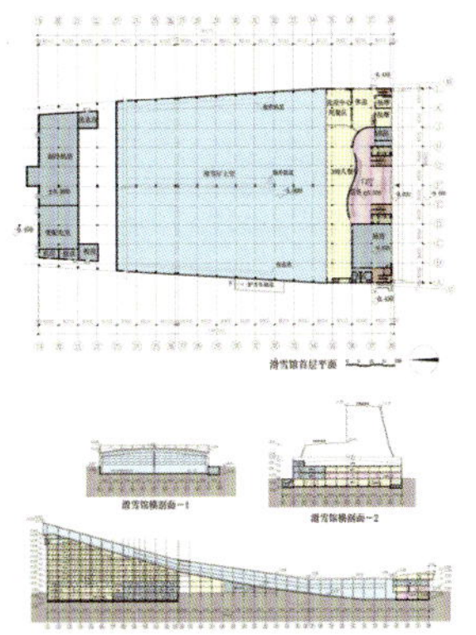

项目业主：北京乔波冰雪世界体育发展有限公司
建设地点：北京
建筑功能：体育建筑
用地面积：48 048平方米
建筑面积：52 728平方米
设计时间：2003年—2006年
项目状态：建成
设计单位：清华大学建筑设计研究院有限公司
设计团队：庄惟敏、张葵、姚虹、杜爽、梁增贤、杨彩亮
获奖情况：第十一届首都城市规划建筑设计方案二等奖
第十三届北京市优秀工程设计二等奖
2008年全国建筑设计行业优秀工程设计一等奖
2008年全国优秀工程勘察设计银奖
2009年中国建筑学会建筑创作大奖

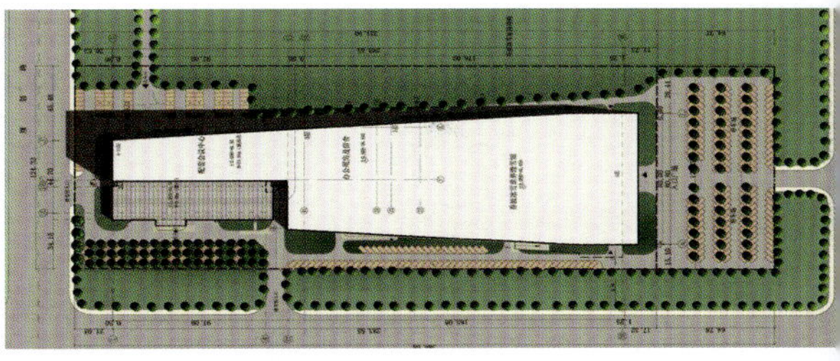

项目位于北京市顺义区牛栏山镇，其中滑雪馆建筑面积为28 691平方米、配套会议中心面积为24 037平方米，建筑高度为54.36米。滑雪馆部分主体由滑雪大厅及服务区组成，滑雪大厅位于会议中心和管理用房之上，滑道终点部分深入地下，滑道长261米，滑道坡度为6°~18°，总落差为49.5米，分初级与专业两个滑道区，各滑道区平面呈起点窄、终点宽的梯形，滑道顶部结构跨度为24~40米。配套会议中心设有176套客房及辅助用房。

滑雪馆落差为49.5米的滑雪坡道由结构凌空架起，在高耸的滑雪坡道下利用结构架空空间配套建设会议中心，充分实现了对特定结构空间的合理利用。

张煜

职务：中国中元国际工程有限公司国际工程院副总建筑师、建筑创作室主任
职称：高级工程师

教育背景

2001年—2006年　西安交通大学建筑学学士
2008年—2010年　英国诺丁汉大学建筑学技术硕士
2008年—2011年　西安交通大学建筑学硕士

工作经历

2011年至今　中国中元国际工程有限公司

个人荣誉

2019年中国中元国际工程有限公司先进个人
第九届北京青年规划师建筑师演讲比赛三等奖
第八届北京青年规划师建筑师演讲比赛三等奖
2012年—2014年度中国中元青年业务能手
中国中元国际工程有限公司青年先锋

主要设计作品

柬埔寨国家体育场
荣获：第八届“创新杯”BIM应用大赛优秀体育建筑应用奖
第九届“龙图杯”全国BIM大赛设计组一等奖
中国中元国际工程有限公司优秀建筑方案奖
白俄罗斯国家足球体育场
荣获：第十一届“创新杯”BIM设计大赛文体类建筑特等奖
中国中元国际工程有限公司优秀建筑方案奖
南宁五象湖配套工程
荣获：2016年机械工业优秀工程勘察设计奖
乌鲁木齐航空生产运行基地
荣获：2018年优秀勘察设计BIM设计专项奖
2018年中国中元国际工程有限公司优秀建筑方案奖
援白俄罗斯国际标准游泳馆
荣获：2020年机械工业优秀工程勘察设计咨询成果奖
塞内加尔竞技摔跤场
加纳海岸角体育场
科摩罗莫罗尼国家体育场

中国中元国际工程有限公司是集工程咨询、工程设计、工程总承包、项目管理、设备成套、装备制造和技工贸为一体的大型工程公司。

公司具有工程设计综合甲级、建筑工程施工总承包一级、专业承包一级（电子与智能化工程、建筑装修装饰工程、消防设施工程、建筑机电安装工程）及对外承包工程资格证书及其相关资质，可以承接全行业、各等级的工程设计业务和从事工程设计资质标准划分的建筑、机械、医药、船舶、兵器、市政、商业、化工、能源、建材、轻工等21个行业的工程总承包、项目管理及境外工程承包等业务；也可承接建筑工程施工总承包一级资质范围内的施工总承包、工程总承包和项目管理业务。

公司具有城乡规划编制、工程监理、工程咨询、工程造价咨询等甲级资质，具有压力管道设计资格、独立的进出口经营贸易权、对外经济合作资格、进出口企业资格、自理报关单位注册登记、工程招标代理机构资质、施工图设计文件审查许可及建筑装饰工程设计与施工等资质证书。公司具有市政行业（载人索道）工程设计甲级、工程咨询单位（索道工程）、工程咨询单位（索道工程）项目管理和索道工程评估咨询等资格证书。

公司现有员工3 300余人，其中全国勘察设计大师1人、有突出贡献的中青年专家1人、享受国务院政府特殊津贴人员20人、国机集团首席专家1人、各学科博士和硕士等879余人、高级工程师以上人员844余人。公司的组织机构设置有13个直属生产单位、3个技术支撑部门、10个职能管理部门，在北京、海口、厦门、上海、长春、南京设有10个二级法人单位，在广东、安徽、青海、四川、浙江、陕西等地设有分公司。公司在境外先后设立了驻乌兹别克斯坦、柬埔寨、多米尼加、古巴等国的境外办事处。

公司秉承“质量是生命，精心设计、创优工程、诚信服务，保护环境、珍爱生命，是我们对顾客、社会、员工始终不渝的承诺”的管理方针，质量、环境、职业健康安全管理体系健全，数十年来一直跻身于全国勘察设计综合实力、工程承包和项目管理百强单位的行列。

地址：北京市海淀区西三环北路5号
电话：010-68458355
传真：010-68732688
网址：www.ippr.com.cn
电子邮箱：office@ippr.net

乌鲁木齐航空生产运行基地

Urumqi Avivation Production and Operation Base

项目业主：乌鲁木齐航空公司
建设地点：新疆 乌鲁木齐
建筑功能：办公建筑
用地面积：282 000平方米
建筑面积：209 800平方米
设计时间：2017年
项目状态：2021年建成
主创设计：张煜
设计团队：张煜、李洋、孙连章、李卓
建筑摄影：张煜

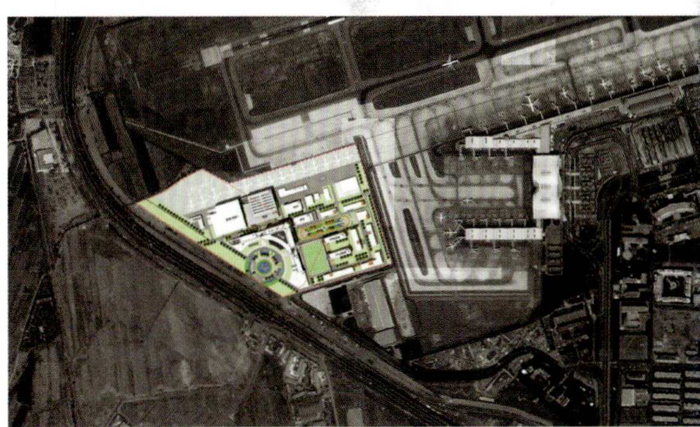

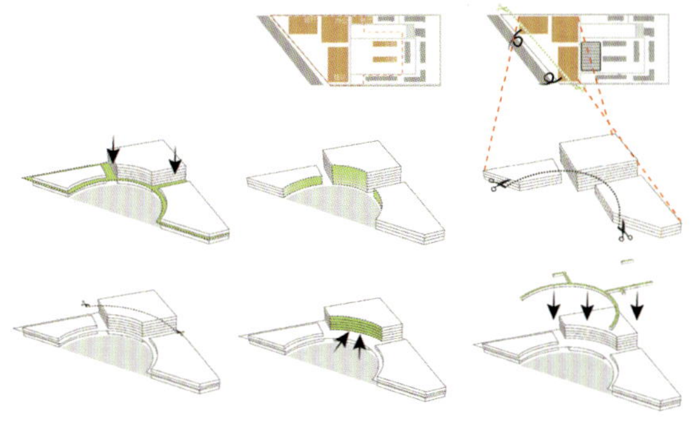

项目位于乌鲁木齐地窝堡国际机场西侧，属于乌鲁木齐市重点项目，建筑集办公培训、生活保障、生产维修于一体，包含综合楼、出勤楼、食堂、机库、航材库、连廊等功能。

设计充分考虑多期建设和不同单体之间的功能联系，在形成完整统一的建筑形象的同时兼顾了不同功能之间的独立性。环抱形的综合主楼结合圆形前广场形成园区的主入口，南向环廊结合玻璃幕墙将办公、培训、康体三个功能空间串联起来，形成了纯粹完整的建筑主立面。场地内主要建筑物之间均有连廊连接，满足使用功能的同时增强建筑群的整体性。

方案采取了现代办公建筑的设计元素，同时又汲取了传统院落建筑的组合模式，营造出了一个功能合理、形式优美独特、环境宜人的现代办公建筑群。

柬埔寨国家体育场

Cambodia National Stadium

项目业主：中华人民共和国商务部
建设地点：柬埔寨 金边
建筑功能：体育建筑
用地面积：142 000平方米
建筑面积：86 000平方米
座位数量：60 000座
设计时间：2015年—2017年
项目状态：2021年建成
主创设计：张煜
设计团队：丁建、董振侠、张煜、李洋、孔垂洋、张璐茜

项目位于金边市内洞里萨河与湄公河交汇三角洲之上国家体育公园之内，可举办高标准洲际运动会、世界杯等大型国际足球赛事及国家庆典活动，将对柬埔寨体育事业发展起到显著的推动作用。

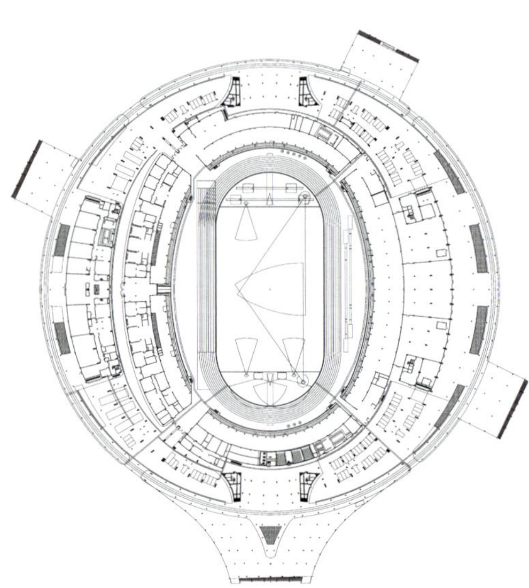

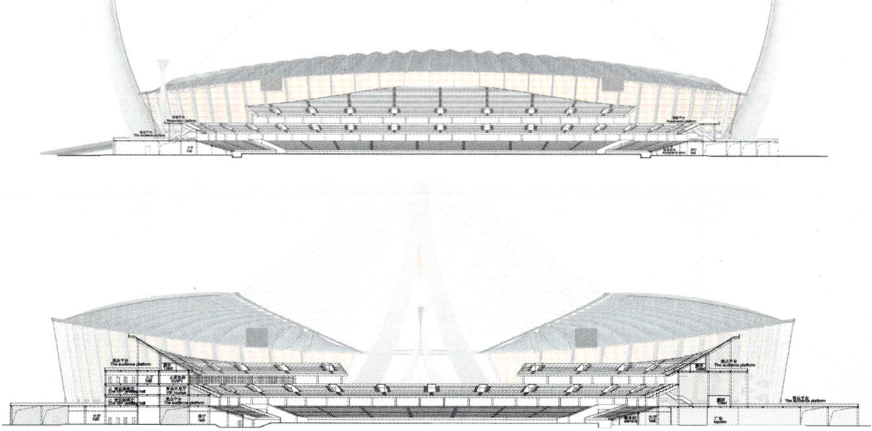

方案创意源于对柬埔寨丰富民族元素与传统精神的理解和解读，通过提取符号性的设计元素，用简洁现代的设计手法进行实现，创造出一个蕴含柬埔寨国家与民族精神的现代简洁建筑形象。形体设计上采用巨构式的体育建筑设计手法，强调主要结构构件对建筑形体的控制力，形成“柬埔寨之舟”的整体建筑形象。同时把“合十礼”、古代建筑屋脊等传统元素融入其中，建成一个内涵丰富、形式简洁有力的现代体育场。

设计中结合场地现有条件，将古代吴哥窟护城河的总体规划思想引用到方案中，形成一条环绕体育场的环形水面。这一水体将普通观众流线与特殊人群流线巧妙分割，同时又在体育场前营造出一个纯净庄严的开阔空间，烘托出体育场的主体形象，并且为人们观赏建筑留出了合适的距离。建筑以“安全、实用、经济、美观”为设计原则，将体育建筑的使用功能与建筑美学完美结合。

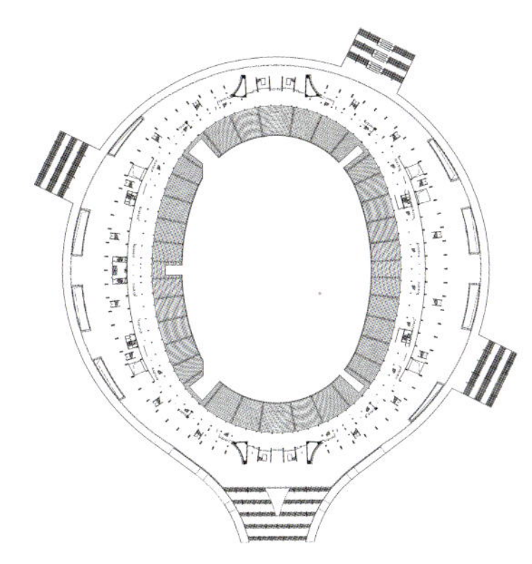

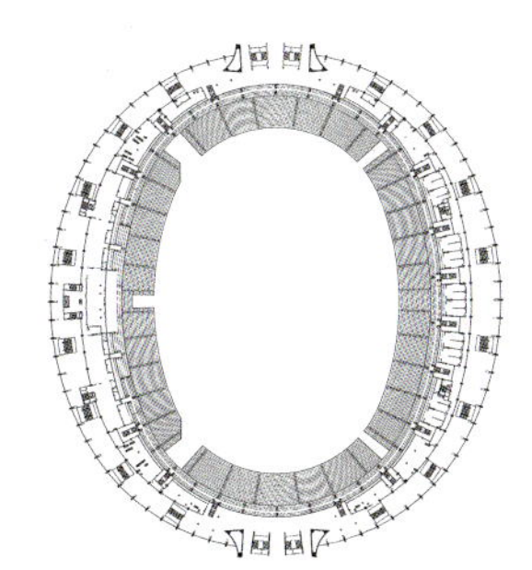

白俄罗斯国家足球体育场

Belarus National Football Stadium

项目业主：白俄罗斯明斯克迪纳摩管理机构
建设地点：白俄罗斯 明斯克
建筑功能：体育建筑
用地面积：124 300平方米
建筑面积：48 000平方米
座位数量：33 000座
设计时间：2019年—2020年
项目状态：在建
主创设计：张煜
设计团队：张煜、刘思远、吴茂梅、赵晓甜、刘肖肖

体育场采用欧足联标准设计，完全满足FIFA与UEFA的技术要求。体育场看台采用两层布置模型，包厢层设在夹层，减小视距以提供高品质观赛体验。参数化设计既保证看台的最优化，又提供准确的看台分区。从场地到观众设施的无障碍系统设计为不同观众提供全方位便捷服务。首层设置集中商业与足球博物馆，结合博物馆引入人流，形成良好的商业与文化氛围。UEFA Club、Skybox、开敞平台等商业空间集中布置于二三层，为观众提供最便捷的交通和高档次的服务。北侧低区设置活动看台，可提供用于商业活动的完整舞台空间。

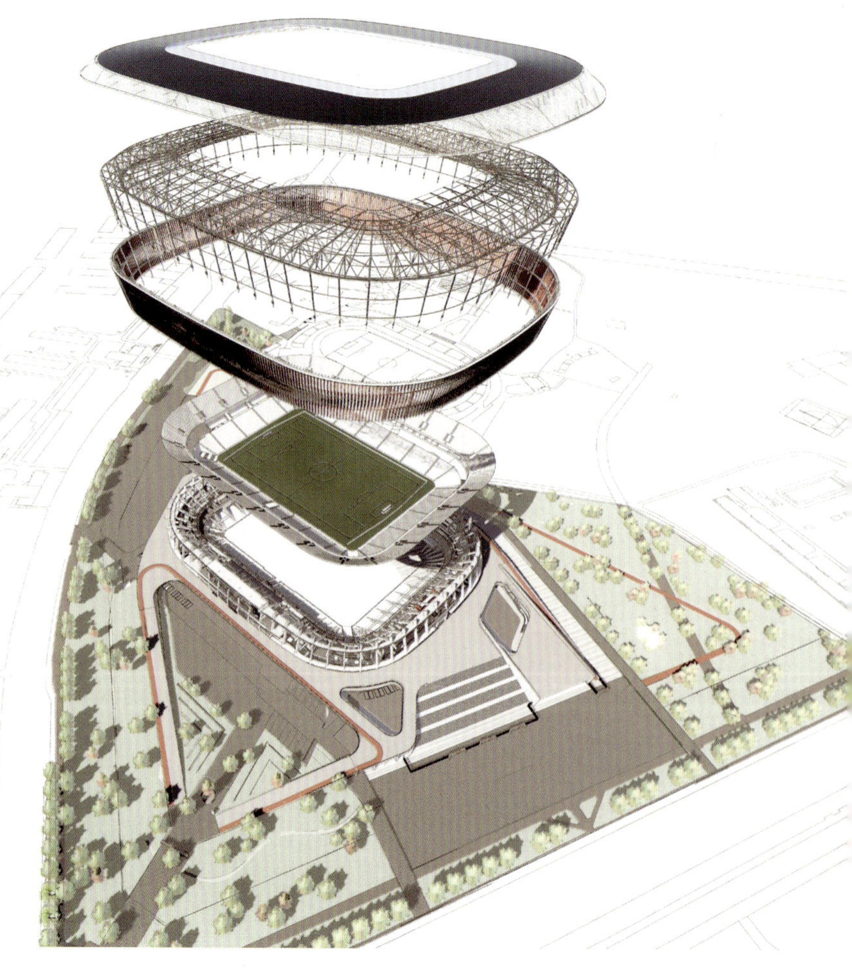

体育场建成后将成为白俄罗斯最先进的专业足球体育场、明斯克市新的地标，也会成为白俄罗斯足球运动发展的新殿堂。它是中国建筑师首次在欧洲地区主持设计欧洲标准的专业足球体育场，是具有里程碑意义的项目，也是中国设计走出去战略的一次重要实践。

张力

职务：同济大学建筑设计研究院（集团）有限公司
城市与规划设计研究中心主任(院长)
职称：高级工程师
执业资格：国家注册城市规划师

教育背景

1989年—1993年　同济大学城市规划学士
1994年—1996年　同济大学建筑学硕士
2005年—2010年　同济大学城市规划博士

工作经历

1996年—2014年　同济大学建筑与城市规划学院
2014年至今　同济大学建筑设计研究院（集团）有限公司

个人荣誉

上海市城市规划学会城市设计专业委员会委员

主要设计作品

上海工程技术大学新校区规划
荣获：2005年度教育部优秀规划设计二等奖
华东政法学院新校区规划
荣获：2005年度教育部优秀规划设计三等奖
上海市重大工程配套商品房基地规划
荣获：2006年度上海市优秀规划设计三等奖
同济大学嘉定校区总体规划
荣获：2007年教育部优秀规划设计三等奖
2008年上海市建筑学会建筑创作奖佳作奖
南开大学津南校区总体规划
荣获：2017年教育部优秀规划设计一等奖
2019年上海市建筑学会建筑创作奖优秀奖
2019年上海市优秀城乡规划设计三等奖
荆门市中央商务区城市设计
荣获：2017年湖北省优秀城乡规划设计三等奖
荆门市爱飞客镇城市设计
荣获：2017年湖北省优秀城乡规划设计三等奖
郑州市中原区总体城市设计
荣获：2018年河南省优秀工程咨询成果二等奖
奉贤新城“上海之鱼”周边区块城市设计
荣获：2019年上海市建筑学会建筑创作奖提名奖
2020年中国建筑学会建筑设计奖城市设计三等奖
遵义市新蒲新区美丽乡村及古村落改造规划
荣获：2019年上海市建筑学会建筑创作奖佳作奖
2019年上海市优秀城乡规划设计奖三等奖
山西师范大学整体搬迁建设项目
荣获：2019年教育部优秀规划设计三等奖
中国地质大学（武汉）未来城校区规划
荣获：2021年教育部优秀规划设计二等奖
2021年上海市建筑学会建筑创作奖佳作奖
兴义市文化艺术城城市设计及控制性详细规划
荣获：2021年上海市建筑学会建筑创作奖优秀奖
武侯区摩尔仓储TOD项目暨重点地段详细城市设计
荣获：2021年上海市建筑学会建筑创作奖佳作奖
青岛城阳亚洲杯足球小镇项目规划设
荣获：2021年上海市建筑学会建筑创作奖佳作奖
宜宾高县新城滨水地块及核心商业地块城市设计
荣获：2021年上海市建筑学会建筑创作奖佳作奖

同济大学建筑设计研究院（集团）有限公司
TONGJI ARCHITECTURAL DESIGN (GROUP) CO., LTD.

同济大学建筑设计研究院（集团）有限公司（以下简称：TJAD）

TJAD成立于1958年，总部设于上海，依托同济大学在规划建筑领域的深厚底蕴。TJAD拥有从项目立项、规划、建筑、市政、交通、景观、环境到室内设计的完整设计咨询产业链，持有建筑行业甲级、市政行业专业甲级、公路行业（公路、特大桥梁）专业甲级、环境工程专项甲级、风景园林工程设计专项甲级、工程勘察专业类甲级、文物保护勘察设计甲级等多项设计资质及国家计委颁发的工程咨询证书，是目前国内设计资质涵盖面最广的设计单位之一。TJAD现有员工5 000多人。

使命：用创造性的劳动让人们生活和工作在更美好的环境中。

愿景：成为受人尊敬的具有全球影响力的设计咨询企业。

核心价值观：以顾客为中心，与员工共同成长。

企业精神：同舟共济，追求卓越。

城市与规划设计研究中心（以下简称：城规中心）

城规中心是同济大学建筑设计研究院（集团）有限公司唯一直属规划机构，以“树产品、创品牌、建团队”为经营理念，重点围绕规划设计开展业务，以“服务配合、开拓市场、赢取口碑”为核心工作，从规划层面全力拓展市场，为集团其他部门提供全方位的规划咨询服务，延伸与完善集团设计产业链，全力配合和推进集团规划设计事业的发展。

城规中心秉持“特色化、专业化、精品化”的发展思路，依托同济大学在规划设计领域强大的综合实力，以灵活创新的工作机制，主要承接从总规到详规各个层面的规划设计业务。

城规中心以同济大学强大的科研团队为后盾，借助同济大学规划建筑学科在国内外的领先地位和影响力，集合规划领域内不同技术专长的专业人员组成精英团队。城规中心主要研究方向为“城市设计、校园规划、存量更新、特色文旅、城市重点片区规划、居住区规划”等，在业内具有较好的口碑，并已经获得一定的声誉和竞争优势。

地址：上海市杨浦区四平路1230号
同济建筑集团大楼535室
电话：021-35377670
传真：021-35377105
网址：www.tjad.cn
电子邮箱：65988655@163.com
cg-11-zhang-l@tjad.cn

郑州市公共文化服务区城市设计与整体协调

Urban Design and Overall Coordination For Zhengzhou Public Cultural Service Area

项目业主：郑州市城乡规划局
建设地点：河南 郑州
建筑功能：公共建筑
用地面积：1 530 000平方米
建筑面积：1 412 800平方米
设计时间：2015年—2020年
项目状态：部分建成
设计单位：同济大学建筑设计研究院（集团）有限公司
主创设计：张力、黄宏智、张灿、祝军祥、李阳
吴佩洲、徐佩、徐嘉婧、兰斌

城市设计重点针对“四个中心”项目各个单体建筑外的公共区域进行整合研究，并注重坚持“四个一体化”的整体性理念。

（1）核心公共空间一体化。以公共景观带和文化广场为主体，向南北两侧文化建筑拓展延伸，形成一个位于建筑群中部、景观连续、空间整合的核心开放空间。

（2）地上地下空间一体化。通过下沉广场、采光天棚、光导管等多种手段，实现地面空间与地下一、二层空间一体化整合发展的目标。

（3）多项专业协作一体化。以统筹、整合思维为导向，协调各设计单位、 各专业、各平台公司之间的关系，实现多专业协作设计一体化。

（4）建设运营管理一体化。在建设指挥部的统一指挥下，坚持前期设计施工与后期运营管理一体化统筹考虑的思路，确保项目整体建设有序推进。

遵义市新蒲新区美丽乡村及古村落改造规划

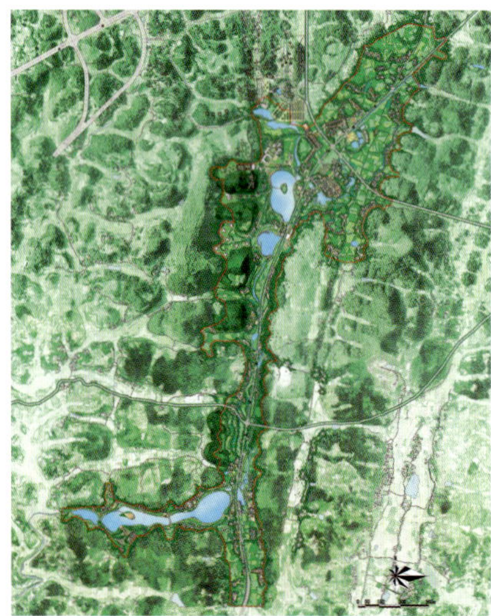

The Beautiful Country Planning and Ancient Villages Reconstruction Planning For Zunyi Xinpu New District

项目业主：遵义洛安生态开发投资有限责任公司
建设地点：贵州 遵义
建筑功能：村落改造
用地面积：2 260 000平方米
设计时间：2016年—2017年
项目状态：建成
设计单位：同济大学建筑设计研究院（集团）有限公司
主创设计：张力、黄宏智、张嵩崴、马丽君、朱宁
景敏、莫唐筠

项目位于遵义市东部的洛安江西岸，是遵义市洛安江流域生态文明先行示范区内的重要启动项目和示范项目之一。设计紧扣原有地形山水，探索有鲜明文化特征、可复制的村庄改造建设模式，打造具有示范意义的“美丽乡村”。

规划依据市场需求，利用场地自身的资源和环境条件，调整现有传统农业的产业结构，培育新兴现代农业的产业增长点，串联花卉种植、农业体验、乡村旅游、文化休闲等活动，形成“绿色产业+文化产业+旅游产业”三条产业发展方向，塑造具有文脉和地域特色的空间节点与完整的公共空间体系，打造完善而醒目的“十里荷塘、百年古村”印象，形成景观效益、生态效益、经济效益的统一。

南开大学津南校区总体规划

General Planning of Jinnan Campus of Nankai University

项目业主：南开大学
建设地点：天津
建筑功能：教育建筑
用地面积：2 458 900平方米
建筑面积：1 443 500平方米
设计时间：2011年—2014年
项目状态：一期建成
设计单位：同济大学建筑设计研究院（集团）有限公司
主创设计：王文胜、张力、黄宏智、李兵、滕希
张嵩威、祝军祥

项目位于天津市津南海河教育园区内，规划设计首先将公共教学楼、公共实验楼、图书馆、体育馆等核心公共资源集中设置，利于师生交流共享，遵循教学、生活就近原则；将文理组团南北分区，分别临近自己的学院教学组团，做到产、学、研一体化。

建筑单体设计从平面布局到立面造型，均配合生态校园的宗旨和天津文化的历史特色。天津文化讲究中西结合，西方注重对称庄重的礼仪性空间，追求在空间轴线的对称中寻求建筑丰富灵动的变化；而东方的建筑空间则注重园林和院落的组合关系，空间层次丰富。校园的建筑以现代红砖风格为主，既充满个性，又积极配合整体环境的秩序要求，建筑立面简洁实用，并通过比例关系的推敲，使其优雅宜人。

奉贤新城“上海之鱼”周边区块城市设计

Urban Design For the Area Around Shanghai's Fish of Fengxian New City

项目业主：上海奉贤新城建设发展有限公司
建设地点：上海
建筑功能：城市设计
用地面积：9 581 000平方米
设计时间：2017年—2018年
项目状态：在建
设计单位：同济大学建筑设计研究院（集团）有限公司
主创设计：张力、王一、徐政、张嵩崴、潘婉君
马丽君、王萌晓、莫唐筠、潘佳

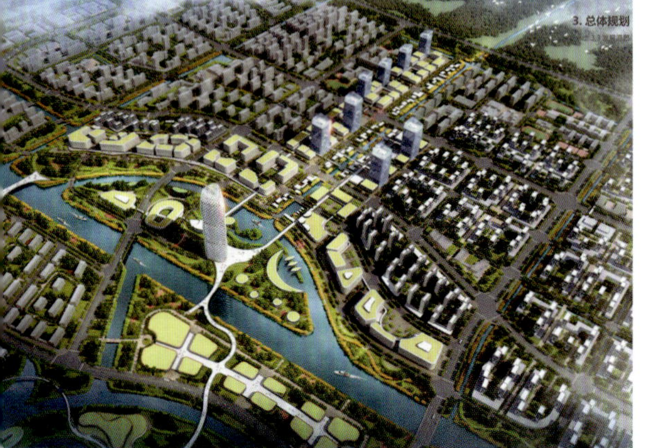

项目位于上海市奉贤新城东南侧，按照设计要求的差异性从西至东分为西部居住区、上海之鱼区、活力街区和国际社区四大片区。“上海之鱼”地区成为杭州湾北岸协同战略实施的重要板块、上海南部城市发展的重心，承载着奉贤未来腾飞的希望。

奉贤新城以“上海之鱼、中央公园”为核心，全力推进“十字水街、田字绿廊、九田宫字”的城市特色意象建设。项目为结合奉贤新城的资源禀赋、发展脉络、城市意象、后发优势和上海市2035年总体规划对奉贤新城的定位要求，确立奉贤新城发展新理念，明晰奉贤新城发展的特色方向和城市发展模式的特色内涵，并提出总体城市设计策略。

兴义市文化艺术城城市设计及控制性详细规划

Urban Design and Regulatory Detailed Planning of Xingyi Culture and Art City

项目业主：黔西南州兴义市自然资源局
建设地点：贵州 兴义
建筑功能：城市设计
用地面积：2 372 000平方米
建筑面积：3 744 800平方米
设计时间：2020年—2021年
项目状态：在建
设计单位：同济大学建筑设计研究院（集团）有限公司
主创设计：张力、黄宏智、李兵、张大园、熊丽、尹响、周莹、田圆、郭蓉、季桐、俞清琳、许丹丹

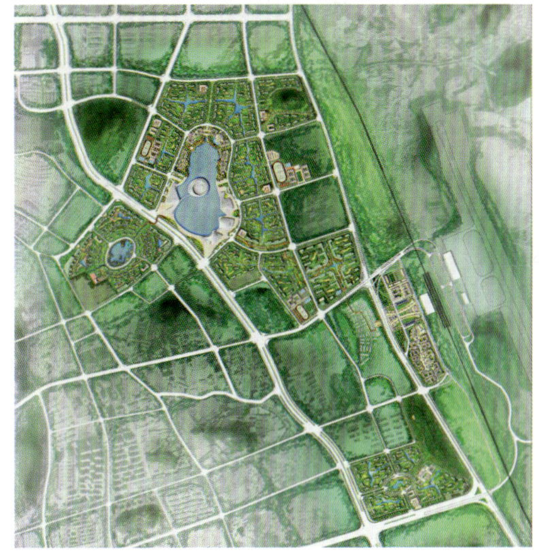

兴义市文化艺术城是黔西南州委州政府秉承国家战略，实施“文旅兴州”之举。项目选址兴义空铁融合门户区，处于万峰林马岭河旅游大走廊的核心枢纽区。

兴义市文化艺术城围绕“永兴湖”而建，以“三馆两院”打造文化建筑群，将成为国内影视剧作取景地、文化综艺节目打卡地，是构筑艺术国际交往的西南窗口。

兴义市文化艺术城，用音符让世界听到兴义的声音。让兴义律动世界、让世界聆听兴义。

规划结构：规划借势成湖，取“琴”之形，达“音”之意，形成“两心两轴，两片一廊”的空间结构，实现大文化、强旅游、轻康养的生态新城。

未来，这里将崛起一座国际化的文化艺术城。

未来，这里将迎来文化事业大发展、文化业态大升级、文化产业大繁荣的美好生活，让我们一起见证这座文化殿堂的崛起和辉煌！

张铭军

职务：浙江宝业建筑设计研究院有限公司院长
职称：教授级高级工程师

杭州市勘察设计行业协会常务理事
安徽省浙江商会副会长

教育背景
1996年—1999年　天津大学建筑学硕士

工作经历
1993年—2008年　浙江省建筑设计研究院
2008年至今　浙江宝业建筑设计研究院有限公司

个人荣誉
中国勘察设计协会建筑产业化分会专家
浙江省勘察设计行业协会常务理事

主要设计作品
宝业东城时代广场
荣获：2015年浙江省优秀工程勘察设计二等奖
宝业集团国家住宅产业化基地科技示范区
荣获：2016年浙江省优秀工程勘察设计二等奖
安徽信息工程学院（新芜校区）一期项目
荣获：2017年浙江省优秀工程勘察设计二等奖
虹桥商务区核心区南片区02地块办公楼
荣获：2018年浙江省优秀工程勘察设计一等奖
　　　2019年全国优秀工程勘察设计三等奖

钱钧

职务：浙江宝业建筑设计有限公司总建筑师
职称：教授级高级建筑师
执业资格：国家一级注册建筑师

教育背景
1988年—1993年　同济大学建筑学学士

工作简历
1993年—2016年　浙江省建筑设计研究院
2016年—2019年　中国美术学院风景建筑设计研究院
2019年至今　浙江宝业建筑设计研究院有限公司

主要设计作品
秋月枫舍
荣获：2002年浙江省优秀工程勘察设计二等奖
浙江工商大学下沙校区图书馆
荣获：2006年浙江省优秀工程勘察设计二等奖
上海师范大学奉贤校区
荣获：2009年浙江省优秀工程勘察设计一等奖
　　　2010年全国优秀工程勘察设计三等奖
杭州市第四中学初中部（下沙中学）
荣获：2012年浙江省优秀工程勘察设计三等奖

王正文

职务：浙江宝业建筑设计研究院有限公司副院长
职称：高级工程师

教育背景
2006年—2008年　浙江工业大学建筑学学士

工作经历
2008年至今　浙江宝业建筑设计研究院有限公司

主要设计作品
安徽信息工程学院（新芜校区）一期
荣获：2017年浙江省优秀工程勘察设计二等奖
　　　2019年杭州市优秀工程勘察设计三等奖
浙江旅游职业学院
荣获：2019年杭州市优秀工程勘察设计二等奖
上虞惠普广场
荣获：2020年杭州市优秀工程勘察设计三等奖
语音云大厦
荣获：2020年工程建设项目绿色建造设计水平三等奖
　　　2020年中国优质工程奖
太和县六馆两中心
荣获：2021年杭州市优秀工程勘察设计二等奖

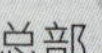

总部
地址：杭州市上城区凤凰山脚路7号凤凰御园1138园区7幢
电话：0571-87239869
传真：0571-87018978
网址：www.baoyedesign.com
电子邮箱：baoyesjy@baoyegroup.com

浙江宝业建筑设计研究院有限公司（简称：宝业设计）成立于1993年，隶属于宝业集团，是具有建筑行业（建筑工程）甲级、风景园林工程设计专项乙级、城乡规划编制乙级、建筑装修装饰工程专业承包二级资质的综合性设计公司。

宝业设计总部位于杭州，并在上海、绍兴、温州、合肥、西安、衢州设有分部，现有员工160余人，其中国家一级注册建筑师、一级注册结构工程师及高级技术人员60余人。目前宝业设计设有建筑院（含景观、室内）、装配式建筑研发中心、一体化设计中心（含绿建、BIM）、审图中心、EPC事业部等十余个部门，业

孙礼凡

职务：浙江宝业建筑设计研究院有限公司建筑三所所长
职称：高级工程师
执业资格：国家一级注册建筑师

教育背景

1999年—2003年　浙江科技学院建筑学学士

工作经历

2003年—2009年　煤炭工业部杭州建筑设计研究院
2009年—2012年　浙江宸泰建筑设计研究院有限公司
2012年—2016年　北京华咨工程设计公司
2017年至今　浙江宝业建筑设计研究院有限公司

主要设计作品

虹桥商务区核心区南片区02地块办公楼
荣获：2018年浙江省优秀工程勘察设计一等奖
　　　2019年全国优秀工程勘察设计三等奖
太和县六馆两中心
荣获：2019年杭州市优秀工程勘察设计二等奖
义乌新世纪外国语学校（一期）
荣获：2020年杭州市优秀工程勘察设计二等奖
　　　2020年浙江省优秀工程勘察设计三等奖
横店影视产业园项目

杨意

职务：浙江宝业建筑设计研究院有限公司项目经理
职称：高级工程师

教育背景

2008年—2010年　重庆大学土木工程学士

工作经历

2008年至今　浙江宝业建筑设计研究院有限公司

主要设计作品

宝业东城时代广场
荣获：2015年浙江省优秀工程勘察设计二等奖
宝业集团国家住宅产业化基地科技示范区
荣获：2016年浙江省优秀工程勘察设计二等奖
虹桥商务区核心区南片区02地块办公楼
荣获：2018年浙江省优秀工程勘察设计一等奖
　　　2019年全国优秀工程勘察设计三等奖
太和县六馆两中心
荣获：2021年杭州市优秀工程勘察设计二等奖
宝业越西路新桥江地块项目
荣获：2021年杭州市优秀工程勘察设计三等奖
　　　三星级绿色建筑设计标识

王晨

职务：浙江宝业建筑设计研究院有限公司建筑二所所长
职称：高级工程师
执业资格：国家二级注册建筑师

教育背景

2006年—2009年　浙江大学城市规划学士

工作经历

2005年—2009年　中国美术学院风景建筑设计研究院
2010年至今　浙江宝业建筑设计研究院有限公司

主要设计作品

宝业东城时代广场
荣获：2015年浙江省优秀工程勘察设计二等奖
虹桥商务区核心区南片区02地块办公楼
荣获：2018年浙江省优秀工程勘察设计一等奖
　　　2019年全国优秀工程勘察设计三等奖
太和县六馆两中心
荣获：2021年杭州市优秀工程勘察设计二等奖
中国（合肥）国际智能语音产业园一期孵化园B区
杭州钱塘江博物馆
横店影视产业园项目

务涵盖居住、办公、文教、商业、酒店、城市综合体、科技产业园区等领域。

宝业设计坚持“守诚以薄已，取信而厚人”的经营理念，通过了国家ISO三位一体管理体系认证，获得浙江省AAA级“守合同重信用”企业、杭州市企业社会责任建设A级企业、2017年度杭州市创建和谐劳动关系先进企业、浙江省勘察设计行业诚信单位等荣誉称号。

宝业设计始终秉持“适用、经济、绿色、美观”的建筑方针，全过程设计咨询与精细化工程管理并重，坚持以客户为中心，力求用先进的理念和优质的服务，创作出更多无愧于新时代的精品建筑。

西湖分公司
地址：杭州市西湖区振华路298号
　　　西港发展中心4幢4楼401
电话：0571-87799066
传真：0571-87793215

太和县六馆两中心

Six Pavilions and Two Centers Taihe County

项目业主：太和县人民政府
建设地点：安徽 太和
建筑功能：文化建筑
用地面积：66 000平方米
建筑面积：61 635平方米
设计时间：2015年
项目状态：建成
设计单位：浙江宝业建筑设计研究院有限公司
合作单位：杭州零壹城市建筑咨询有限公司
主创设计：王晨、孙礼凡、王纯

项目位于太和县新区的核心区块，由六馆（博物馆、规划馆、图书馆、档案馆、文化馆、美术馆）和两中心（青少年活动中心、职工活动中心），共8个场馆组成。

建筑设计以徽派建筑的青砖黛瓦为基调，基于现代建筑工艺，以全新的方式演绎传统空间。建筑在整体形态上强化了传统坡屋顶意向及四水归堂的美好寓意。立面设计上有花孔墙、格子窗、局部玻璃幕墙三种元素，并根据建筑内部功能特征进行有序组合分布。通过现代手法诠释皖北文化，集中展现了当地的历史底蕴与城市风貌，成为太和县的文化中心与新地标。

浙江旅游职业学院

Zhejiang Tourism Vocational College

项目业主：浙江旅游职业学院
建设地点：浙江 杭州
建筑功能：教育建筑
建筑面积：103 756平方米
设计时间：2009年
项目状态：建成
设计单位：浙江宝业建筑设计研究院有限公司
主创设计：张铭军、杨意、王正文

项目位于钱塘江畔、萧山高教园区内，校园空间布局在继承传统园林精华的基础上，结合当代设计理念和科技手段，突出了绿色、环保、智能等特征，形成现代大学山水园林式校园特有的景观环境体系。

设计在尊重原有地形地貌的基础上，充分利用新校区开挖人工湖带来的多余土石方，通过叠山、理水、造园的手法组织“自然亲水”的空间形态，打造“依山就水、绿荫环抱”的绿色山水校园。学院景区环境的成功打造，使学院先后获得国家AAAA级旅游景区、“美丽校园”、浙江省文化旅游示范基地、世界旅游样本城市、杭州国际旅游示范点等殊荣。

宝业四季园

Baoye Siji Garden

项目业主：绍兴宝业四季园房地产有限公司
建设地点：浙江 绍兴
建筑功能：居住建筑
用地面积：1 000 000平方米
建筑面积：1 000 000平方米
设计时间：2010年
项目状态：在建
设计单位：浙江宝业建筑设计研究院有限公司
主创设计：杨意、王晓波、耿笏（景观）

千年会稽山，一座四季城。

宝业四季园用100万平方米用地打造了一座“离尘不离城”的高端住宅区，具有难以复刻的景观属性和城市属性。

宝业四季园是宝业会稽山休闲度假中心的一部分，度假中心还有18洞国际标准高尔夫球场、超五星级酒店和洄涌湖旅游区三个功能。

宝业会稽山休闲度假中心西临城市快速路，快速路是连接涂山路、阳明路直达绍兴城区主要干道，基地距离市中心仅5千米，用地面积316.88万平方米，其中四季园房产项目总建筑面积约100万平方米，包括别墅、排屋和高端四层洋房三种住宅产品。

宝业新桥风情

Baoye Xinqiao Style

项目业主：绍兴宝业新桥风情房地产开发有限公司
建设地点：浙江 绍兴
建筑功能：居住建筑
用地面积：41 200 平方米
建筑面积：139 498平方米
设计时间：2017年
项目状态：建成
设计单位：浙江宝业建筑设计研究院有限公司
合作单位：中国建筑标准设计研究院
主创设计：张铭军、杨意、王晓波

项目以新型建筑产业化和工业化的生产建造方式，围绕四大集成系统及数十项产业化技术，以国际水准的可持续居住环境建设理念进行全国研发实践创新，以可持续居住环境的长久价值成为绍兴住宅市场的一个鲜明的“地产行业品质引领标杆”。项目是由中国房地产协会认证的浙江省首个百年住宅建设示范项目，被编入全国高校土建类学科专业、建筑学与城乡规划专业的教材和一级建造师必考教材。

横店影视产业园项目

Hengdian Film and Television Industrial Park Project

项目业主：浙江横店影视城有限公司
建筑功能：公共建筑
建筑面积：310 284平方米
项目状态：在建
主创设计：孙礼凡、金律、戴超杰
建设地点：浙江 东阳
用地面积：411 024平方米
设计时间：2017—2018年
设计单位：浙江宝业建筑设计研究院有限公司

横店影视产业园项目位于东阳市横店镇华夏文化园北侧，东临影视大道，项目主要功能为外景拍摄基地和摄影棚。

项目总体规划建造29个摄影棚和1个水面摄影棚，建成后将成为目前国内最大的摄影基地之一。所有摄影棚均按国际化高标准设计，其中面积最大的摄影棚达到1.2万平方米，为全球面积最大的摄影棚。

为更有效地利用空间，方案设计突破传统摄影棚的建筑形式，采用全新的“内棚+外景”方式，使原本现代工业风浓厚的摄影棚区兼具实景基地的功能。另通过实地考察全国各大城市保留的近现代建筑，并加以推敲设计，使外立面呈现出具有近现代中国特色的建筑效果。

绍兴二院兰亭院区（康复医院）工程

Shaoxing Second Hospital Lanting Hospital (rehabilitation hospital) project

项目业主：绍兴第二医院医共体总院
建设地点：浙江 绍兴
建筑功能：医疗建筑
用地面积：74 356平方米
建筑面积：203 000平方米
设计时间：2020年
项目状态：在建
设计单位：浙江宝业建筑设计研究院有限公司
合作单位：同济大学建筑设计研究院（集团）有限公司
主创设计：钱钧、王晨、胡丹丹（景观）

医院形体主要强调水流的形象，一方面能让人们直观地联想到曲水流觞中曲折环绕的流水，感受兰亭独具的写意风情与文化底蕴；另一方面也借《兰亭集序》中所描绘的主体事件——“修禊事”的美好寓意，希望将古典文化中具有洗净污秽的“流水”形象与医院建筑相结合，祝福患者恢复健康。塔楼在端部进行细微的斜线切角处理，并互相呼应形成更具流动感的形体关系。再加上雨棚、女儿墙在三维上的曲折变化，多种手法融合，共同形成整体简洁、大气高效的标志性建筑形态。在此基础上，立面的雕琢塑造融入“兰”元素。通长的墙裙局部进行宽窄变化，既打破了均衡线条的单调性，又通过层与层之间的变化将兰草茎叶舒展的形象反映到立面上。另外，将门诊大厅、住院大厅与医疗街的采光顶棚共同塑造为兰花的形态，打造医疗建筑公共、活跃的中心空间。

中国（合肥）国际智能语音产业园一期孵化园B区

Zone B of Incubator Park Phase I of China (Hefei) International Intelligent Voice Industrial Park

项目业主：安徽省信息产业投资控股有限公司
建设地点：安徽 合肥
建筑功能：办公建筑
用地面积：71 333平方米
建筑面积：176 144平方米
设计时间：2019年
项目状态：在建
设计单位：浙江宝业建筑设计研究院有限公司
主创设计：张铭军、王晨、王正文（室内）、郑光辉（景观）

本方案充分贯彻“绿色生态、城市活力空间”的设计理念，以绿化景观广场、屋顶绿化平台及彩虹步行道将地块串联在一起，不仅为城市提供公共空间，也充分考虑建筑的生态节能性，并结合景观，丰富建筑内部空间。园区内通过环形步道及人行天桥将工作区域、生活区域及休闲娱乐区域紧密相连，为园区员工创造舒适、生态、人文的高品质景观环境。园区内建筑高低错落有致，形成的院落空间与实体建筑交错布置，灵活贯通。竖向线条的运用，强调建筑的挺拔感，通透的玻璃幕墙给人清爽利落的感觉，大面积玻璃幕墙的使用，呼应了园区整体风格和元素，让整个建筑四面通透，并且透明的建筑物的颜色与天空交相辉映，与蓝天融为一体。立面上香槟金架空栈道，将已建建筑和新建筑巧妙地串联起来，形成统一的整体，使得建筑整体造型现代化气息浓厚，展现蓬勃的朝气。

张鹏宇

职务：沈阳市规划设计院有限公司上海分院院长
职称：工程师

教育背景：
1986年—1991年　天津大学建筑学学士
1996年—1999年　同济大学建筑学硕士

工作经历
1991年—1996年　中国建筑东北设计研究院
1999年—2001年　上海同济城市规划设计研究院
2001年—2004年　创立个人设计工作室
2004年—2009年　上海合乐工程咨询有限公司
2010年—2017年　上海翌龙建筑设计有限公司
2018年—2019年　贵阳市建筑设计院有限公司
2020年至今　沈阳市规划设计院有限公司上海分院

个人荣誉
1991年全国大学生建筑设计竞赛一等奖

主要设计作品
泸州江阳区蓝田新城滨江片区总体规划
碧峰峡森林康养旅游度假区规划
新疆独库公路中医药康养项目
沈阳五七康养小镇
上海市奉贤区金汇镇新尚智谷产业园
南充南部新城商业综合体
贵阳中铁文化山住宅
贵阳市汽车工业技术学校
贵阳工贸职业技术学院
贵阳国际山地旅游联盟总部
大方县人民医院
西藏银行
沈阳中街路六条胡同改造
沈阳故宫南建筑信访大厅改造
沈阳盛京皇城外攘门再现主题工程
南京苏宁睿城景观设计
南京苏宁奥体景观设计
沈阳浑河赛艇基地景观综合提升方案

地址：上海市杨浦区四平路1398号
同济联合广场B座703室
电话：18583953366
网址：www.syup1960.com
电子邮箱：121225879@qq.com
微信公众号：沈阳市规划设计研究院有限公司

沈阳市规划设计研究院有限公司的前身是沈阳市规划设计研究院，公司始建于1960年，2018年进行转制，现隶属于沈阳市城市建设投资集团有限公司。公司拥有城市规划、土地规划、风景园林、建筑工程、人防工程设计等甲级资质和测绘、土地整理、土地编制、土地登记代理、市政行业设计等乙级资质以及工程咨询乙级资信证书，并率先在全国同行中取得ISO 9001国际质量体系认证和国家质量体系标准认证。

沈阳市规划设计研究院有限公司上海分院成立于2020年，能更好、更快地开拓和服务长江三角洲地区乃至整个东部片区市场的客户群，确保公司的设计服务在东部片区的快捷性，实现由局部市场向全国性市场进军的战略转变，最终形成全国性品牌优势。

中共沈阳市委党校

Party School of CPC Shenyang Municipal Committee

项目业主：中共沈阳市委党校
建设地点：辽宁 沈阳
建筑功能：教育建筑
用地面积：109 000平方米
建筑面积：66 000平方米
设计时间：2021年
项目状态：完成设计
设计公司：沈阳市规划设计研究院有限公司
设计团队：张鹏宇、武江坤、林宁、兰玉龙、李明、张希

项目位于沈阳市浑南新区，基地西侧紧临中央公园，北侧为省图书馆、博物馆、档案馆、科技馆及市委市政府。基地分为南北两区，南区利用原有妇女会馆建筑，通过内部功能改造进行利用。北区规划设计以规整、简洁、大气格调为主，建筑分为七大主要功能区。南侧入口处布置以教学、会议功能为主的数字图书馆区；中部结合造型大气的景观大台阶，设置服务于区内四周建筑的综合服务中心区，并通过南侧入口广场及北侧景观林，形成南北规划主轴，其他建筑分设于规划主轴两侧；西侧布置规整且有秩序的学员公寓区；东南侧布置以报告会议为主、教学为辅的报告厅区；东侧布置供学员休闲健身的运动场区；西北侧布置较为独立的专家接待中心区。各区之间有机统一，紧密联系。

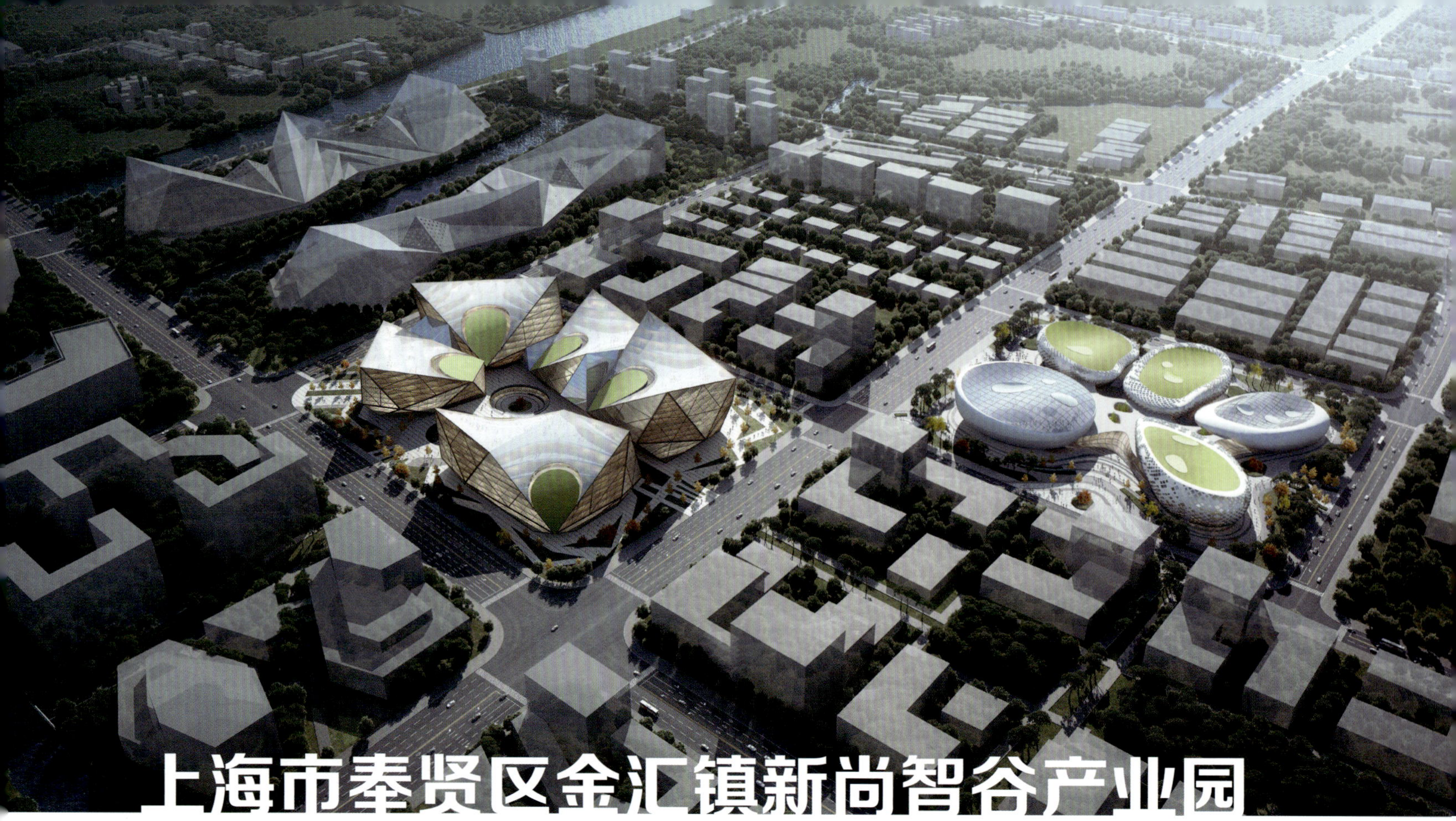

上海市奉贤区金汇镇新尚智谷产业园

Xinshang Zhigu Industrial Park, Jinhui Town, Fengxian District, Shanghai

建设地点：上海
建筑功能：办公建筑
用地面积：161 000平方米
建筑面积：366 000平方米
设计时间：2018年
项目状态：完成设计
设计公司：贵阳市建筑设计院有限公司
设计团队：张鹏宇、武江坤、林宁、兰玉龙、李飞

项目位于上海市奉贤新城，一座被定位为滨江沿海发展廊道上的节点城区。基地共分为两大园区，一个园区以“结晶”为设计理念，是体现科研与成果的创新产业园，通过5栋外形酷似结晶体的建筑串联而成，其中包含了总部经济产业基地、展示中心及研究中心三大功能。另一个园区则以“水滴”为设计理念，是体现人才与知识汇聚的农业科技园，通过5栋水滴状的曲线形建筑进行诠释，主要功能包含农业制造园、生态农业园、农业物联园、农业文创园及研究中心。两大园区通过布局的统一性形成联系，通过各自造型的独特性进行区分。

成都青羊英国小镇

Qingyang British Town, Chengdu

项目业主：成都置信实业(集团)有限公司
建设地点：四川 成都
建筑功能：居住建筑
用地面积：144 500平方米
建筑面积：257 000平方米
设计时间：2005年—2007年
项目状态：建成
设计公司：上海合乐工程咨询有限公司
设计团队：张鹏宇、林宁、王箐、倪力、张浩

项目位于成都市青羊工业园区，基地南侧有一条河流经过，且西南侧有一个大型城市公园。设计重点考虑了与这两个主要景观节点的联系，使之形成基本的街坊构架，并通过“一心、两轴、多带”的结构形式，形成整个住区的中心。一心：为两轴交会处的商业核心区，通过建筑体量及高度处理形成地块的标志性形象；两轴：中心十字轴道路，在地块中心以商业广场相连，实现居民多种活动方式的汇集；多带：通过多路网形式将各自独立的组团进行串联。

沈阳五七康养小镇

Shenyang Wuqi Kangyang Town

项目业主：沈阳养老产业集团有限公司
建设地点：辽宁 沈阳
建筑功能：康养建筑
用地面积：76 000平方米
建筑面积：93 000平方米
设计时间：2020年
项目状态：完成设计
设计公司：沈阳市规划设计研究院有限公司
设计团队：张鹏宇、武江坤、林宁、兰玉龙

项目位于沈阳市沈北新区黄家街道拉塔湖村，周边拥有多样的景观资源及卓越的生态条件，更有华夏锡伯文化第一村之美誉。基地原址为中共新城子区五七干校校址，见证了一代知青人的青春年华。因此，设计对部分具有历史意义的建筑进行一定的保留，更在建筑及景观设计中融入知青文化元素，以此来留住对历史的记忆。方案以“康养拔高、旅游先行、生态托底”为设计理念，通过融入区域景观资源，依托自身生态优势，基于拉塔湖村乡村振兴、乡村旅游的整体规划，从而提供高品质、宜居的养老、养生环境。

沈阳盛京皇城九门路综合提升

Comprehensive Improvement of Jiumen Road, Shengjing Huangcheng, Shenyang

项目业主：沈阳市沈河区盛京皇城文化旅游区综合发展理事联合会
建设地点：辽宁 沈阳
建筑功能：城市更新
道路长度：1.3千米
设计时间：2021年
项目状态：完成设计
设计公司：沈阳市规划设计研究院有限公司
设计团队：张鹏宇、武江坤、林宁、兰玉龙

项目位于沈阳市盛京皇城北部,方案以“最老的街，最新的人”为功能定位，打造一条享受慢生活的街道，以盛京文化与先锋建筑作为立面造型思路，结合互动交融的活力空间场所，进行全方位综合提升。建筑元素借鉴了北方民居的硬山顶造型、镂空拼砖形式、窗花与窗格样式以及菱形、十字形等中式符号，将其运用于商业入口、建筑外墙装饰、院落围墙等部位，将北方民居的建筑文化融入生活的点点滴滴。因九门路紧临北城墙的特殊地理位置，设计将城墙的凹字形元素结合建筑山墙进行体现，使其与中部的城墙遗址公园相呼应。

张清亮

职务：中铁建安工程设计院有限公司副总经理、
总建筑师
职称：高级工程师
执业资格：国家一级注册建筑师

教育背景
1997年—2002年　石家庄铁道学院建筑学学士

工作经历
2002年至今　中铁建安工程设计院有限公司

主要设计作品
石家庄铁道大学基础教学楼
荣获：2016年河北省优秀工程勘察设计一等奖
2017年全国绿色建筑创新奖二等奖
菏泽市丹阳路上跨铁路立交桥
荣获：2018年河北省优秀工程勘察设计一等奖
2019年全国优质工程奖
石家庄铁道大学科技实验楼
石家庄铁道大学学生公寓、食堂
邯郸市第五中学
淄博东和嘉园小学、幼儿园
阿勒泰儿童公园廊桥
北方鞋都高邑新三台鞋业小镇
石家庄栾城田家庄村旧城改造

中铁建安工程设计院有限公司始建于1978年，前身为石家庄铁道学院建筑设计院，2013年由中铁二十局集团有限公司与石家庄铁道大学联合重组，2014年9月更名为中铁建安工程设计院有限公司。

中铁二十局集团有限公司是一家特大型跨行业、跨区域、跨国经营的国际化企业，具有铁路工程总承包特级、市政公用工程总承包特级、公路工程总承包特级、水利水电工程施工总承包一级，以及桥梁等多项专业工程施工承包等资质，且拥有铁道行业甲级、市政行业甲级、公路行业甲级等设计资质，年工程承包额达350多亿元。

石家庄铁道大学的前身是中国人民解放军铁道兵工程学院，创建于1950年。学校长期坚持服务国家及地方重大工程需要，在建筑土木工程、隧道施工新技术及环境控制、国防交通应急工程、大型结构健康诊断、交通环境与安全工程、虚拟现实技术等研究方向独具特色。

中铁建安工程设计院有限公司目前具有建筑行业（建筑工程）甲级、市政行业（桥梁工程）甲级、岩土工程勘察甲级、建筑工程咨询等资质，获得GB/T 19001和ISO 9001质量体系认证。公司现有各类专业技术人员260余人，其中教授级高级工程师20人、高级工程师52人、各类国家注册工程师30余人。公司组织机构设有综合办公室、人力资源部、经营计划部、财务部、总工办、市政所、建筑所、绿色建筑研究室、勘察所、铁路所等部室。公司总部位于石家庄，分公司分别位于西安、郑州，在重庆、昆明等地。公司依托中铁二十局集团有限公司及石家庄铁道大学的人才优势，充分利用双方在铁路、市政桥梁、地下工程、民用建筑等行业的技术优势，保持求真务实的优良作风，积极为地方经济建设服务。

多年来，公司在国内外完成了一批构思新颖、质量上乘、富于时代感的设计作品，例如：石家庄铁道大学综合办公楼、石家庄铁道大学风雨操场、河北医科大学学生服务中心、石家庄铁路职业技术学院教学楼、石家庄邮电职业技术学院综合教学楼、石家庄市第18中学校、石家庄市中小学生校外活动基地、邯郸市西部试验高级中学、衡水中学教职公寓、衡水中学幼儿园教学楼、张家口赤城县新农村规划导则、高邑县美丽乡村规划设计、石家庄市电力调度大楼、华泰家园智能化住宅小区、华北军区烈士陵园纪念馆、唐山圣水山庄、河北剧场、唐山抗震纪念馆、北京邮政储蓄银行技术支持中心、河北西柏坡发电有限公司运煤隧道、山西文水金地煤焦有限公司地下运煤隧道、空军专用线改造设计、鹿华热电热力管网穿越南水北调隧道工程、山东菏泽市丹阳路立交桥工程、菏泽市跨万福河昆明路桥梁、蒙古国警察局西侧立交桥工程、蒙古国雅儿玛格立交桥工程、安哥拉国际公司洛比托综合商贸城4S店、安哥拉石油专用公路及当地高等级公路、塞拉利昂北方省公路等600多项工程。

地址：石家庄市长安区北二环东路17号
电话：0311-87939537
传真：0311-87399540
网址：www.cr20gsjy.com
电子邮箱：cr20ztja@163.com

石家庄铁道大学基础教学楼

Basic Teaching Building of Shijiazhuang Railway University

项目业主：石家庄铁道大学
建设地点：河北 石家庄
建筑功能：教育建筑
用地面积：10 090平方米
建筑面积：49 167平方米
设计时间：2009年
项目状态：建成
设计单位：中铁建安工程设计院有限公司
主创设计：张清亮、封文娜、高荣丽、褚惠茹

项目位于石家庄铁道大学校园内，主体建筑19层，建筑高度81米，地下2层，地上裙房6层。建筑立面呈对称结构，形象简约大气，与教学建筑严谨的风格相契合。建筑主要功能为教室、办公室及多媒体会议室，于2012年投入使用后大大提高了高校师生的教学品质。

菏泽市丹阳路上跨铁路立交桥

Railway Overpass on Danyang Road, Heze

项目业主：菏泽市住房和城乡建设局
建设地点：山东 菏泽
建筑功能：交通建筑
主桥与引桥全长：2 032米
设计时间：2014年
项目状态：建成
设计单位：中铁建安工程设计院有限公司
合作单位：中铁大桥勘察设计院集团有限公司
主创设计：张清亮、章博

项目西起丹阳路与人民路交叉口，沿丹阳路向东延伸，依次跨越振兴路、桂陵路、菏泽站货场、京九铁路、新日铁路、电厂铁路线、长沙路，东止丹阳路与武汉路交叉口。引桥标准横断面宽度23.5米，道路等级为城市主干道，设计车行速度为40公里/小时。主桥采用双塔单索面预应力混凝土斜拉桥，桥梁宽度32米，跨径520米。

主梁采用等高度单箱三室斜腹板箱形截面；主墩采用塔、墩固结，墩梁间设置支座的半飘浮体系；独柱“人”字形塔，塔身采用矩形空心截面；主墩下部采用圆端形空心墩，矩形承台，布置33根2米直径钻孔桩。引桥梁体采用等高度预应力混凝土连续箱梁，整幅布置，桥面总宽23.5米，单箱三室斜腹板截面，箱梁顶板结构设置2%的双向横坡。

石家庄铁道大学科技实验楼

Science and Technology Experiment Building of Shijiazhuang Railway University

项目业主：石家庄铁道大学
建设地点：河北 石家庄
建筑功能：教育建筑
用地面积：26 619平方米
建筑面积：57 430平方米
设计时间：2018年
项目状态：在建
设计单位：中铁建安工程设计院有限公司
主创设计：张清亮、王胜娟、刘思

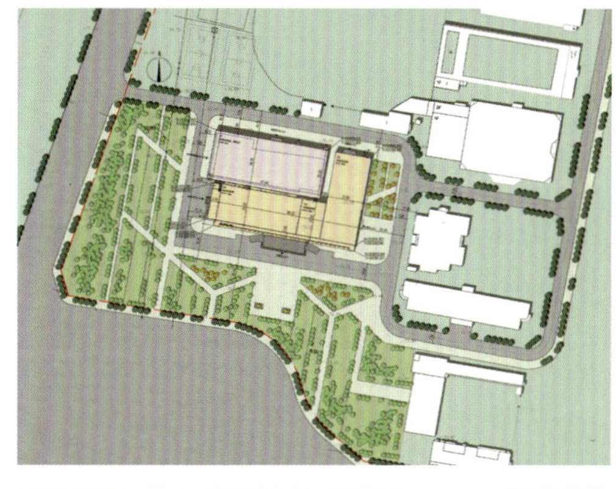

项目位于石家庄铁道大学西南角，建筑主楼地上23层，地下2层，局部15层，裙房2层。建筑功能包括训练中心、信息学院、计算机学院、经管学院等教育用房及配套设施。

本项目地处城市干道交口处，立面设计使用竖向线条和重复元素来强调整体的韵律感和挺拔感，整体建筑给人以深刻印象，丰富二环沿街立面，打造城市名片。

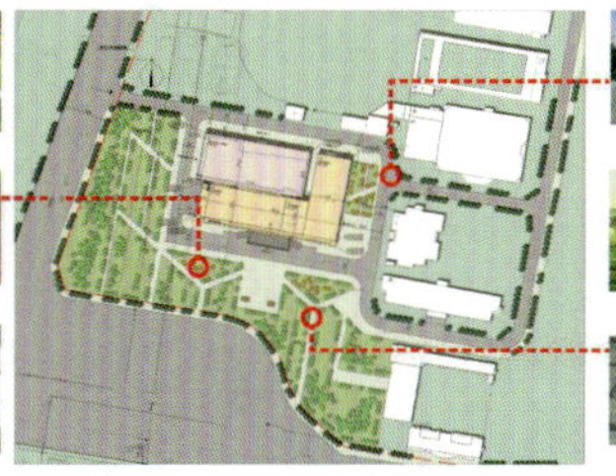

信阳市养老服务中心

Xinyang Elderly Care Service Center

项目业主：信阳市民政局
建设地点：河南 信阳
建筑功能：养老建筑
用地面积：28 350平方米
建筑面积：21 036平方米
设计时间：2018年
项目状态：在建
设计单位：中铁建安工程设计院有限公司
主创设计：张清亮、王胜娟

项目以综合楼、附属用房（餐厅、浴室）、康复保健中心为轴线，对称布局四栋养护楼，结合地形特点与空间布局，强调空间整体性与景观的和谐性，场地内交通组织相对独立，做到无机动车行驶，保障老年人活动的安全与社区的安静。

立面设计取自楚时建筑风格，对其风格构成中拔高的钟鼓楼、飞挑的屋檐以及较厚实的底座三部分加以精减变化，演绎成与养老性质相契合的建筑立面，既有中原建筑风格的大气——兼备信阳“豫风楚韵”，又能体现养老建筑温暖舒适的特点。

阿勒泰市儿童公园廊桥

Altay Children's Park Corridor Bridge

项目业主：阿勒泰市铸金投资有限公司
建设地点：新疆 阿勒泰
建筑功能：连通桥、休闲饮品店
用地面积：3 390平方米
建筑面积：1 237平方米
设计时间：2018年
项目状态：在建
设计单位：中铁建安工程设计院有限公司
主创设计：张清亮、王胜娟、谢萌、张妍、王文献

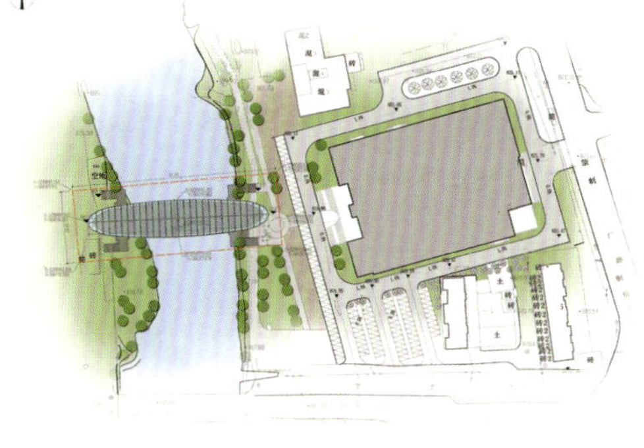

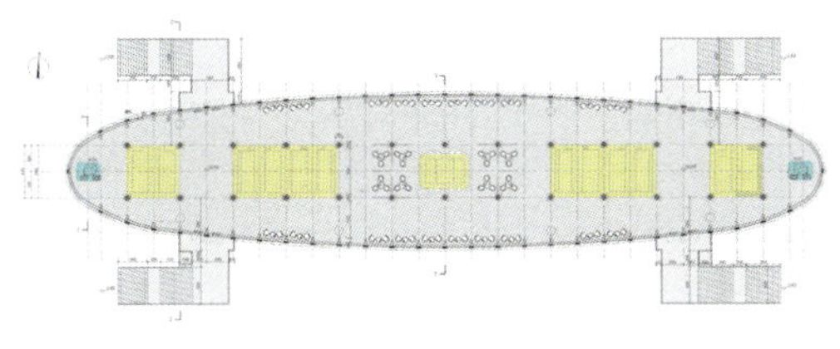

廊桥形如一艘将要启航的飞船，桥体采用钢梁格体系，结构轻巧玲珑，地面及墙面均采用通透的玻璃结构，视野广阔。望天——望日间云卷云舒、夜间星光点点；观地——观卵石层层叠叠、流水潺潺；赏景——赏克兰河之美、城市之秀；看人——看儿童嬉笑游乐、廊桥的浪漫与静谧。仿佛在美丽的画中游览一样，实现人与景完美融和。

廊桥总长85米，两端外装部分各悬挑2米，廊桥最宽处 17.8米。桥面采用木板铺设，上部玻璃幕墙造型最高处8.1米，功能包括茶饮服务区、休息区。

张晓远

职务：上海中森建筑与工程设计顾问有限公司
城市发展研究中心主任
止境设计工作室副主持设计师
职称：中级建筑师
执业资格：国家一级注册建筑师

教育背景

2000年—2005年　大连理工大学建筑学学士

工作经历

2005年—2007年　上海千作建筑设计有限公司
2007年至今　上海中森建筑与工程设计顾问有限公司

个人荣誉

上海市杰出中青年建筑师入围奖

主要设计作品

重庆沙坪坝政务服务中心
荣获：2017年上海市建筑学会建筑创作奖
中国移动公司苏州研发中心二期
荣获：2017年上海市建筑学会建筑创作奖
陶寺遗址博物馆
荣获：2017年上海市建筑学会建筑创作奖
江苏大学附属学校
荣获：2018年REARD地产星设计大奖银奖
木渎书屋
荣获：2019年上海市建筑学会建筑创作奖
南京艺术学院艺术展馆——砼展厅
荣获：2019年上海市建筑学会建筑创作奖
朗读空间
荣获：2020年上海市建筑学会建筑创作奖
树丘
荣获：2020年雄安建筑设计竞赛专业组二等奖
顾正红纪念馆
秦帝陵铜车马博物馆
梅里遗址展示馆
上海临港星空之境海绵公园综合服务区
蚌埠城市之门双塔（170米）
张家口崇礼太子城冰雪小镇国宾山庄9号地块
雅乐轩酒店（四星级）
常州帝景希尔顿酒店（五星级）
淀山湖万豪酒店（五星级）

上海中森建筑与工程设计顾问有限公司
ZHONGSEN ARCHITECTURAL& ENGINEERING DESIGNING CONSULTANTS LTD.

上海中森建筑与工程设计顾问有限公司（简称：上海中森）隶属于国资委所辖的大型骨干科技型中央企业——中国建设科技集团股份有限公司，前身为中国建筑设计研究院上海分院。

上海中森拥有国家建筑行业（建筑工程）甲级设计资质，主要从事住宅、商业、公共建筑等各类型的民用建筑设计，主要业务包括城市规划、建筑设计、室内设计和景观设计。

公司现有员工800余人，专业技术人员占比92%，其中有海外工作背景的人员10余人，拥有国家一级注册建筑师、国家一级注册结构工程师、国家注册设备工程师、国家注册土木工程师（岩土）、国家一级注册建造师、注册造价师、注册监理工程师等各类注册人员100余人。

上海中森秉承“专业、创新、诚信、卓越”的经营理念，建立了一套完整严密的管理体系，形成了务实肯干、开拓创新、至信至善、追求卓越的企业文化，在行业内享有良好的声誉，特别是在大型居住社区、工业化住宅、办公建筑、商业综合体、酒店、会展中心及体育建筑等领域取得了令业界广泛认同的成绩。

地址：上海市普陀区同普路800弄
电话：021-62120181
传真：021-62122022
网址：www.johnson-cadg.com
电子邮箱：mayan@shh.cadg.cn

顾正红纪念馆

Gu Zhenghong Memorial Hall

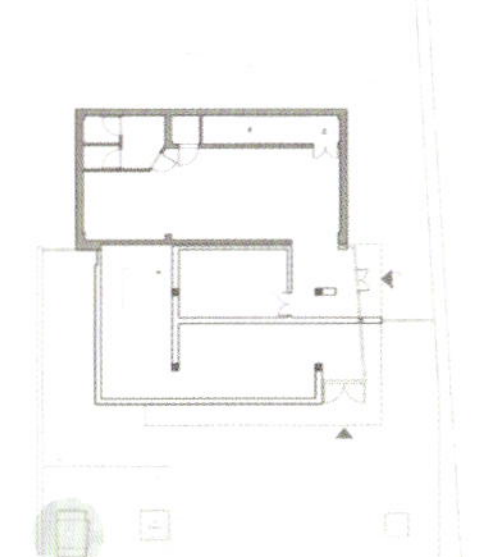

项目业主：上海市普陀区顾正红纪念馆
建设地点：上海
建筑功能：文化建筑
用地面积：500平方米
建筑面积：400平方米（其中扩建200平方米）
设计时间：2020年
项目状态：建成
设计单位：上海中森建筑与工程设计顾问有限公司
幕墙顾问：上海易旋建筑设计咨询有限公司
设计指导：张男
主创设计：张晓远
参与设计：谢金容、常润泽、陈舒婷、熊振林、柴玉叶、王舒衍
建筑摄影：陈旸（止境设计工作室）

在当年烈士殉难之处，在建党百年庆典之前，顾正红纪念馆完成了改扩建，以新的样貌呈现在国人面前。

因场地条件限制，新馆向南仅扩出一跨两层展厅，但仍然留出了临街的一小块广场来烘托建筑应有的肃穆气质，也与喧闹的街道之间留出必要的过渡空间。

利用这一块有限但方正的南广场，建筑师将烈士塑像、红旗和主题泛雕（均为原馆室外展品）重新挪位排布，构成一组东西轴向的礼仪性广场，成为举行多种活动的入馆前先导空间。

新馆采用了耐候钢板塑造的一组错动的立方体组合，利用结构内退、四面悬挑的方式，强化了体量的沉稳刚毅，同时也表现了形体组合的错落灵动。

秦帝陵铜车马博物馆

Qin imperial Mausoleum Bronze Chariot and Horse Museum

项目业主：秦始皇帝陵博物院

建筑功能：文化建筑

建筑面积：8 000平方米

项目状态：建成

设计指导：张男

主创设计：张晓远

参与设计：苏雨、干露、孙晓、常润泽、欧仁伟、许谦、陈隆、邹璐、陈若男、于雅琪、张吉凌、黄舒婷、汤燚

建筑摄影：陈旸（止境设计工作室）

建设地点：陕西 西安

用地面积：45 615平方米

设计时间：2017年—2019年

设计单位：上海中森建筑与工程设计顾问有限公司

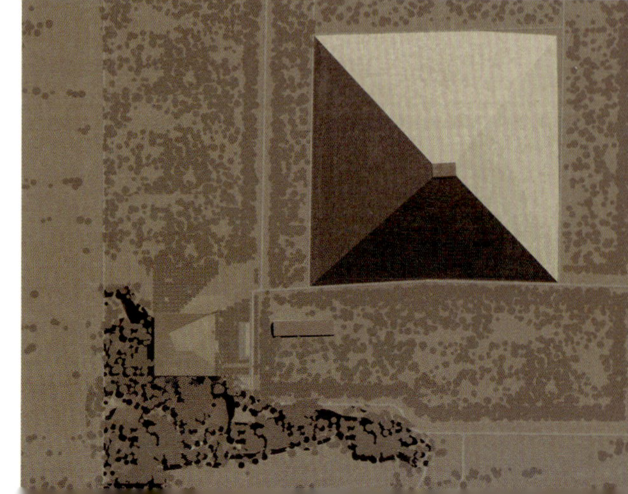

根据项目特点，设计师提炼出两个设计切入点：一是让尽可能多的观众，尽可能完整、充分地了解铜车马的重大价值和详尽信息，最大限度呈现“青铜之冠”的惊世风采；二是在丽山园的特定环境中，既保持帝陵的历史风貌，又能够利用地势建立铜车马与秦陵封土的空间关联。

设计团队制定了犹如电影分镜的参观脚本，利用建筑空间变化和气氛转换，引导观众经历或静谧或平和或赞叹的不同心理过程，充分感受文物之尊贵。路径中不同节点处的展陈设计及面积分配经反复调整，达到对参观时长的设定及控制，以应对不同时段下波动的参观客流。

展馆核心展厅采用局部两层空间形式。下层为文物真品展示，利用局部下沉设计，形成内外两道环绕连续的观展路线。上层为文物信息全息放大展示，充分展示文物精美细节，两层上下贯通，上层亦可俯瞰文物真品。外围另设专题展厅，对围绕铜车马工艺、技艺本身及其背后的历史、文化意义进行更为全面和广泛的展示。

设计借用建筑埋地的特点，在场地上面向秦陵方向切开一道狭缝。在观众参观结束，缓缓上行之时，利用路线转折，使其视线豁然开朗，直面秦陵。于尾声处再次营造结局反转的心理变化，令人们感叹秦陵气势之余，在不经意间会再次回想铜车马之精美，感慨千年中华文明之辉煌。

南京艺术学院艺术展馆——砼展厅

Art Exhibition Hall of Nanjing Academy of Arts –Concrete Exhibition Hall

项目业主：南京艺术学院
建设地点：江苏 南京
建筑功能：文化建筑
用地面积：800平方米
建筑面积：565平方米
设计时间：2016年
项目状态：建成
设计单位：上海中森建筑与工程设计顾问有限公司
设计指导：张男
主创设计：张晓远
参与设计：孙晓、欧仁伟
建筑摄影：Aurelien Chen（陈梦津）

项目为某公司捐建，将南京艺术学院原46号宿舍楼底层的公共用房改造并扩建为一个两层的艺术展厅，下层是古瓷片研究展厅，上层是古油画修复展厅，两个主题一中一西，分别管理。考虑到艺术与传统的共同气质，建筑师设计了一个清水混凝土的小房子，利用内拱板的反弧拉通了上下两层空间，为两个主题提供了对话的机会。

内外双拱给这个有雕塑感的小房子一抹西式艺术空间的色彩，为避让院子里的香樟，建筑临街的一角做了退让，这也给下行的楼梯提供了几何化的造型机会。在这面弧形墙的背后，一抹天光旖旎铺洒到楼梯踏步上，使庄重的拱廊空间平添了活泼和生气。

木渎书屋

Mudu Bookstore

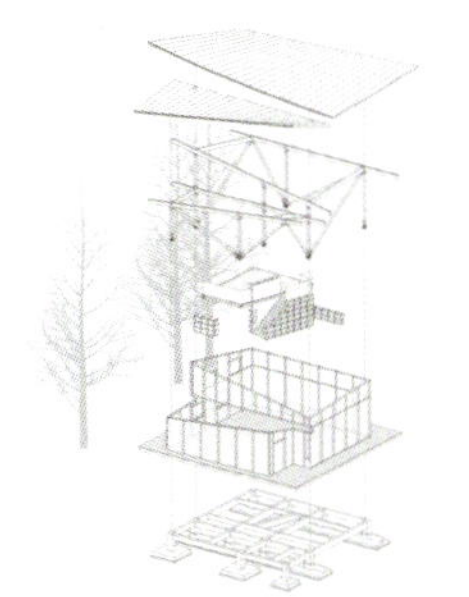

项目业主：上海思卡福建筑SKF
建设地点：上海
建筑功能：展厅建筑
用地面积：200平方米
建筑面积：120平方米
设计时间：2016年
项目状态：建成
设计单位：上海中森建筑与工程设计顾问有限公司
设计指导：张男
主创设计：张晓远
参与设计：Gerald Epp（加拿大）、庄晓峻、周向前、余盛
建筑摄影：Aurelien Chen（陈梦津）

木渎书屋是未来将会发展成为城市公共绿地园区内的一座工业风格样板房，建筑得名于旁边流入苏州河的“木渎港”河，设计中考虑了这座小房子对公园内部环境的适应性。

建筑属于木结构、装配式的轻建筑，这些特点都在强调快速建造、低环境影响和绿色可持续的设计趋向。支撑体系为轻巧的全木梁柱结构与SPF规格木材拼装的屋面系统。四周围护界面则是全开敞玻璃墙，使建筑与周边的环境得以进行充分的视线沟通，上部两片有悬浮感的双曲屋面则强化了这种水平向的交流。浅色的木结构与木装修分别围合构成了三个不同的活动区域，可视为亲切而活泼的“斜向系统”；深色的幕墙骨架和地毯则构成了作为背景的稳定的“正向系统”，重叠的二元关系给这个10米x10米的方形平面空间带来无拘无束的生动气氛。

赵文斌

职务：中国建筑设计研究院有限公司副总工程师
生态景观建设研究院院长、书记
重庆分公司总经理
职称：教授级高级工程师

教育背景

1996年—2001年　北京林业大学园林设计学士
2007年—2010年　北京林业大学城市规划设计硕士
2010年—2012年　北京林业大学风景园林博士

工作经历

2001年至今　中国建筑设计研究院有限公司

个人荣誉

中国设计业十大杰出青年
中国建筑学会建筑设计奖青年工程师奖
中国风景园林学会理事
中国风景园林学会规划设计分会副理事长
中国勘察设计协会园林景观分会常务理事
中国建筑学会园林与景观分会理事
中央美术学院硕士生导师
东南大学硕士生导师
北京市评标专家
国家文物局评审专家
《景观设计》编委
《城市住宅》编委

主要设计作品

国家重点项目
广阳岛生态修复 EPC 工程总承包
中国(南宁)国际园林博览会园博园设计总承包
2019年北京世界园艺博览会总体规划及世园轴、国际展园区设计
北京雁栖湖APEC国际会议中心广场及入口设计
通州北京市政府及委办局景观设计
江门人才岛全岛开发建设项目
上海临港星空之境公园设计总承包
兴安盟乌兰浩特地区改造提升项目景观设计
玉树结古镇康巴风情商业街滨水商业区景观设计
北川新县城灾后重建温泉、红旗片区景观设计
国管局西山服务局2-62号院景观设计

申遗重点项目
汉长安未央宫国家考古遗址公园规划设计
嘉峪关世界文化遗产保护一期工程详细规划设计
老司城遗址历史交通体验带景观风貌控制规划
湖南永顺遗址公园及博物馆周边景观设计

遗址保护重点项目
南昌汉代海昏侯国考古遗址公园概念规划
湖州昆山考古遗址公园规划设计
武汉盘龙城国家考古遗址公园规划设计
渤海国上京龙泉府遗址考古遗址公园规划设计
无锡阖闾城遗址公园规划设计
大地湾考古遗址公园规划设计
山东临淄齐国故城遗址公园规划设计
安吉古城考古遗址公园规划设计
青海乐都城市中轴线及南梁遗址公园景观规划设计

省市重点项目
首都博物馆新馆景观设计
北京丽泽金融商务区景观规划
中国空间技术研究院航天城景观设计
武当山植物园景观设计
布达拉宫周边环境整治及宗角禄康公园改造设计
苏州火车站站前广场景观设计
天津滨海新区北塘小镇景观设计
青藏铁路拉萨站北广场景观设计
厦门市马銮湾湿地公园规划设计
潮白河森林生态景观带建设工程一期

CCTC 中国建设科技集团　中国建筑设计研究院有限公司 CHINA ARCHITECTURE DESIGN & RESEARCH GROUP

中国建筑设计研究院有限公司生态景观建设研究院（以下简称：生态景观院）是中国建筑设计研究院有限公司下属的一级部门，现已发展成为全国一流的以生态与景观环境设计、研究、建设管理为核心的一站式综合服务设计机构，拥有建筑、规划、风景园林等多项行业甲级设计资质，业务领域涵盖生态景观规划设计、总图场地及BIM设计、设计咨询管理、设计总承包、景观生态及设计工程总承包等。

多年来，生态景观院作为设计行业的“国家队”，秉承服务国家战略、传承本土文化、聚焦生态文明、发展民生建设、创新科研技术的精神，先后在国内外完成各类国家重点项目及其他规划设计项目2 000多项，荣获国际IFLA奖、国内重要奖项、行业专项奖300多项，也是中国建筑学会园林景观分会的发起单位。

业务范围

规划设计：生态景观规划设计、城市设计、历史保护规划、风景旅游区规划、生态综合治理、国家考古遗址公园、城市新区、城市公园、城市广场、居住区、总图市政、设计咨询等。

技术科研：承担国家和部委生态环境建设、城市街道更新等方面课题研究，制定国家、行业及地方标准和规范；提供工程总承包、技术咨询与专业评审服务。

工程总承包：生态景观EPC。

地址：北京市西城区车公庄大街19号
电话：010-88328322
网址：www.cadg.cn
电子邮箱：zhaowb@cadg.cn

广阳岛生态修复 EPC 工程总承包

EPC of Ecological Restoration Project In Guangyang Island

项目业主：重庆市广阳岛绿色发展有限公司
建设地点：重庆
用地面积：10 000 000平方米
设计时间：2018年—2021年
项目状态：在建
设计单位：中国建筑设计研究院有限公司生态景观建设研究院
主创设计：赵文斌、朱燕辉、张景华
获奖情况：2020年重庆市“茶花杯”优秀风景园林规划设计特等奖

广阳岛是长江上游最大的江心绿岛，面积10平方千米。自2017年8月停止大开发以来，人们见证了这座岛的蜕变。设计创新应用“护山、理水、营林、疏田、清湖、丰草”六大策略，抓住“留水固土”和“营林丰草”两个切入点，系统推进自然恢复、生态修复，丰富生物多样性，融合生态设施、绿色建筑，按照轻梳理、浅介入、微创修复、系统修复的生态方法，保护生态、修复生态、建设生态，将生态广阳岛打造成为了重庆城市功能新名片。今天的广阳岛，一幅原生态的巴渝乡村田园风景画卷正徐徐展开，500余种植物，300余种动物生息繁衍于此。2020年8月试开放以来，广大市民对还岛于民的决策、“长江风景眼、重庆生态岛”的定位以及生态修复的原乡风貌纷纷点赞。

2019年北京世界园艺博览会总体规划及世园轴、国际展园区设计

总平面图

Master Plan of 2019 Beijing World Horticultural Expo and Design of World Horticultural Axis and International Exhibition area

项目业主：北京世界园艺博览会事务协调局
建设地点：北京
用地面积：9 600 000平方米
设计时间：2014年—2015年
项目状态：建成
设计单位：中国建筑设计研究院有限公司生态景观建设研究院
主创设计：李存东、史丽秀、赵文斌、刘环、路璐
获奖情况：2017年国际风景园林师联合会规划分析类杰出奖
2019年中国风景园林学会规划设计一等奖

规划结构图

项目在总体规划方面，强化首都“生态高地”建设，整合绿色资源，采用扩大研究范围的方法，将园区与新城建设一体化考虑；以“洲、台”的人文景观特色、自然地域景观展现中国特色的主题立意。主轴线朝向海坨山，次轴线直达妫水河形成望山连水的世园轴，以“两带、两轴、九区、十八台”的园区景观结构彰显本土特征的空间布局，契合博览会“绿色生活、美丽家园”的主题。

设计打造“景观、功能、交通、竖向、海绵、照明、种植、公共服务设施、小品及导视、防灾、绿色智能科技、园林给排水及电气”十二大系统，实现“国际的展示——国际引种+风情营造”“自然的感动——层次丰富+因子造景”“生命的绽放——五觉感受+心灵体验”“科技的惊喜——高新科技+趣味科普”的设计理念。

北京雁栖湖 APEC 国际会议中心广场及入口设计

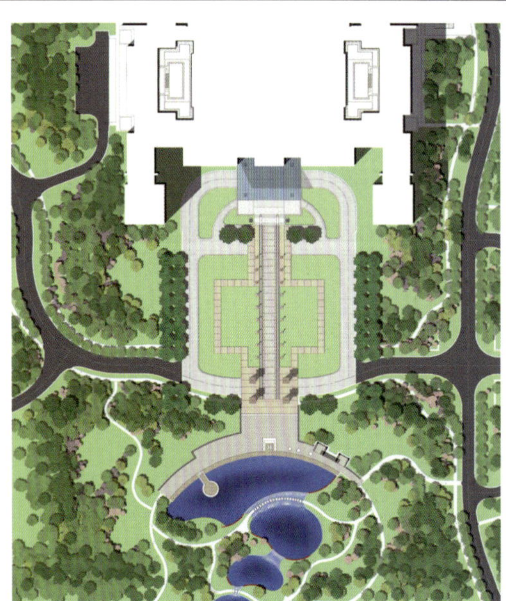

Design of Square and Gate of Beijing Yanqi Lake International Convention Center

项目业主：北京北控国际会都房地产开发有限责任公司
建设地点：北京
用地面积：20 000平方米
设计时间：2013年—2014年
项目状态：建成
设计单位：中国建筑设计研究院有限公司生态景观建设研究院
主创设计：史丽秀、赵文斌、刘环
获奖情况：2015年北京市优秀工程勘察设计一等奖
2015年全国人居经典建筑规划方案设计竞赛环境金奖
2015年中国风景园林学会规划设计三等奖
2015年中国环境艺术金奖
2017年—2018年中国建筑学会园林景观设计二等奖
建筑摄影：张广源

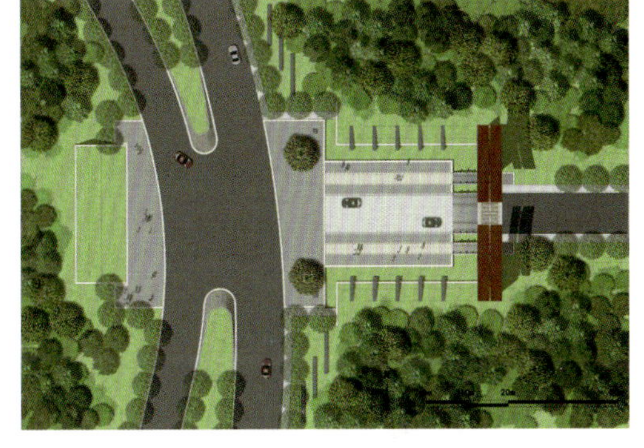

北京雁栖湖APEC国际会议中心门户景观的营建在国家礼仪的呈现、文化的展示、细节的传达上远高于景观形象本身。“中国门户”景观的营建、传统文化元素的应用、“礼仪空间”节奏的控制、现代景观设计的手法成就了中国在APEC会议中的精彩亮相，全世界的目光都聚焦于雁栖湖。

设计师通过创新设计使方案回归到文化、艺术、生态的本质进而呈现原创作品，设计的重点是用细节诠释自然生态与文化艺术的融合，营造了具有皇家礼仪形制的短轴空间序列，实现了在大自然环境中巧妙融合工整对称的人工短轴景观布局，达到“大自然、小工整”肌理的有机融合。

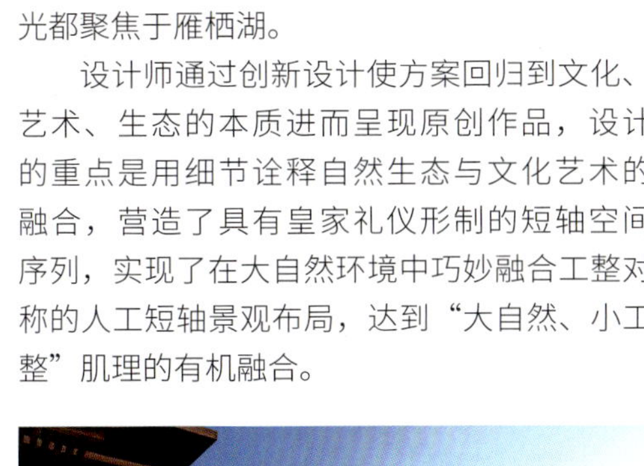

中国（南宁）国际园林博览会园博园设计总承包

General Contract for Design of Park of China (Nanning) International Garden Expo

项目业主：南宁五象新区建设投资有限责任公司
建设地点：广西 南宁
用地面积：3 417 600平方米
设计时间：2016年—2018年
项目状态：建成
设计单位：中国建筑设计研究院有限公司生态景观建设研究院
合作单位：北京多义景观规划设计事务所
南宁市古今园林规划设计院
主创设计：李存东、赵文斌、王洪涛
获奖情况：2021年北京市优秀工程勘察设计一等奖
2020年—2021年国家优质工程奖
2019年国际风景园林师联合会开放空间类杰出奖
2019年中国风景园林学会科学技术奖规划设计一等奖

项目以“生态、文化、共享”为设计理念，把荒废的山林、水体、采石场、养鱼塘等生态功能恢复，引入展示中国园林园艺的功能，给区域发展注入活力，成为一处令人喜欢的场所。设计师通过整体规划、景观设计、现场施工管理，本着“巧于因借、精在体宜”的造园思想，构建了园区景观的整体系统。以清泉阁为标志的景观建筑穿插其中，以现代语汇诠释广西本土建筑风貌。园内设计数十个专类展园，集中体现了设计师的造园理念和建造者的精湛技艺，展示了不同国家、不同区域的园林文化，成为集世界园林艺术之大成的典范。

赵新华
职称：教授级高级工程师
执业资格：国家一级注册建筑师

周牧
职称：教授级高级工程师
执业资格：国家一级注册结构工程师

顾伟
职称：高级工程师
执业资格：国家一级注册建筑师

高翔
职称：教授级高级工程师
执业资格：国家一级注册建筑师

刘彦琢
职称：教授级高级工程师
执业资格：注册城市规划师

沈铮
职称：教授级高级工程师
执业资格：注册公用设备工程师

鲁国昌
职称：教授级高级工程师
执业资格：国家一级注册结构工程师

高阳
职称：教授级高级工程师
执业资格：国家一级注册建筑师

张建海
职称：高级工程师
执业资格：国家一级注册建筑师

张伯英
职称：高级工程师
执业资格：国家一级注册结构工程师

闫晶
职称：高级工程师
执业资格：注册城乡规划师

李俊彩
职称：高级工程师
执业资格：注册电气工程师

张岚
职称：高级工程师
执业资格：注册电气工程师

郑晓娜
职称：高级工程师
执业资格：注册公用设备工程师

刘金栓
职称：高级工程师

张正拓
职称：高级工程师

张伟
职称：高级工程师

张丛彧
职称：高级工程师

设计团队核心成员

北京市市政工程设计研究总院有限公司创建于1955年，2013年完成转企改制，具有工程设计综合甲级资质，是以咨询设计为主业，具备覆盖工程项目全生命周期综合技术服务能力的现代咨询设计集团。公司在城市基础设施领域，服务于国家战略及首都功能定位，致力于国内领先、国际一流的现代城市一体化综合技术服务。

建筑设计院自创立伊始，秉承“思圆行方、匠心筑品”的原则，精耕细作20余年，已成为一个汇集城市规划、建筑设计、园林景观、环境艺术、室内设计、景观照明等多元化发展的团队。全体人员坚持“高素质、专业化、重服务”的理念，在众多领域为客户提供全方位的服务。

北京市市政工程设计研究总院有限公司
Beijing General Municipal Engineering Design & Research Institute Co., Ltd.

地址：北京市海淀区西直门北大街32号3号楼
电话：010-82216805
传真：010-82216898
网址：www.bmedi.cn
电子邮箱：lilincan1108@bmedi.cn

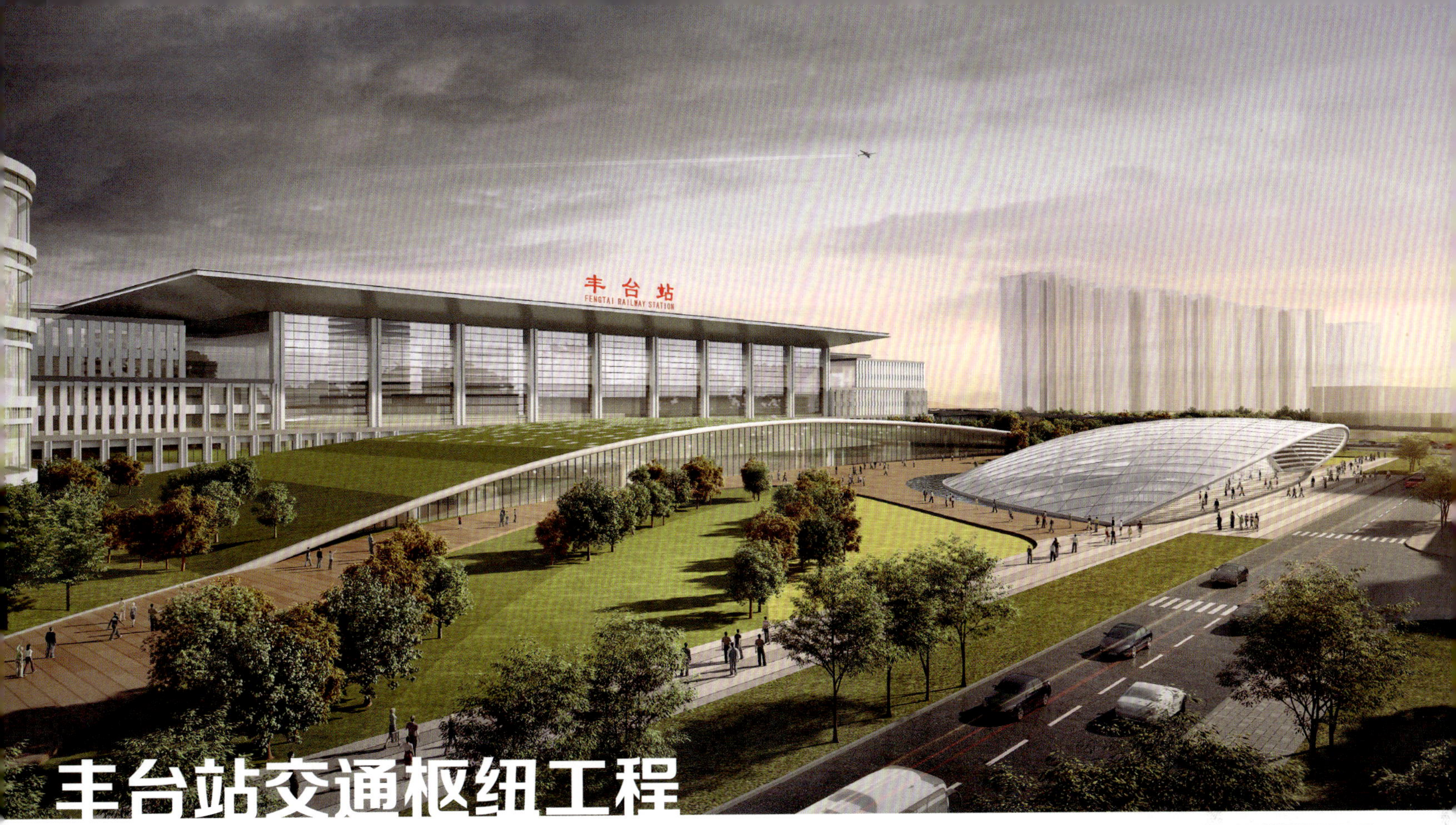

丰台站交通枢纽工程

Fengtai Railway Station Transportation Hub Project

项目业主：北京市公联公路联络线有限责任公司
建设地点：北京
建筑功能：综合交通枢纽
用地面积：90 600平方米
建筑面积：193 677平方米
设计时间：2019年—2021年
项目状态：在建
设计单位：北京市市政工程设计研究总院有限公司
设计团队：赵新华、高翔、张建海、韩超、张伟、徐琨、袁靖智、李梦、吴晓斐、田磊、鲁国昌、李俊彩、黄茂兰、宋亚军、高娅楠、张苍、吴清、崔孟雪、杨乐

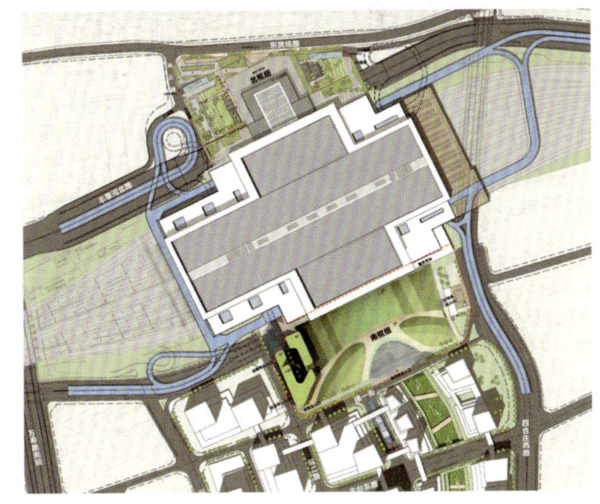

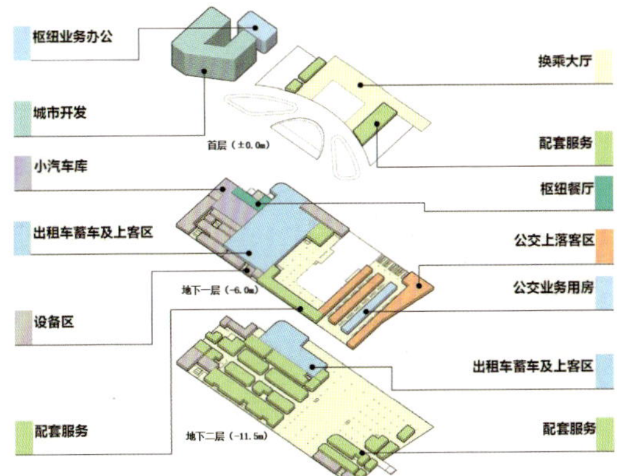

项目是一座集铁路、地铁、公交、出租等多种交通方式于一体的综合交通枢纽，包含城市服务和综合利用功能。设计方案优化交通换乘，提高便利性，充分体现以人为本和为乘客服务，同时加强站场及周边用地综合开发的规划引导，构建站城一体化，精细化整合复杂功能主体，打造服务全面、环境优美的生活圈，形成区域性活动中心。

设计尊重周边历史和文化，造型如同张开的“臂膀”，迎接四方来客；也似一柄如意，寓意吉祥如意。南侧入口造型在圆弧的掩映下如同一只眼睛，也似一轮明月。建筑立面采用玻璃与金属板幕墙，使建筑呈现出简洁通透的形象，纯净的建筑形态及统一的立面效果塑造出交通建筑高效明确的特征。

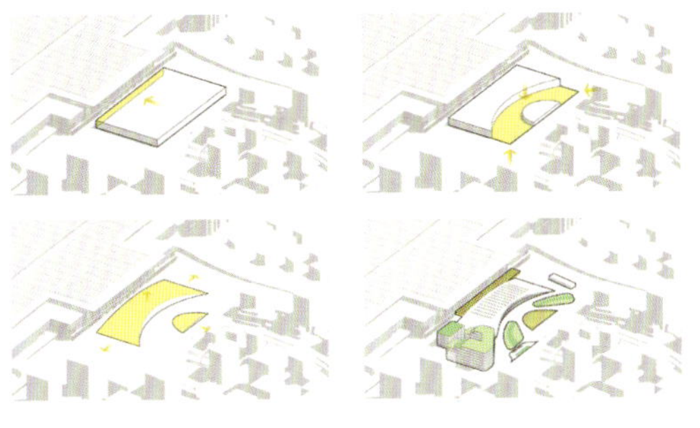

北京大兴站枢纽及周边一体化设计

Beijing Daxing Station Hub and the Surrounding Integrated Design

项目业主：北京市基础设施投资有限公司
建设地点：北京
建筑功能：交通枢纽、城市综合体
用地面积：194 000平方米
建筑面积：418 000平方米
设计时间：2016年—2020年
项目状态：在建
设计单位：北京市市政工程设计研究总院有限公司
设计团队：赵新华、高阳、袁靖智、张伟、亓琳、廖文焕

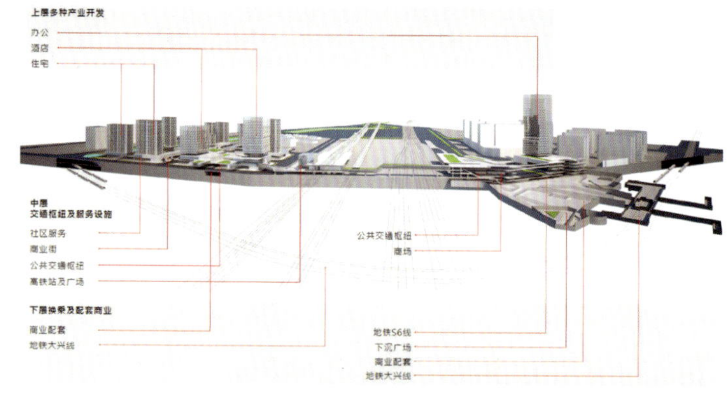

项目位于北京市大兴区黄村火车站附近，主要为大兴高铁站周边片区城市规划及城市设计。它是立足于大兴新城、面向京津冀的TOD现代综合服务发展中心，承接首都核心区功能，可直达雄安，临近新机场，与大兴新老城区相衔接。

建筑设计以“东、西、汇”为理念，以轨道为核心，围绕高铁站、火车站、地铁站，组织公交车、出租车、网约车等公共交通方式，形成便捷多样的公共交通网络和一体化枢纽。设计团队针对项目特点提出了交通优化、缝合城市、服务升级、形象塑造的发展策略，并以此为蓝本与北京市城市规划设计研究院共同完成了地块规划综合实施方案的编制工作。

张家湾车辆段工程

Zhangjiawan Depot Project

设计概念

项目业主：北京市轨道交通建设管理有限公司　　建设地点：北京
建筑功能：办公、商业建筑　　用地面积：280 100平方米
建筑面积：445 000平方米
设计时间：2018年
项目状态：车辆段已建成，上盖综合开发设计中
设计单位：北京市市政工程设计研究总院有限公司
设计团队：赵新华、高阳、顾伟、任璐、高翔、李晶、张苍、李宗凯、刘金栓、周牧、张伯英、于娜、郑晓娜

项目位于北京地铁7号线东延工程的东端、通州文化旅游区内，车辆段建筑面积143 000平方米，综合利用部分建筑面积302 000平方米。它是北京首例车辆段上盖开发业态为商业及办公的项目，设计以“文化自信、水绿共融、与古为新、古今同辉”为理念，将运河、漕运文化相融合，将中国与世界相连接，展现京畿繁华盛景，并与环球影城联合打造首都文化旅游新名片。

项目按照上盖一体化开发进行设计，停车列检库、联合检修库、咽喉区及上部开发由下至上由三个部分组成，依次为大库、小汽车库、商业及办公（其中商业建筑面积130 000平方米、酒店建筑面积70 000平方米、办公建筑面积102 000平方米），空间形态丰富，功能需求多样。

杭州仁和车辆段上盖物业综合开发项目

Hangzhou Renhe Vehicle Section on The Cover of The Property Comprehensive Development Project

项目业主：杭州地铁公司
建设地点：浙江 杭州
建筑功能：商业、教育、居住建筑
用地面积：320 137平方米
建筑面积：275 411平方米
设计时间：2019年
项目状态：初步设计
设计单位：北京市市政工程设计研究总院有限公司
设计团队：顾伟、张继、张伟、刘阳、胡拓、温雅歌、于娜、黄茂兰、郑晓娜、高娅楠

项目位于杭州市北翼、余杭区的腹地，是集地铁车辆段、住宅、商业、SOHO办公、学校于一体的大型地铁上盖综合体，是杭州市轨道交通与城市功能相结合的示范区。设计利用地块周边良好的田园资源，通过建筑本身及场地的绿化处理，用平面及立体的绿色与区域和谐对话，打造出特色鲜明的“田园上盖地景图”。

设计范围共分四个区域，分别为西侧落地区、上盖西部区、上盖中部区、上盖东部区。其中住宅楼共32栋。所有建筑耐火等级均为一级。在结构形式上，所有建筑均为钢筋混凝土框架结构。

通州区文化旅游区公共绿地建设工程

Tongzhou District Cultural Tourism Area Public Green Space Construction Project

项目业主：北京建工国通建设工程有限责任公司
建设地点：北京
建筑功能：城市景观
用地面积：435 000平方米
设计时间：2020年
项目状态：建成
设计单位：北京市市政工程设计研究总院有限公司
设计团队：陶远瑞、刘彦琢、姚楚怡、郄晓薇、关军洪、孔祥龙、闫晶、姚欣、李宗凯、李普宁、陈佳奇、王平、王明松、张正拓、沈铮

项目位于北京市通州区文化旅游区九棵树中路等道路外侧公共绿地，是环球影城重要的配套工程。该项目落实北京城市总体规划各项要求，服务于环球影城周边环境，创造区域生态效益，提升旅游综合吸引力，为周边地块发展助力。

永定门南广场景观工程

Yongdingmen South Square Landscape Project

项目业主：北京市崇文区建设委员会
建设地点：北京
建筑功能：城市景观
用地面积：22 000 平方米
设计时间：2010年
项目状态：建成
设计单位：北京市市政工程设计研究总院有限公司
设计团队：刘彦琢、姚欣、曲魁、刘蔚、黄思莹、
张丛彧、高娅楠、张岚、高阳
获奖情况：2015年北京市优秀工程设计二等奖

永定门南广场北接永定门城楼，跨护城河和南二环路，南邻京山铁路桥，东西与永定门大街相邻。设计地块北部为矩形，南部为倒三角形，南北长317米，东西最宽处108米。东有天坛公园，西有先农坛，西南方有燕墩遗址公园 。设计将永定门城楼南“断桥”变身为南中轴空中广场，基于桥梁盖板，从宝贵的旧城空间中争取空间，完善了南城片区公共开放空间，有效恢复了永定门周边历史风貌，完善了北京中轴空间，形成具有历史文化承载力的环境。它是北京旧城唯一一处中轴线架空公共活动空间，节约了占地，对同类旧城中轴空间的改造具有良好的借鉴作用。

东莞配套松山湖水厂一期工程

Dongguan Supporting Songshan Lake Water Plant Phase I Project

项目业主：东莞市水务集团供水有限公司
建设地点：广东 东莞
建筑功能：工业建筑
用地面积：200 137平方米
建筑面积：47 211平方米
设计时间：2021年
项目状态：方案
设计单位：北京市市政工程设计研究总院有限公司
设计团队：顾伟、闫晶、张伟、任璐、张伯英、向双斌、刘彦琢、周牧、张岚、李俊彩、沈铮、胡拓、李兆平、巩同川、张正拓、郑晓娜、黄茂兰、高娅楠

项目遵循“科技共山水一色”的核心规划理念，秉持“安全、优质、高效、生态、节约”的设计原则，传承积淀深厚的岭南山水“古韵”。

在建筑设计中，除工艺要求的水厂建筑及构筑物外，将综合楼、食堂宿舍楼布置在水厂入口处，与入口广场相结合形成特色厂前区空间。其他生产类建筑均采用轻盈的设计手法，将建筑融入景观，弱化建筑体量感，减少大体量建筑对环境的视线干扰。“消隐”的设计方式最大限度地还原场地的自然生态特征，同时建筑屋顶通过设置屋顶绿化和玻璃屋面提升建筑第五立面的品质。

亦庄北神树垃圾填埋场生态修复工程

Ecological restoration project of Yizhuang North Shenshu landfill

项目业主：北京市环境卫生工程集团有限公司
建设地点：北京
建筑功能：生态修复
用地面积：316 000平方米
建筑面积：4 000平方米
设计时间：2019年
项目状态：在建
设计单位：北京市市政工程设计研究总院有限公司
设计团队：闫晶、刘彦琢、向双斌、刘晓函、郄晓薇、姚楚怡、刘梦晗、尹泽鹏、宋亚军、张敏、于娜、王政、任璐、王倩文、周牧、张岚、沈铮、张伯英、孔祥龙、关军洪、柴荣、李普宁

项目设计通过融贯多专业，将污染修复与景观再生相结合，转“邻避”为“邻利”，保障了城市安全，激发了城市空间活力，提升了市民幸福感。设计集水质净化、人工湿地、江南园林、市民休憩、运动休闲、文化展示于一体。

在污染修复基础上，景观再生构建了综合固废处理科普、环保宣传教育、生态恢复保护、生活奇趣游赏、文化风貌传承等多功能的城市级综合公园，作为行业试点之作，为同类型项目提供借鉴与指引。

朝阳区 CBD 区域交通综合治理工程

Chaoyang District CBD Regional Traffic Comprehensive Treatment Project

项目业主：北京市朝阳区交通委
建设地点：北京
建筑功能：城市景观
用地面积：4 000 000平方米
设计时间：2019年—2021年
项目状态：建成
设计单位：北京市市政工程设计研究总院有限公司
设计团队：姚欣、刘彦琢、关军洪、彭博、刘梦晗、闫晶
获奖情况：作品入选“世界工程组织联合会2021年服贸会工程创新促进可持续发展优秀案例集锦”

项目范围为朝阳区CBD西区4平方千米区域，以城市更新和治理为出发点，以营造国际一流的CBD道路交通和街区景观环境为总目标，开展道路交通与城市街区景观的城市更新工作。项目将建设成慢行优先、人车有序、区域特色、高品质景观的城市居民户外生活环境，可提升城市居民生活的幸福感和获得感，实现城市和社区健康可持续发展。

赵文冰

职务：中国电建集团华东勘测设计研究院有限公司副总建筑师
职称：正高级工程师
执业资格：国家一级注册建筑师、注册城市规划师

教育背景
1989年—1993年　西北建筑工程学院建筑学学士

工作经历
1993年至今　中国电建集团华东勘测设计研究院有限公司

个人荣誉
入选浙江省“151人才培养工程”第三层次培养人员

主要设计作品
杭州市杨公堤工程
荣获：2005年浙江省优秀工程勘察设计二等奖
杭州市中恒世纪科技园
荣获：2007年浙江省优秀工程勘察设计三等奖
福建省档案馆新馆
荣获：2013年全国优秀工程勘察设计二等奖
厦门思明区滨海文创特色小镇
荣获：2018年杭州市优秀规划设计三等奖
临平文化艺术长廊
荣获：2020年杭州市优秀工程勘察设计二等奖
杭州市华东院三墩基地
宿迁市激光智造小镇
嵊泗交通旅游集散中心
铅山县行政中心
铅山县城东新城城市设计
墨脱县城市设计
丽水市博物馆青少年宫
杭州市玉泉大厦
晋江市档案馆

李潇

职务：中国电建集团华东勘测设计研究院有限公司建筑一所副所长、主创建筑师
职称：高级工程师
执业资格：国家一级注册建筑师

教育背景
2002年—2007年　西安交通大学建筑学学士

工作经历
2007年至今　中国电建集团华东勘测设计研究院有限公司

主要设计作品
中山路西湖大道人行天桥
荣获：2012年杭州市优秀工程勘察设计三等奖
临安滨湖新城城市客厅
荣获：2020年杭州市方案设计竞赛第一名

达选锡

职务：中国电建集团华东勘测设计研究院有限公司主创建筑师
职称：高级工程师
执业资格：国家一级注册建筑师

教育背景
2003年—2008年　兰州理工大学建筑学学士

工作经历
2008年至今　中国电建集团华东勘测设计研究院有限公司

主要设计作品
华东勘测设计研究院办公楼
荣获：2017年浙江省优秀工程勘察设计三等奖
浙江理工大学时尚学院
荣获：2017年概念性规划设计方案大赛一等奖
浙江大学紫金港校区文科类组团
荣获：2020年杭州市优秀工程勘察设计三等奖

中国电建集团华东勘测设计研究院有限公司
HUADONG ENGINEERING CORPORATION LIMITED

地址：浙江省杭州市余杭区高教路201号
电话：0571-56628888
传真：0571-88392805
网址：www.hdec.com
电子邮箱：wang_w3@hdec.com

中国电建集团华东勘测设计研究院有限公司（以下简称“华东院”）于1954年建院，是中国电力建设集团的特级企业。华东院位列中国勘察设计综合实力百强单位、中国工程设计企业60强、中国承包商80强，先后荣获全国文明单位、全国五一劳动奖状、住建部全过程工程咨询试点企业、浙江省首批总承包试点企业、浙江省一带一路示范企业、浙江省国际工程示范企业等。

华东院现有员工4 000余人，拥有各类高级专业技术人员1 000余人，持有国家各类注册执业资格证书2 000余人次，2013年被国家工信部授予“国家级两化融合示范企业”称号。

宿迁市激光智造小镇

Laser Intelligent Construction Town, Suqian City

项目业主：中电建建筑集团有限公司
建设地点：江苏 宿迁
建筑功能：办公、商业建筑
用地面积：501 100平方米
建筑面积：550 000平方米
设计时间：2018年—2021年
项目状态：在建
设计单位：中国电建集团华东勘测设计研究院有限公司
主创设计：赵文冰、李潇、杨剑

项目设计构思源自激光源、点发散等特性，对核心地块切割形成规则多边形的空间布局，从而形成“有核无边，有源无界”的设计理念，并贯穿总平面、单体建筑和景观设计等方面。

点——聚焦。在规划区核心处，以激光塔为中心，环绕设置小镇客厅、主题公园和科普体验中心，并将其作为小镇核心启动圈层，承担小镇特色功能，体现小镇凝聚力和向心性。

线——发散。以线串联小镇各功能区块，将小镇所含功能区块（孵化器、科研办公、商业综合体、加速器等）展开在线两侧，通过调整功能区块大小和位置，使各功能区布局合理、规模适宜。

嵊泗交通旅游集散中心

Shengsi Transportation and Tourism Distribution Center

项目业主：嵊泗县交通运输局
建设地点：浙江 舟山
建筑功能：旅游集散中心
用地面积：36 904平方米
建筑面积：28 928平方米
设计时间：2018年—2021年
项目状态：在建
设计单位：中国电建集团华东勘测设计研究院有限公司
主创设计：赵文冰、达选锡

嵊泗列岛是全国唯一的国家级列岛风景名胜区，素有“海上仙山”的美誉。项目作为嵊泗的门户建筑，设计强化建筑的公共属性，在提供旅游集散中心的基本功能之外，契合嵊泗“离岛、微城、慢生活”的城市气质，让建筑具有一定的诗意。

设计取意嵊泗列岛“海上仙山”之意，建筑体形采用两个斜面梯形相互穿插，如同海岸激石耸立海边。凸出的一个外倾斜面形体是候船厅，面朝大海，具有完美的景观视野。屋顶设计成一个开放的海景平台，既能休闲观景，也能够为节庆活动提供理想场地。

立面设计表达了嵊泗的地域文化，玻璃幕墙结合水平铝板线条，寓意波光粼粼的海面，形成自然、生动、舒展的视觉效果，与海岛轻松、自然、慢生活的特有情趣相得益彰。

临平文化艺术长廊

Linping Culture and Art Gallery

项目业主：杭州临平城区综合改造有限公司
建设地点：浙江 杭州
建筑功能：文化建筑
用地面积：17 057平方米
建筑面积：13 979平方米
设计时间：2017年—2018年
项目状态：建成
设计单位：中国电建集团华东勘测设计研究院有限公司
主创设计：赵文冰、林殿男、许益明

项目位于杭州市临平区老城区，老城区存在建筑密度过大、配套设施不足、停车困难、公共开放空间不足等问题。设计从顶层规划着手，结合问题和目标导向，采用相应的策略。

1. 空间策略。在不改变城市脉络和肌理的情况下，通过“减法”拆除部分老旧公共建筑，腾出相应的城市空间。

2. 文化策略。原场地有余杭画院、书画社、水塘、小百花艺术中心、临平第一幼儿园等建筑，设计通过合并、提炼的手法，在新场地中植入社区文化艺术交流中心、社区图书馆、社区戏曲交流中心等功能建筑，延续场地文脉和城市记忆。

3. 开放共享策略。建筑结合室外场地，为市民提供艺术鉴赏、学习、健身、交流、驻足等功能的室内外公共开放空间。

建筑采用江南传统小尺度建筑和园林的设计手法，营造了人性尺度下的开放共享空间。自建成以来，项目深受广大市民的喜爱，成为江南老城区有机更新的典范。

临安滨湖新城城市客厅

Linan New Binhu District City Living Room

项目业主：杭州市临安区滨湖新城开发建设指挥部
建设地点：浙江 杭州
建筑功能：会展中心、艺术中心
用地面积：127 600平方米
建筑面积：189 000平方米
设计时间：2020年
项目状态：方案
设计单位：中国电建集团华东勘测设计研究院有限公司
主创设计：李潇、于颖泽、孙子文

项目位于杭州市临安区滨湖新城西北侧，背山面湖，景观条件优越，主要功能包括会展中心、艺术中心、城市阳台等。城市客厅中央的景观轴线以凤凰为造型母体，通过凤凰华丽的羽翼将中央景观轴两侧的会展中心和艺术中心有机连接。

会展中心采用富有辨识度的体型设计，用几何的线条再现了青山湖畔矗立的天目山山岭形象。方案借青山湖之景，造扬帆之势，寓意青山湖片区扬帆启航，乘风破浪，再创佳绩。

艺术中心以临安鸡血石为设计意向，寓意水清石见。同时从城市规划及基地的基本条件出发，形体的塑造充分考虑城市界面及周围环境， 把青山湖景及中轴绿带引入建筑内部空间，营造出灵动的形态及丰富的内部空间。

浙江理工大学时尚学院

School of Fashion, Zhejiang Sci-tech University

项目业主：浙江理工大学
建设地点：浙江 杭州
建筑功能：教育建筑
用地面积：330 000平方米
建筑面积：300 000平方米
设计时间：2017年
项目状态：方案
设计单位：中国电建集团华东勘测设计研究院有限公司
主创设计：王健、达选锡

浙江理工大学时尚学院的前身是创建于1897年的蚕学馆，它是中国最早的蚕桑学堂，开创了中国近代纺织、农业教育的先河。

校园规划以“丝韵”和“水韵”为核心理念，以丝线为基本元素，寻求文化、空间、建筑、景观的相互契合。

项目引入场地西侧运溪湖和南侧河道的水系，引水入园，借水筑景。在校园内部引入带状水系，可实现连接不同功能组团，并利用共享平台和坡道打造围绕滨水景观的立体漫步系统，步移景异，别有情趣，实现平面园林向空中转化的全新体验。

建筑立面以“蚕丝”的柔润莹洁、“春茧”的有机天成、“丝绸”的交叉织造为创作理念演绎建筑表皮，设计以水平线条为主要手法，同时融入缠绕、纺织、裂帛等变化，打造时尚、现代、艺术和创新的立面形式，赋予建筑时尚新魅力。

赵志鹏

职务：江西省建筑设计研究总院集团有限公司联合未来建筑方案创作工作室主任兼主创建筑师
职称：工程师

教育背景
2003年—2008年　南昌大学建筑学学士

工作经历
2008年至今　江西省建筑设计研究总院集团有限公司

主要设计作品
江西省省级党政机关整体搬迁置换项目
抚州市综合客运枢纽站
萍乡市综合客运枢纽站
南昌市监管中心
吉州区保育院城北幼儿园

黄珂夫

职务：江西省建筑设计研究总院集团有限公司联合未来建筑方案创作工作室副主任兼主创建筑师
职称：工程师

教育背景
2003年—2008年　南昌大学建筑学学士
2008年—2010年　南昌大学建筑学硕士

工作经历
2010年—2015年　同济大学建筑设计研究院（集团）有限公司南昌分院
2016年至今　江西省建筑设计研究总院集团有限公司

主要设计作品
南昌供电公司新基地
朝阳梅园（江西省煤炭集团公司总部基地）
吉安幼儿师范高等专科学校
乐平市公共卫生应急医疗救治中心
吉州区城北新区公共服务综合体

俞禹滨

职务：江西省建筑设计研究总院集团有限公司联合未来建筑方案创作工作室副主任兼主创建筑师
职称：工程师

教育背景
2003年—2008年　南昌大学建筑学学士
2010年—2013年　南昌大学建筑学硕士

工作经历
2008年—2010年　宁波高专建筑研究院有限公司
2013年至今　江西省建筑设计研究总院集团有限公司

主要设计作品
共青大学城
江西师范大学科技学院共青校区
南昌大学科技学院共青校区一期工程
吉安水木清华建设项目
青原区妇幼保健院

江西省建筑设计研究总院集团有限公司创建于1952年，系江西省最早成立的工业和民用建筑设计院，是集工程设计、城乡规划、工程勘察、工程监理、施工图审查、市政工程、工程咨询、绿色建筑、工程造价、园林设计、特种工程、工程代建、BIM技术、EPC工程总承包、室内装修设计等于一体的综合性甲级企业，业务领域覆盖建筑行业全过程。

公司现有职工1 000余人，其中专业技术人员900余人。公司遵循团结、进取、开拓、务实的办院宗旨，注重信誉、效率、服务，依靠科研技术，把繁荣建筑创作、探索建筑全过程服务、强化内部管理作为工作目标，勇于竞争，大胆创新。改革开放以来，公司已有200余项工程设计、科研项目荣获国家、省部级优秀勘察设计和科技进步奖，并培养了许多在省内外享有盛誉的杰出人才。公司将继续深化改革，以“精心设计、质量第一、竭诚服务、业主满意”为宗旨，立足国内，面向世界，再创辉煌。

联合未来建筑方案创作工作室于2019年11月成立，是公司旗下第一个建筑设计工作室。将“联合你我，共创未来”作为工作室的宗旨，业务涵盖规划、景观、地产及各类型公建项目。

工作室重管理、求质量、讲效率，有先进的管理体制、完善的规章制度和高素质的设计人才，是年轻且充满朝气的设计团队，可为客户提供全过程设计服务。

地址：南昌市东湖区省府北二路66号
电话：0791-86225731
网址：www.jxsjzy.com
电子邮箱：yzyx_jxsjzy2019@163.com

吉州区城北新区公共服务综合体

Public Service Complex of Chengbei New District, Jizhou District

项目业主：吉安市吉州投资发展有限公司
建设地点：江西 吉安
建筑功能：办公建筑
用地面积：10 629平方米
建筑面积：24 743平方米
设计时间：2020年
项目状态：在建
设计单位：江西省建筑设计研究总院集团有限公司
主创设计：联合未来建筑方案创作工作室

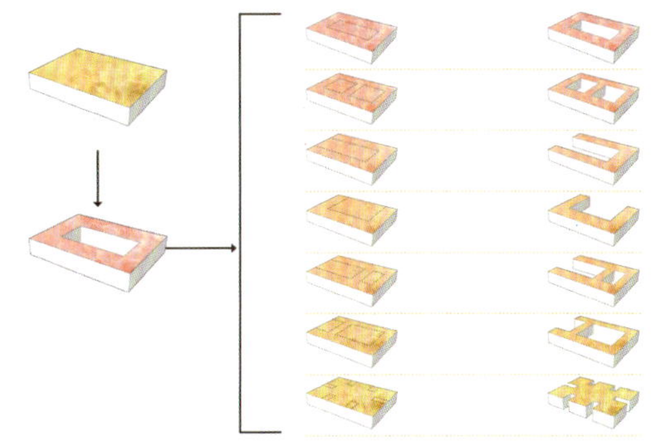

理念图

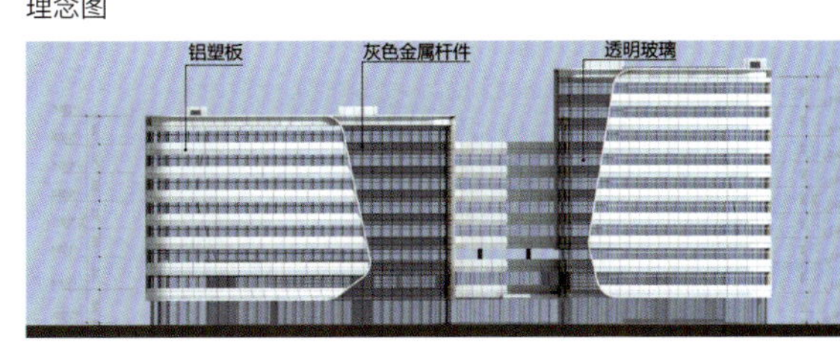

南立面图

建筑设计质朴、典雅、大方，体现出庄严而又不失活泼的整体形象。主体建筑造型通过形体变化塑造出建筑的标志性和秩序感。建筑立面简洁明快，以竖向线条组合为基本建筑语汇，根据建筑功能和景观需要予以多种变化，形成丰富的韵律美和节奏感。整体建筑雕塑感强烈，突出建筑的特征，营造宏大但又不失亲切感的空间感受。建筑材料既丰富又统一，用现代新技术、新材料，体现独特的建筑思维及“和而不同”的设计思想。

吉安幼儿师范高等专科学校

Ji'an Preschool Teachers College

项目业主：吉安幼儿师范高等专科学校筹建工作领导小组办公室
建设地点：江西 吉安
建筑功能：教育建筑
用地面积：268 001平方米
建筑面积：171 407平方米
设计时间：2019年
项目状态：在建
设计单位：江西省建筑设计研究总院集团有限公司
主创设计：联合未来建筑方案创作工作室

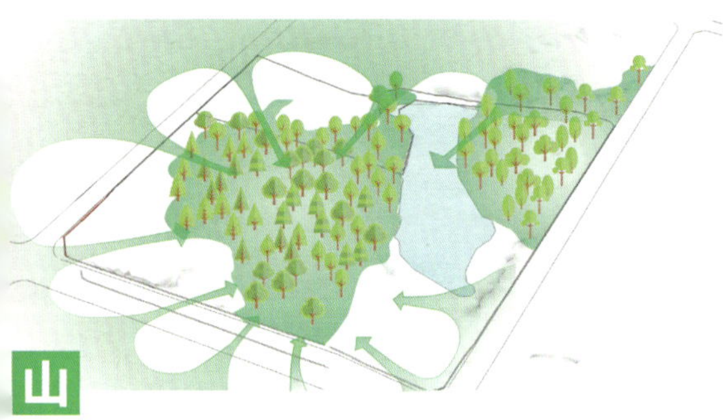

图书馆二层平面图

项目位于吉安市庐陵新区，自然条件优越。项目隶属于西侧的吉安职业技术学院，业主希望把学校建成一座书院气息浓厚的百年学校和可持续发展的绿色生态校园。

校园划分为主教学楼建筑区、运动区及后勤生活区三大组团。

图书馆引领主教学楼建筑区，设计采用了主体建筑对称，辅助建筑非对称的方式；既有高等学府庄重、严谨的学术氛围，又有大学师生提倡的宽松、自然的思想环境。运动区内的球场与风雨操场布置在用地的西北角，位于主教学楼建筑区和后勤生活区之间，形成丰富的层次与视野关系。后勤生活区的宿舍、食堂、幼儿园布置在用地西南角，建筑布局自由连贯，错落有致。整体布局体现了山水校园及自然生态的生活理念。

青原区妇幼保健院

Qingyuan Maternal and Child Health Hospital

项目业主：青原区妇幼保健计划生育服务中心
建设地点：江西 吉安
建筑功能：医疗建筑
用地面积：25 003平方米
建筑面积：42 793平方米
设计时间：2020年
项目状态：在建
设计单位：江西省建筑设计研究总院集团有限公司
主创设计：联合未来建筑方案创作工作室

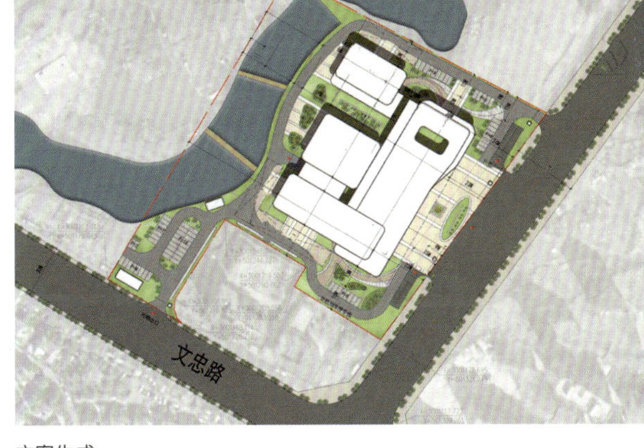

方案生成

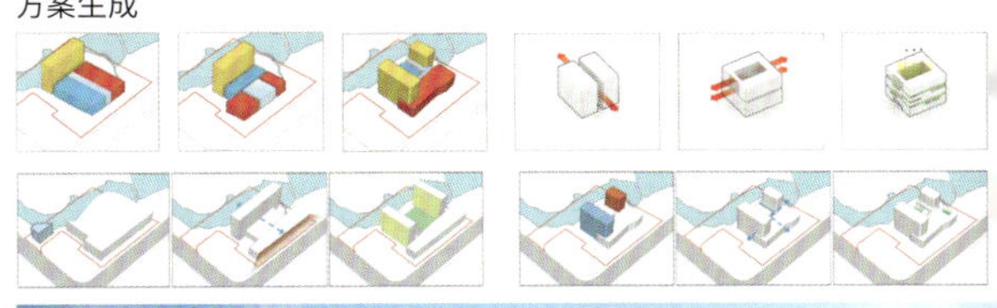

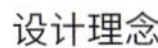

设计理念

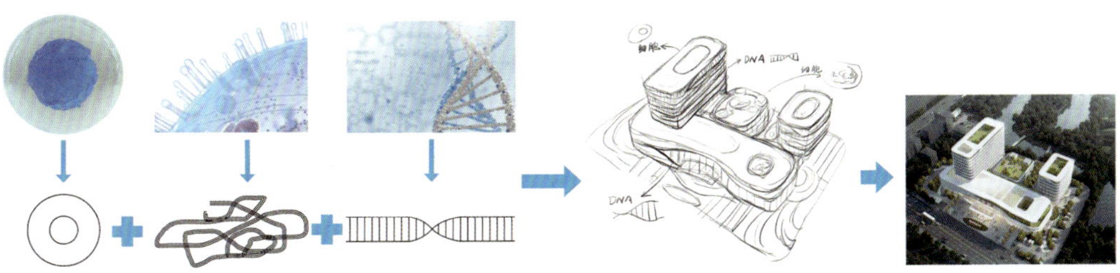

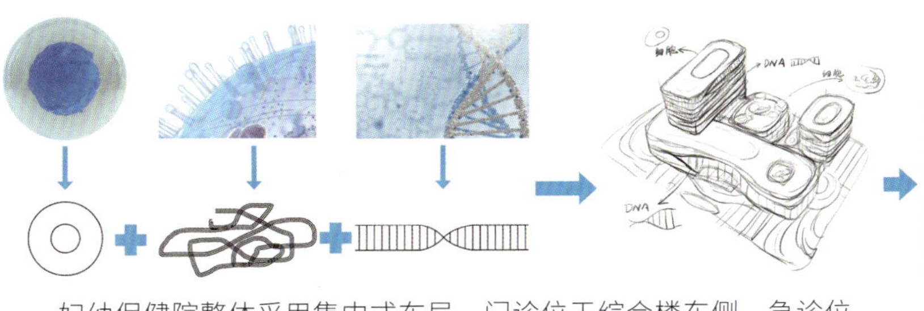

妇幼保健院整体采用集中式布局，门诊位于综合楼东侧，急诊位于综合楼北侧，医技主要位于综合楼西侧，通过走廊与医院住院部相连，便于资源共享。建筑采取以下设计策略。

绿色生态：通过立体景观、多种绿化庭院的设计，打造花园式的现代医院和属于城市的生态花园。考虑医院的可持续发展，充分在各功能区合理预留发展空间。

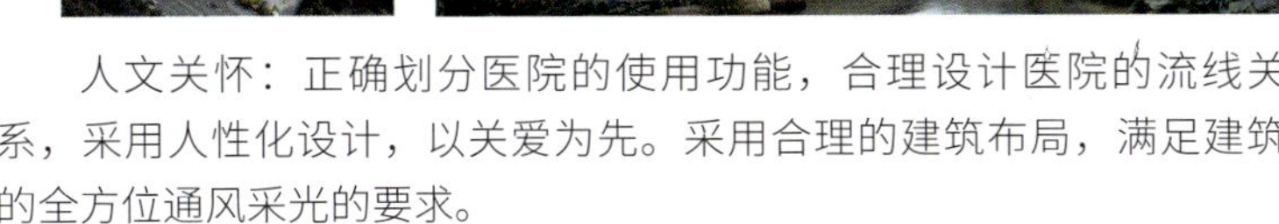

人文关怀：正确划分医院的使用功能，合理设计医院的流线关系，采用人性化设计，以关爱为先。采用合理的建筑布局，满足建筑的全方位通风采光的要求。

高效合理：通过合理的建筑布局，引入智能化的管理理念，使医院的各功能区紧密高效地联系在一起，在考虑建筑外观沉稳大气的基础上，做到建筑的经济合理性。

吉安水木清华建设项目

Construction Project of Shuimu Qinghua in Ji'an

项目业主：吉安市新庐陵投资发展有限公司
吉安市房地产综合开发有限公司
吉安市有巢建筑工程公司
建设地点：江西 吉安
建筑功能：居住建筑
用地面积：74 807平方米
建筑面积：163 438平方米
设计时间：2019年
项目状态：在建
设计单位：江西省建筑设计研究总院集团有限公司
主创设计：联合未来建筑方案创作工作室

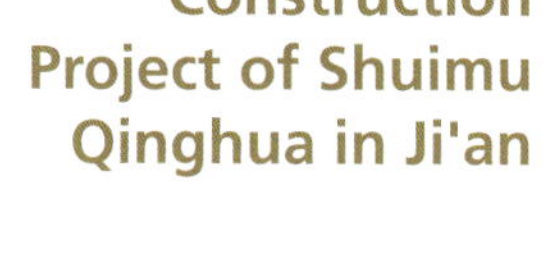

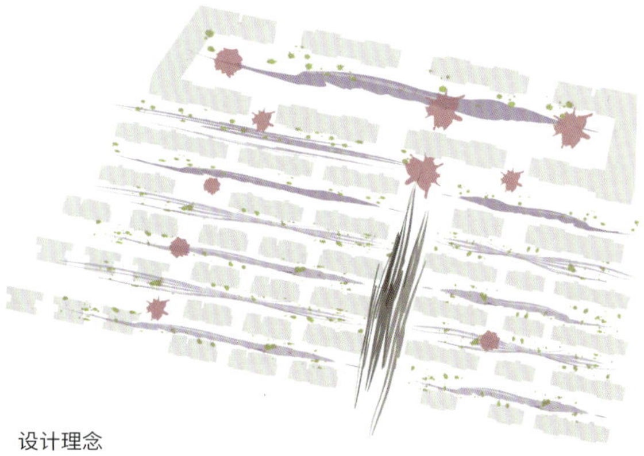

设计理念

建筑以“门为礼、巷为静、园为传、院为雅”为设计理念，以“高端居住”为设计主题，以古典自然园林为造园手法，创造一个基于未来生活模式的新时代居住小区。规划设计遵循生态原则、文化原则与效益原则，充分利用周边生态绿化带等资源，力求塑造一个具有优雅环境、文化内涵、经济效益和鲜明个性的花园式生活空间。

让景观融入建筑、融入生活，打造一个空间开合有致、环境清新大气的居住区。绿化景观由“点”及“线”再形成“面”，使整个小区户户可以开窗见绿，让居者步移景易，触景生情，情景交融。自然景观与人文景观交相呼应，相得益彰，使整个规划用地的生态环境得到了最大限度的保护和改善，人们置身其中体验到一种真实而纯美的家园感。

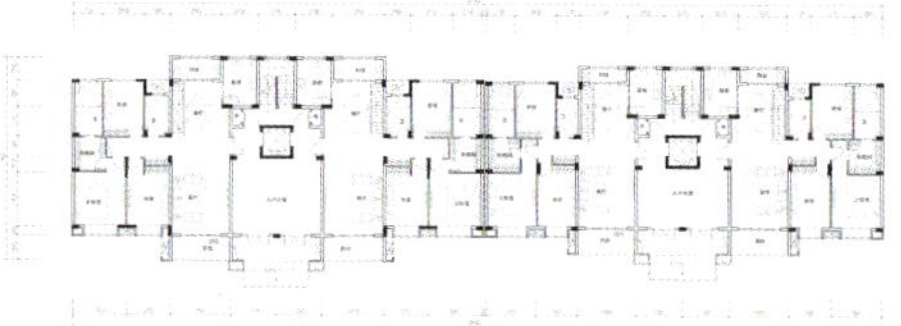

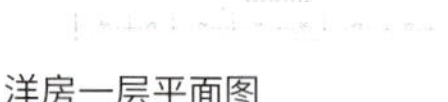

洋房一层平面图

洋房二层平面图

庐陵润景小区

Luling Runjing Community

项目业主：吉安市花园房地产开发有限公司
建设地点：江西 吉安
建筑功能：居住建筑
用地面积：67 178平方米
建筑面积：177 032平方米
设计时间：2020年
项目状态：在建
设计单位：江西省建筑设计研究总院集团有限公司
主创设计：联合未来建筑方案创作工作室

庐陵润景小区是吉安市独具特色的现代国际人文生态社区。建筑采用了现代典雅的立面设计风格，以协调的建筑比例为基准，以现代的施工工艺、建筑材料为审美准则，展示一种精致、简约、现代的视觉效果。建筑将现代的浪漫情怀与人们对生活的需求相结合，保留了材质、色彩的大致风格，同时又摒弃了过于复杂的肌理和装饰，简化了线条。设计充分利用景观资源，使户户有景可看。在功能布局、建筑形式、建筑材料、景观营造等方面，从实际出发，以人为本，最大限度地满足居住者对品质生活的要求，打造城市小区新典范。

重庆市设计院在重庆核心商圈
—解放碑部分项目

重庆科技馆

重庆渝州宾馆

“两江四岸”总体规划

长嘉汇弹子石老街

重庆来福士广场

嘉华大桥南延伸段

环球金融中心

重庆市设计院有限公司

ChongQing Architectural Design Institute Co., LTD.

重庆市设计院有限公司成立于1950年，1955年正式命名为“重庆市设计院”，原属国家局级事业单位。2002年经重庆市政府批复由事业单位转为市属重点科技型企业，2020年建立现代企业制度，改为重庆市设计院有限公司。公司系国家住建部、发改委批准的甲级勘察设计和工程咨询单位，拥有建筑工程、市政公用、城市规划、风景园林、智能化设计、工程勘察、工程咨询、工程造价咨询、施工图审查等国家甲级资质，通过GB/T 19001—2016/ISO 9001：2015质量认证，是业务全、范围广的国家高新技术企业。

71年岁月鎏金，重庆市设计院有限公司拥有在国家、行业及地方具有较大影响力的专家学者，现有职工1 900余人，其中重庆市勘察设计大师6人、教授级高级工程师120余人、高级工程师350余人、各类注册人员260余人，在北京、四川、安徽、广东设有实体分院，完成万余项设计及咨询项目，项目遍及全国各省、市、自治区及全球多个国家和地区，在重庆占据主流建筑市场，是当地建设领域主要技术支撑单位，也是西南地区最强的勘察设计单位之一，具有雄厚的技术实力和社会影响力。

71年设计耕耘，重庆市设计院有限公司综合实力突出，业务涵盖建筑工程设计、市政工程设计、城乡规划设计、工程勘察、项目投资咨询以及工程总承包和技术管理、建筑装饰工程设计施工、工程监理等勘察设计延伸业务等众多领域。在山地建筑与规划、山地城市更新及旧城改造、山地建筑结构（抗震）设计、边坡支护、地质灾害治理等专业领域更是处于全国领先水平。

71年沉淀累积，重庆市设计院有限公司始终坚持“精心设计、求实创新、诚信服务、顾客满意”的方针，以优质的作品和高度的责任心竭诚为客户提供满意的服务，在工程设计和科研方面获得国家级、省部级、市级优秀工程设计奖、重大科技成果及科技进步奖等570余项，是国家、行业及地方标准的主要主编和参编单位，先后荣获住建部“全国建筑技术创新先进企业”“全国工程勘察设计先进企业”“工程勘察设计行业创新性企业”等荣誉称号。

在新的发展时期，重庆市设计院有限公司将始终致力于用最可靠的技术诠释、凝聚、传承积极健康的城市精神和文化，全力打造重庆城市建设行政决策的专业技术咨询机构；打造具有鲜明特色、广受尊敬和信赖的工程咨询领域专业机构；打造以设计业务为龙头、产业链延伸、业务协同发展、综合实力一流、全国知名的工程咨询（设计）公司。

地址：重庆市渝中区人和街31号
电话：023-63854124、023-63619826
传真：023-63856935
网址：www.cqadi.com.cn
电子邮箱：CQADI@cqadi.com.cn

江厦·星光汇

Jiangxia Xingguanghui

项目业主：重庆江厦徐汇置业有限公司
建设地点：重庆
建筑功能：商业、办公、住宅建筑
用地面积：51 000平方米
建筑面积：320 000平方米
设计时间：2013年—2014年
项目状态：建成
设计单位：重庆市设计院有限公司
主创设计：邹俊

项目位于重庆市九龙坡区，是一个以商业和商务为主，以住宅和社区配套为辅的超高层城市综合体。总体布局充分考虑到区域的商业价值、景观价值、人文价值，以商业街为核心，建造集中商业区、主力店以及写字楼。两栋建筑之间的道路成为名符其实的具有浓厚商业氛围的中心街区。广场对市民开放，在对商业区和酒店自身提供景观及交通支持的同时，也为城市提供服务，不仅提升区域的整体商业环境，也提升了城市的景观品质。

邹俊

职务：重庆市设计院有限公司建筑设计二院院长
职称：教授级高级工程师
执业资格：国家一级注册建筑师

教育背景
1996年—2001年　重庆大学建筑学学士

工作经历
2001年至今　重庆市设计院有限公司

主要设计作品
江厦·星光汇
荣获：2018年—2019年度国家优质工程奖
重庆沙坪坝西永康居西城
荣获：2013年中国建筑学会建筑创作奖银奖
重庆九龙坡区陶家公租房
荣获：2013年全国保障性住房优秀设计三等奖
龙湖东桥郡花漫庭
荣获：2011年重庆优秀建筑设计金奖
2018年重庆市优秀工程勘察设计二等奖
重庆（中美）海吉亚国际肿瘤医院
信达国际
东原·九城时光
新科国际广场
海口上邦溯源广场
重庆智能工程职业学院

包行健

职称：重庆市设计院有限公司建筑设计一院副主任工程师
职称：高级工程师

教育背景
2005年—2008年　重庆大学建筑学硕士

工作经历
2009年—2011年　中国建筑西南设计研究院有限公司
2011年至今　重庆市设计院有限公司

主要设计作品
重庆金融街·融景城
荣获：2011年重庆市设计院优秀工程一等奖
重庆长嘉汇弹子石老街
荣获：2018年深圳市优秀工程勘察设计二等奖
2019年重庆市优秀工程勘察设计一等奖
重庆龙湖科技学院西宸原著
荣获：2020年重庆市优秀工程勘察设计三等奖
重庆长嘉汇K组团幼儿园
荣获：2020年重庆市优秀工程勘察设计一等奖
长嘉汇项目G3-4/02地块D组团
荣获：2020年中国建筑设计公共建筑三等奖
重庆渝中区大溪沟张家花园
重庆长嘉汇F2组团超高层住宅
重庆九龙意库
重庆三洞桥绿苑风情街
重庆磁器口后街
重庆万科锦绣滨江
重庆长嘉汇C组团超高层

重庆长嘉汇弹子石老街

Danzishi Old Street, Changjiahui, Chongqing

项目业主：重庆招商置地开发有限公司
建设地点：重庆
建筑功能：商业建筑
用地面积：21 463平方米
建筑面积：53 883平方米
设计时间：2018年
项目状态：建成
设计单位：重庆市设计院有限公司
合作单位：深圳市梁黄顾艺恒建筑设计有限公司

项目位于重庆市南岸区，地处长江东岸，毗邻长江、嘉陵江两江交汇处，远眺重庆大剧院，遥望朝天门码头，自然和人文景观资源独特。在尊重原有保护性规划原则的前提下，设计呈现山地滨水商业街区特别的风貌。项目包括商业建筑20栋及7层的地下车库。

设计采用重庆传统街区经典的空间元素：梯坎和坝子的组合，由平面和竖向的空间肌理唤醒重庆人记忆中的老街，将商业建筑植根于人文环境，减少波普的空间表现手法，更多尊重原有的街巷逻辑。规划中充分利用典型的重庆台地高差和江景资源，为使用者提供了极为丰富且独特的空间体验。

重庆光环购物公园

Chongqing Guanghuan Shopping Park

项目业主：重庆怡置北郡房地产开发有限公司
建设地点：重庆
建筑功能：商业、办公建筑
用地面积：62 863平方米
建筑面积：430 881平方米
设计时间：2018年—2020年
项目状态：建成
设计单位：重庆市设计院有限公司
合作单位：深圳湃旸建筑设计有限公司
柏诚工程技术（北京）有限公司广州分公司

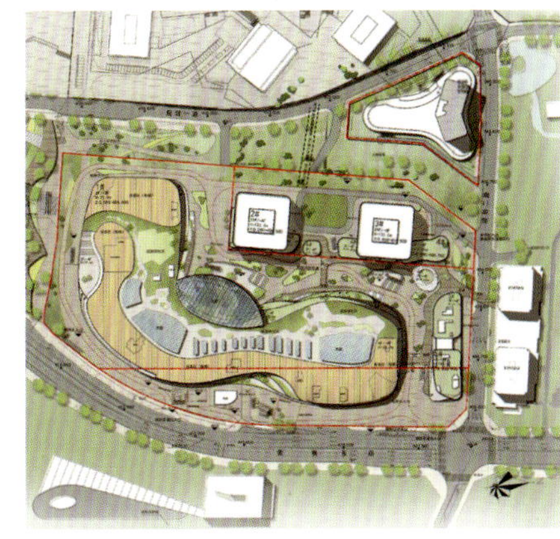

项目位于重庆市两江新区，由商业综合体、超高层甲级办公楼、商业街组成。地块东侧集中布置商业综合体，与西侧的两栋办公塔楼由商业街连接。商业综合体临近金州大道与黄桷东路，提供了良好的商业接触面。其西侧与商铺形成商业内街，结合下沉广场、商业退台等建筑手法，形成了丰富多彩的特色商业空间。超高层办公楼位于购物中心的西北侧，为整个体块提供了鲜明的视觉标志。商业街在基地西侧随超高层呈一字形展开与基地内其他建筑相呼应，形成丰富的空间轮廓线和城市天际线。

马晓婧

职务：重庆市设计院有限公司建筑设计一院副主任建筑师
职称：高级工程师

教育背景

2001年—2005年 四川美术学院艺术设计学士

工作经历

2005年—2012年 重庆市教育建筑规划设计院
2012年至今 重庆市设计院有限公司

主要设计作品

重庆黄桷幼儿园
荣获：2020年重庆市优秀工程勘察设计一等奖
重庆约克郡光环购物公园
重庆金融街C1地块住宅项目
重庆龙湖佰乐街
重庆万科悦湾住宅项目
重庆格力两江商住项目
重庆中央公园小学
重庆南方玫瑰城附属学校
重庆市开县职业教育中心
重庆阳光100阿尔勒住宅项目
重庆市铜梁电讯学校
重庆交通职业学院
重庆市武隆县中学

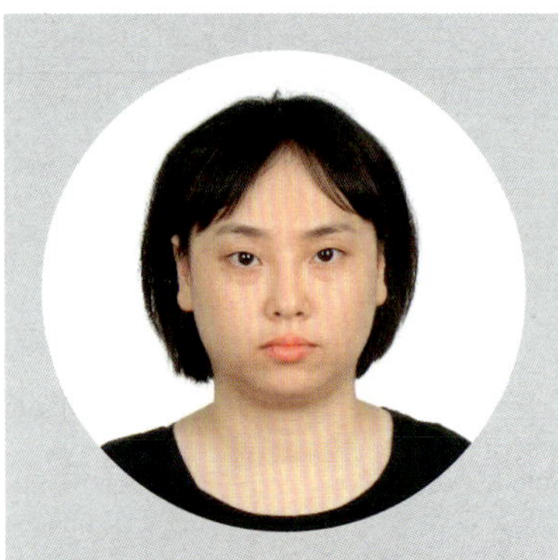

蒋鑫

职务：重庆市设计院有限公司建筑设计四院副主任工程师

职称：高级工程师

教育背景

2001年—2006年　重庆大学城市规划学士

工作经历

2006年至今　重庆市设计院有限公司

主要设计作品

重庆沙坪坝西永康居西城

荣获：2013年中国建筑设计奖建筑创作银奖

重庆界石公租房

荣获：2013年全国优秀工程勘察设计二等奖

重庆茶园公租房

荣获：2013年全国优秀工程勘察设计三等奖

重庆渝洲宾馆

荣获：2013年全国优秀工程勘察设计三等奖

铜梁东宏时代广场

荣获：2020年重庆市优秀工程勘察设计三等奖

重庆人和街小学睿智教学楼

荣获：2020年重庆市优秀工程勘察设计一等奖

铜梁东宏时代广场

Tongliang Donghong Times Square

项目业主：重庆东宏地产（集团）有限公司

建设地点：重庆

建筑功能：商业建筑

用地面积：66 714平方米

建筑面积：291 140平方米

设计时间：2014年

项目状态：建成

设计单位：重庆市设计院有限公司

主创设计：杨洋、蒋鑫

项目位于重庆市铜梁县新城核心区，东临金龙大道，北接中兴路，由1栋五星级酒店、4栋商住楼、1栋办公楼、4层酒店休闲娱乐餐饮配套裙房以及2层地下建筑组成。周边有人民公园、体育馆、医院、政府办公楼以及高档住区等，所以项目定位为集五星级酒店、商务写字楼、商务公寓、高级商业中心于一体的城市商业综合体，以充分体现其在地域及功能上的核心价值。

重庆市档案馆新馆

New Hall of Chongqing Archives

项目业主：重庆市城市建设发展有限公司
建设地点：重庆
建筑功能：文化建筑
用地面积：38 095平方米
建筑面积：54 620平方米
设计时间：2016
项目状态：建成
设计单位：重庆市设计院有限公司
合作单位：东南大学设计研究院有限公司
主创设计：李麦力、陈染

项目位于重庆市渝北区空港新城，属于省部级大型文化建筑。建筑物地上十层为档案查询阅览、展览、档案库房、档案处理功能房间及其他配套用房，地下一层为车库和设备用房。

李麦力

职务：重庆市设计院有限公司建筑设计六院副主任建筑师
职称：高级工程师

教育背景

2010年—2012年　英国爱丁堡大学建筑与城市设计硕士

工作经历

2011年—2013年　重庆市人防建筑设计研究院
2013年至今　重庆市设计院有限公司

主要设计作品

解放碑地下停车库及连通道三期工程
荣获：2015年重庆市BIM应用竞赛三等奖
　　　2015年全国“创新杯”BIM应用大赛三等奖
解放碑五一路地下车库连接通道工程
荣获：2018年重庆市优秀工程勘察设计二等奖
重庆市档案馆新馆
荣获：2020年重庆市装配式建筑设计大赛一等奖
重庆“两江四岸”立面实景长卷制作及应用平台建设
荣获：2020年中国地理信息产业优秀工程金奖
重庆市九龙坡区政府立体停车楼
荣获：2020年重庆市优秀工程勘察设计三等奖

邹光陶

职务：重庆市设计院有限公司建筑设计二院副主任工程师

职称：高级工程师

执业资格：国家一级注册建筑师

教育背景

2003年—2008年　中国矿业大学建筑学学士

工作经历

2008年—2012年　中冶赛迪工程技术股份有限公司

2012年至今　重庆市设计院有限公司

主要设计作品

丹寨万达小镇

荣获：2018年全国优秀工程勘察设计三等奖

2018年重庆市优秀工程勘察设计一等奖

2018年美国金砖奖

第六届“艾景奖”年度十佳景观设计

首届全国建筑信息模型（BIM）应用竞赛一等奖

金科照母山项目B5-1/05地块

荣获：第四届全国建筑信息模型（BIM）应用竞赛二等奖

龙湖礼嘉天街

内江万达广场

拉萨万达广场

武汉新洲万达广场

梧州万达广场

万科悦来项目

丹寨万达小镇

Wanda Town, Danzhai

项目业主：万达集团

项目地点：贵州 丹寨

建筑功能：酒店、商业建筑

用地面积：124 665平方米

建筑面积：50 000平方米

设计时间：2016年—2017年

项目状态：建成

设计单位：重庆市设计院有限公司

主创设计：邹光陶

项目位于贵州黔东南州丹寨县东湖水库西侧，毗邻风景秀美的东湖，以梯田的形态为灵感设计错落有致的小镇布局空间；以具有苗家杆栏式建筑、穿斗式结构为立面主要构成元素，形成“一环、两街、三院、四广场、五业态、十大特色”的苗式步行街。项目作为万达集团对口扶贫贵州丹寨县的项目，建成后取得良好的社会效益和经济效益，为贵州丹寨县实现2018年减贫摘帽、2019年贫困人口清零、2019年4月正式退出贫困县序列做出了卓越贡献，万达集团因此项目获得2019年国务院颁发的全国脱贫攻坚奖—组织创新奖。

解放碑到朝天门步行空间提升工程

Jiefangbei to Chaotianmen Pedestrian Space Upgrading Project

项目业主：康翔实业有限公司
建设地点：重庆
建筑功能：城市更新
用地面积：47 000平方米
建筑面积：17 000平方米
设计时间：2020年
项目状态：在建
设计单位：重庆市设计院有限公司
设计团队：徐千里、余水、章玲、王瑞、王淼平、郭海涛、付逸、肖虎、陈世林、邓缘杰、吴静琪、王倩倩

项目位于渝中区解放碑朝天门，是解放碑至朝天门步行大道的其中一段，属于城市更新建筑。场地内是已建成的城市街区，位于解放碑步行街西出口和朝天门凯德来福士之间。改造项目包括临江支路至新华路段的机动车及人行道提升，相邻8栋建筑立面提升，广告店招及橱窗、夜景灯饰、导视系统等专项设计，强弱电迁改、多杆合一整合。通过由面到点的精细化设计，从街道空间、城市交通、市政设施、建筑界面、景观景点等方面，优化步行体验，提升城市景观，完善配套设施，展现重庆特色，实现一体化设计和打造国际品质的公共空间。

许书

职务：重庆市设计院有限公司徐千里工作室副主任工程师
职称：工程师

教育背景

2001年—2006年　重庆大学建筑学学士
2006年—2008年　荷兰代尔夫特理工大学城市规划硕士

工作经历

2008年—2009年　荷兰Citymix事务所
2010年—2013年　非常建筑
2013年—2016年　上海联创建筑设计有限公司
2016年至今　重庆市设计院有限公司

主要设计作品

解放碑到朝天门步行空间提升工程
重庆石柱公交转运站
重庆秀山川河盖游客接待中心
重庆江津党校及华信学院宾馆
重庆红岩革命历史博物馆
重庆城市微空间现状研究及改进策略
重庆钓鱼嘴半岛历史风貌概念设计
重庆礼嘉智慧体验园二期数字体验中心
重庆石井坡街道团结坝居住社区及公共设施
重庆解放西路文化大道提升工程
重庆中医药学院
重庆上新华路段步行空间城市设计

邹晓霞

职务：清华大学建筑设计研究院有限公司
建筑一所副所长
青岛分院院长
城市综合体研究中心副主任
职称：高级工程师
执业资格：国家一级注册建筑师

教育背景

1997年—2001年　清华大学建筑学学士
2004年　日本新泻大学交换留学
2001年—2006年　清华大学建筑学博士

工作经历

2006年今　清华大学建筑设计研究院有限公司

个人荣誉

2016年中国建筑学会年青年建筑师奖

主要设计作品

北京奥林匹克公园下沉花园2号院
荣获：2008年中国建筑学会建筑创作优秀奖
2008年中国环境艺术奖
2009年北京市优秀工程勘察设计一等奖
2009年全国优秀工程勘察设计一等奖
2009年教育部市政公用工程设计一等奖
2010年全国优秀工程勘察设计银奖
徐州南湖水街（徐州南湖别院）
荣获：2006年全国人居经典建筑规划设计综合大奖
2011年北京市优秀工程一等奖
济南凤凰城
荣获：2008年全国人居经典建筑规划设计建筑、环境双金奖
2008年全国优秀工程设计住宅小区规划设计三等奖
徐州美术馆
荣获：2011年教育部优秀工程勘察设计一等奖
徐州音乐厅
荣获：2013年全国优秀工程勘察设计一等奖
2013年教育部优秀工程勘察设计二等奖
2013年中国建筑学会建筑创作银奖
威海市职业中学专业学校规划设计
荣获：2017年北京市优秀城乡规划设计三等奖
山东威海栖霞街历史街区更新
威海老港城市综合体
上合示范区核心区城市设计
上合示范区概念性总体规划
徐州市西部商圈城市设计
徐州市核心商务区城市设计
徐州小珠山风景区规划设计
青岛西站核心区概念性规划建筑设计

清華大學 建筑设计研究院有限公司
ARCHITECTURAL DESIGN & RESEARCH INSTITUTE
OF TSINGHUA UNIVERSITY CO., LTD.

地址：北京市海淀区清华大学
建筑设计中心楼
网址：www.thad.com.cn

经营计划部
电话：010-62788579
电子邮箱：jzsjy@tsinghua.edu.cn

人力资源部
电话：010-62782687
电子邮箱：hr@thad.com.cn

清华大学建筑设计研究院成立于1958年，为国内知名建筑设计机构，2011年1月改制为清华大学建筑设计研究院有限公司（THAD），2011年11月，被认定为北京市“高新技术企业”。

THAD2011年被中国勘察设计协会审定为“全国建筑设计行业诚信单位”，2012年被中国建筑学会评为“当 代中国建筑设计百家名院”，2013年被中国勘察设计协会评为“全国勘察设计行业创新型优秀企业”。

THAD现有员工1 300余人，包括中国科学院和中国工程院院士6人、勘察设计大师3人、国家一级注册建筑师202人、一级注册结构工程师72人、注册公用设备工程师37人、注册电气工程师14人。有9个综合设计分院、8个专项设计分院，以及以教师创作为特色的创新设计分院及3个教师工作室和4个院级研究中心。

成立至今，THAD始终严把质量关，秉承“精心设计、创作精品、超越自我、创建一流”的奋斗目标，热诚地为国内外社会各界提供优质的设计和服务。THAD的队伍是年轻和充满活力的，如果说建筑是一座城市的文化标签，THAD的建筑师将用流畅的线条勾勒它，用灵魂的笔触描绘它，用迸发的激情演绎它，目的只有一个——让世界更加美好。

威海实验中学

Weihai Experimental Middle School

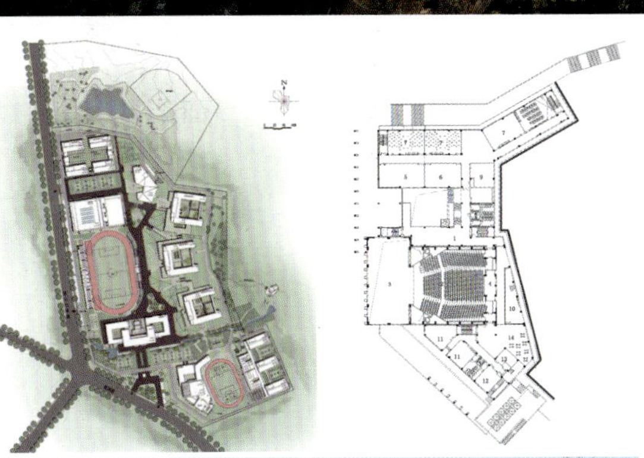

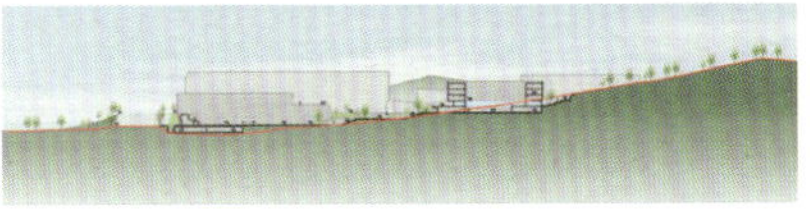

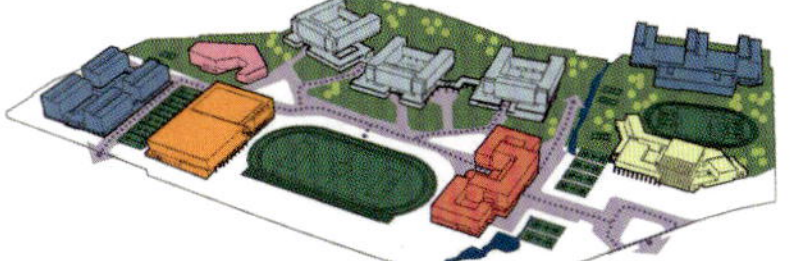

项目业主：威海市教育局
建设地点：山东 威海
建筑功能：教育建筑
用地面积：208 500平方米
建筑面积：149 995平方米
设计时间：2015年
项目状态：建成
设计单位：清华大学建筑设计研究院有限公司
主创设计：邹晓霞、丛忻、于伟、孙覃佩
建筑摄影：苏圣亮

项目位于威海东部新城，为了避免单一功能的郊区开发模式，让新城开发更加健康和可持续。设计定位于“建设一座带动区域发展、具有创新性与设计感的新学校”。

整个地形东高西低，最大高差约50米。设计将主教学区建筑置于山腰的不同标高处，既能保留原地形地貌，又能实现建筑良好的通风采光。在这里，校园更像功能复合型的“城市”。学校的功能空间被组织成几层台地，沿主轴展开；标准的教学单元置于综合教学功能之上，既是空间的营造策略，也是正式与非正式教学空间的呼应。校园建筑主体实现了“组团式+公共基盘，上下分区+联动”的空间体系，各功能区连接在一起，主要交通流线被拓展为创建社交空间的场所，学生的社会性在这里得到了锻炼和成长。

威海望海园中学

Weihai Wanghaiyuan Middle School

项目业主：威海市环翠区教育局
建设地点：山东 威海
建筑功能：教育建筑
用地面积：69 889平方米
建筑面积：53 590平方米
设计时间：2018年
项目状态：建成
设计单位：清华大学建筑设计研究院有限公司
主创设计：邹晓霞、丛忻、王潜、于伟、刘明伟、曹敏
建筑摄影：苏圣亮

这是一所城市型公立中学，用地面积紧张且地形高差较大。学校特别重视运动，要求配备400米标准跑道，而其巨大的规模使校园一分为二。建筑师为了解决这一难题，将功能打散、嵌入地形、围合操场、布满边界，场地边缘的消极空间转变为积极空间，如同泡沫挤满容器的状态。嵌入场地的建筑像层层而上的“绿丘”，环抱着操场和远山。运动成为日常生活的自然组成部分，课间活动丰富多彩。

校园位于威海城市化进程的典型地段。周边既有80年代的居民楼，也有新近落成的超级综合体。新建的学校不是作为一个整体体块突兀地插入市区，而是化整为零地以多个线性体块呼应居民区，迎合城市肌理。

目前，公立学校的教学模式正在发生巨大的变革，从固定班级、固定课程逐步走向灵活的学习小组和选课制。设计充分响应了这种模式。功能组团被分解为功能单元，离散地分布在7个院子周围，从一处到另一处提供多重路径选择，架构了一种立体网络化的空间模式。行走其间，步移景异，其空间的本质是中国传统园林之趣。

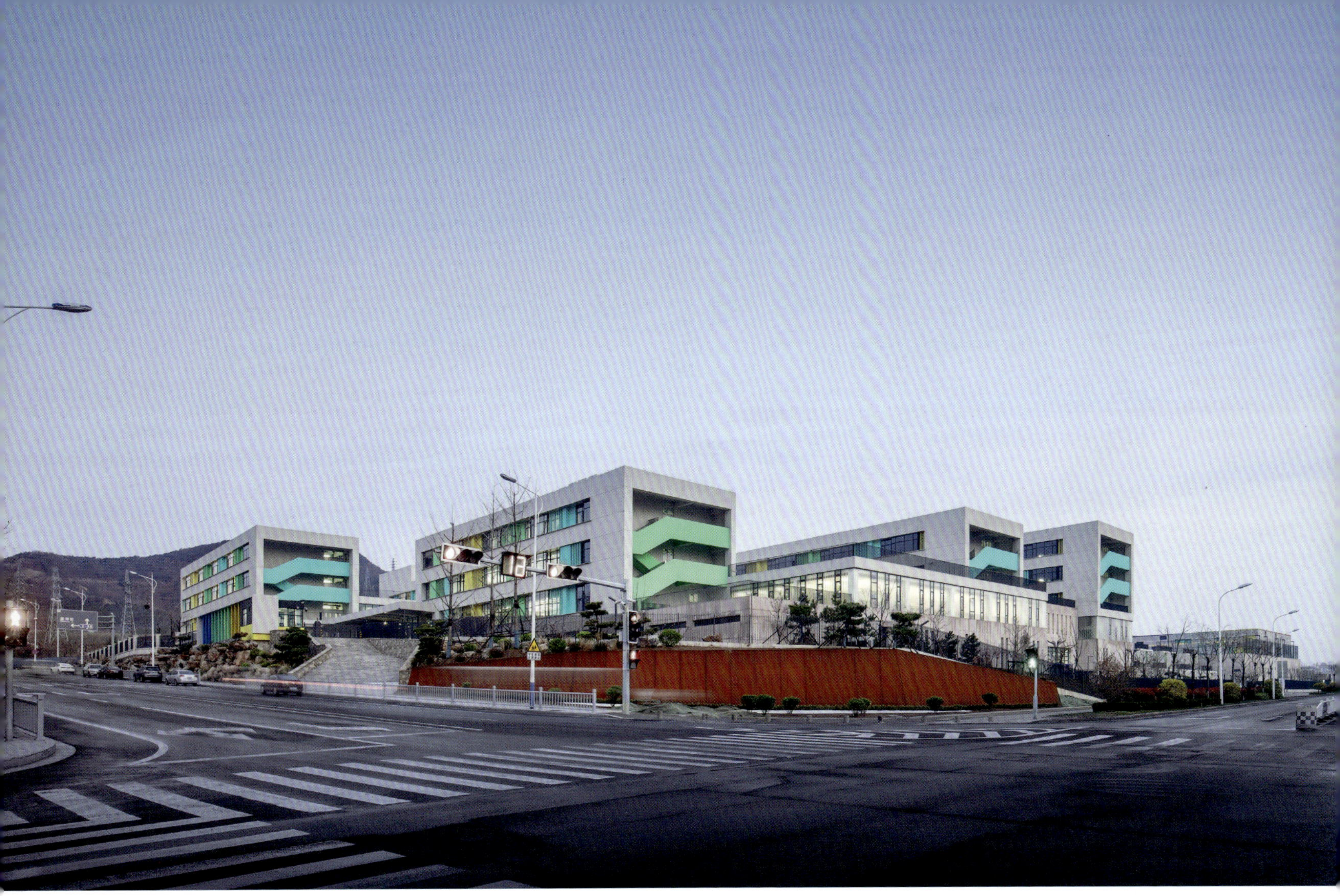

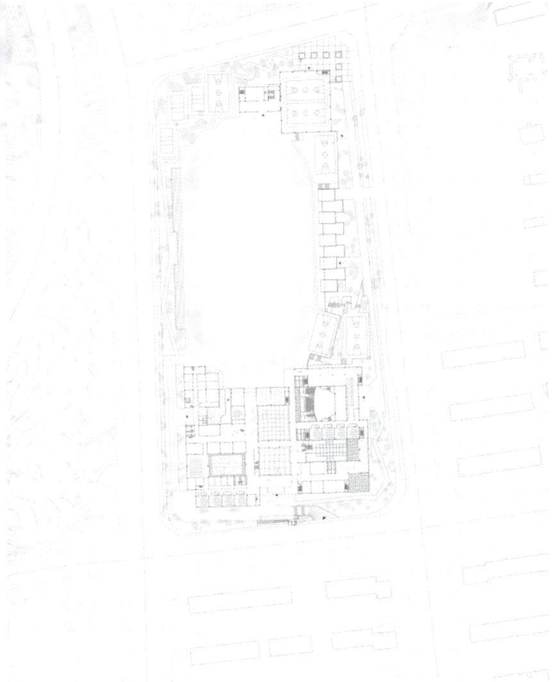

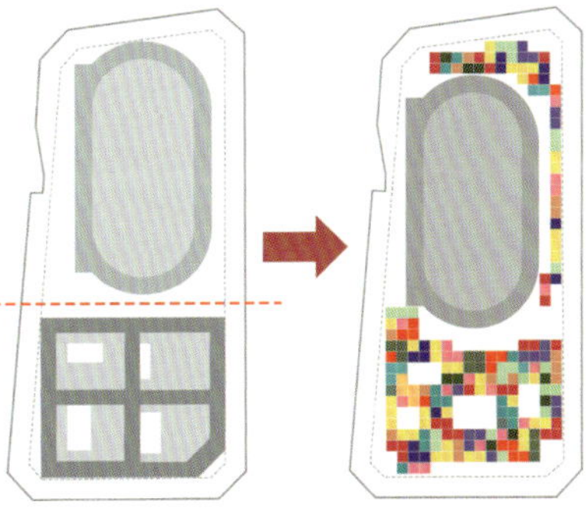

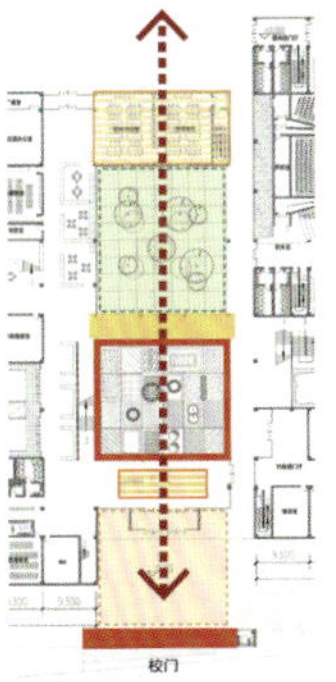
校门

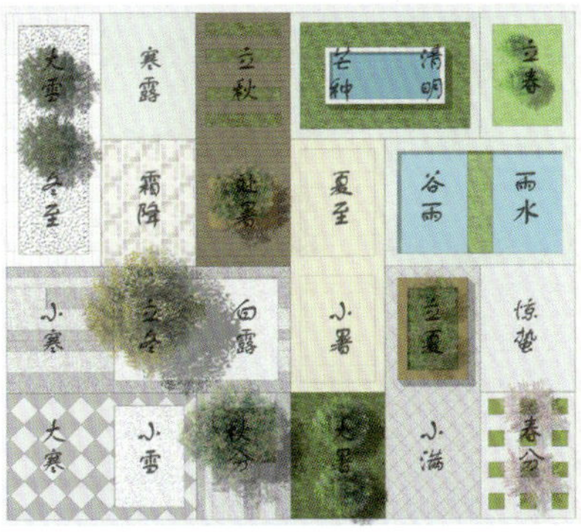
大雪
寒露
立秋
芒种
清明
立春
冬至
霜降
夏至
谷雨
雨水
小寒
立冬
白露
小暑
立夏
惊蛰
大寒
小雪
小满
春分

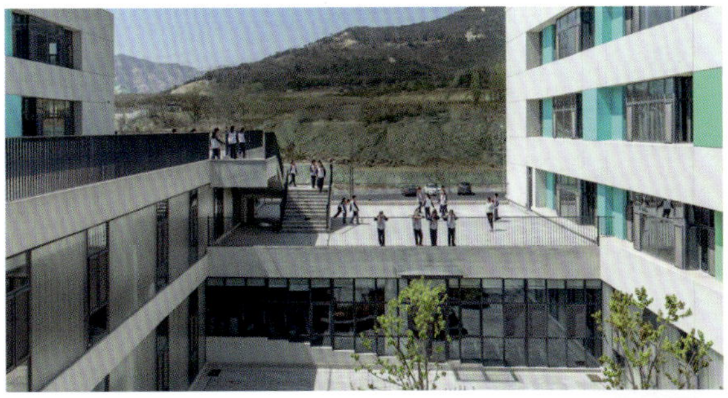

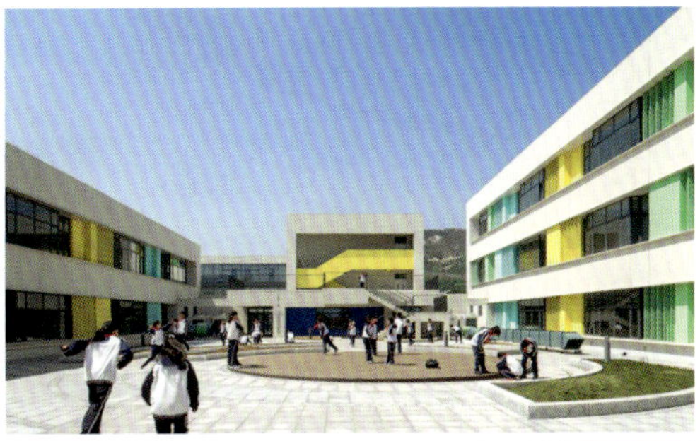

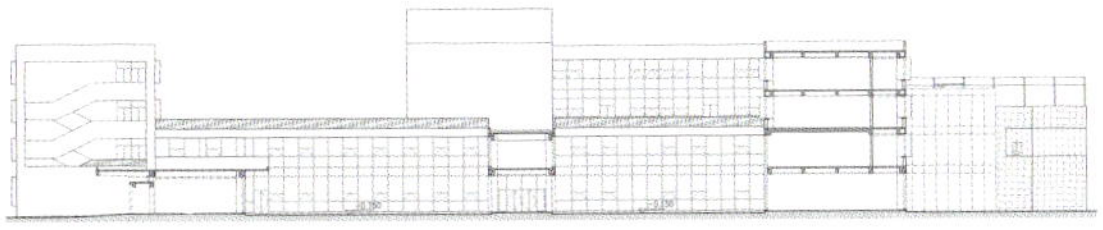

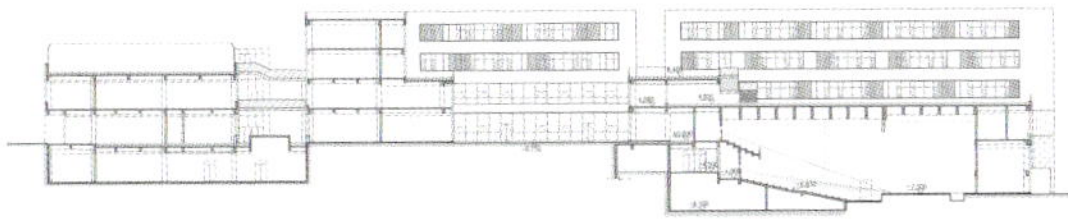

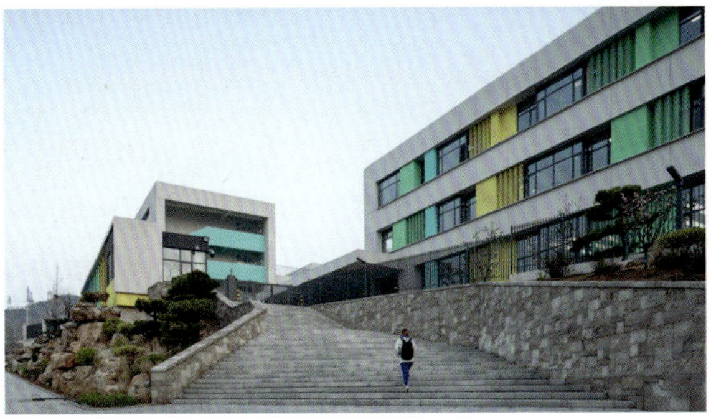

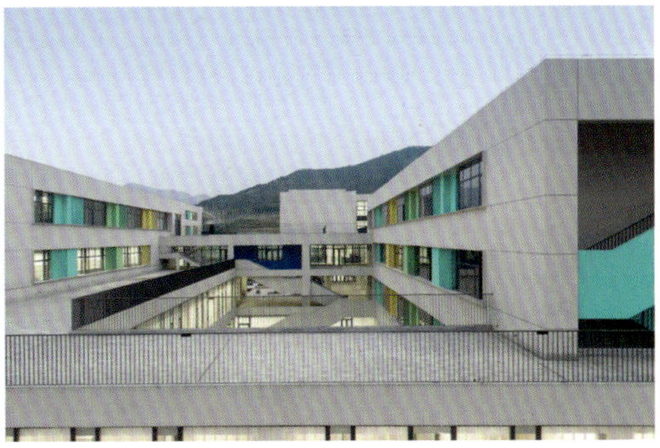

文登经济开发区初级中学

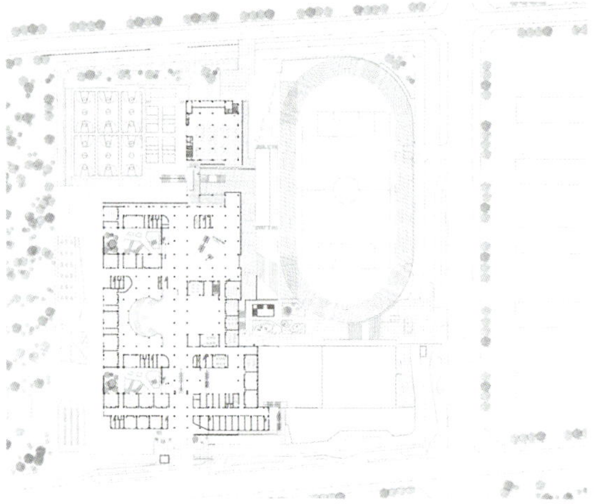

Wendeng Economic and Technological Development Zone Middle School

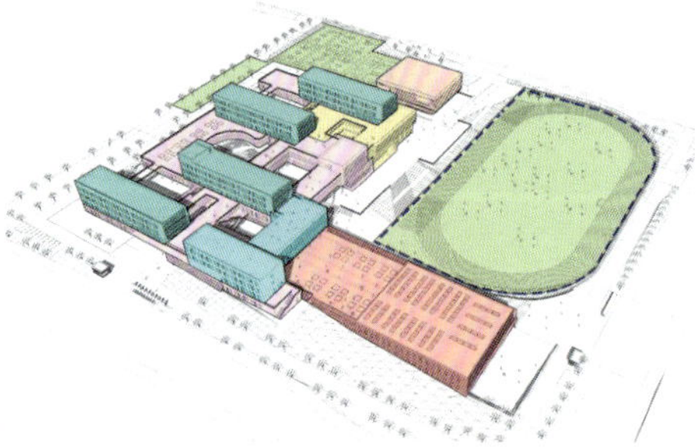

项目业主：威海市教育局
建设地点：山东 威海
建筑功能：教育建筑
用地面积：76 882平方米
建筑面积：67 549平方米
设计时间：2020年
项目状态：方案
设计单位：清华大学建筑设计研究院有限公司
主创设计：邹晓霞、王潜、孙覃佩、曹敏、刘鹏翔、叶婧雅

学校地处高速城镇化的文登经济开发区，考虑到学校的建设应对城市的发展起到引导的作用，所以将学校适度开放，成为社会公共资源的一部分。24米的场地高差，不利于交通组织，并使内部功能割裂，由此提出了“垂直校园”的设计理念，通过立体综合的处理方式，消解高差所带来的不利影响。设计采用了“多层地面”的策略，依据现状将场地梳理成不同高度的台地，最大限度保留场地特色。将教学楼放置在场地西侧较高点处，将操场、体育馆等放置在东侧较低点处。这样既使高点处教学楼获得良好的景观视野，又使低点处操场便于对市民开放。众多的庭院、活动屋面、台地拓展了室外空间，并与连廊、架空层、台阶一同打造立体便捷的交通流线，不仅增强了师生活动的多样性，也更利于师生安全疏散。

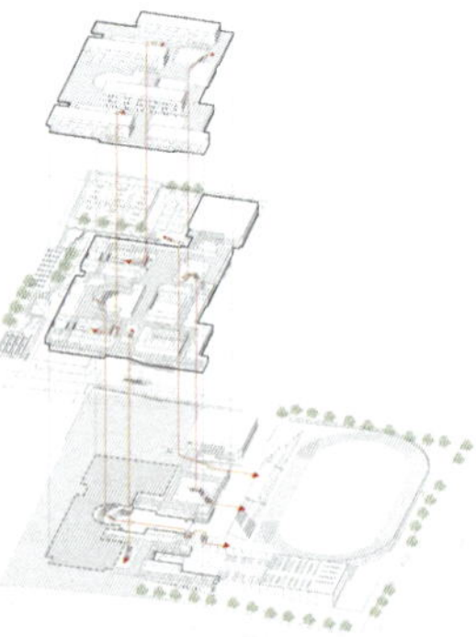

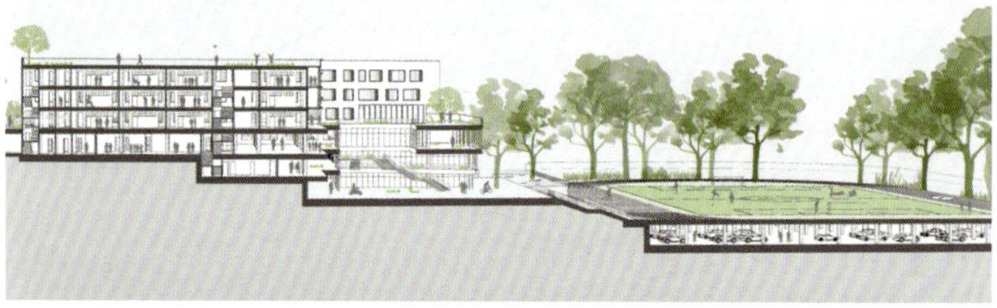

山东威海栖霞街历史街区更新

Urban Renewal Of The Weihai Qixia Block In The Shandong Province

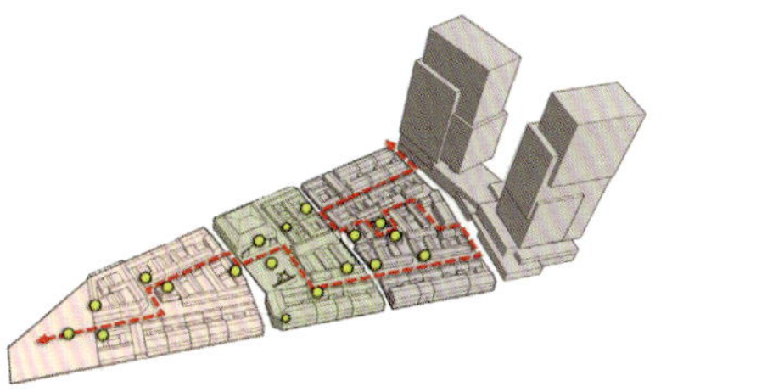

项目业主：威海城市投资集团有限公司
建设地点：山东 威海
建筑功能：商业、办公、酒店建筑
用地面积：42 507平方米
建筑面积：164 042平方米
设计时间：2019年—2021年
设计单位：清华大学建筑设计研究院有限公司
合作单位：北京华清安地建筑设计有限公司
主创设计：邹晓霞、刘明伟、丛忻、孙覃佩、王潜、曹敏、于伟、孙晨淇

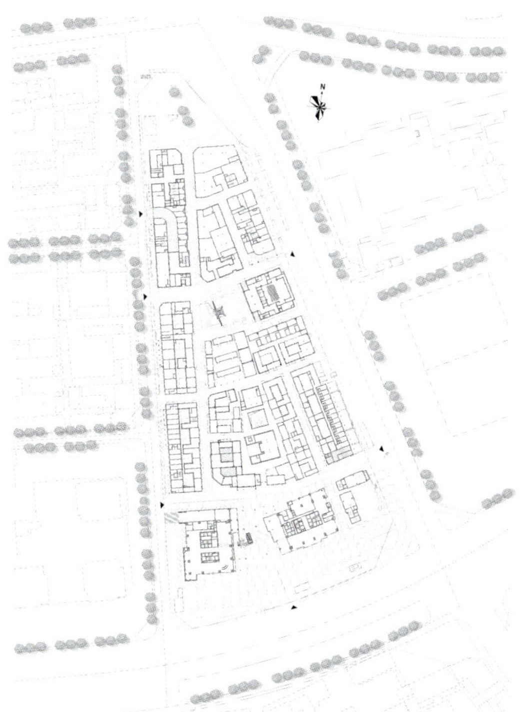

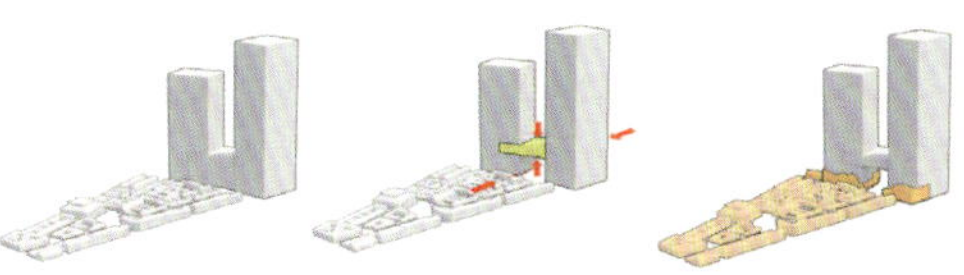

街区+聚落+细胞

威海栖霞街历史街区位于特殊的中轴区位，并有重要的历史价值，是百年政治、经济、文化的缩影。项目分南北两期建设，一期项目主要为修复拥有百年历史的栖霞街老街，采用“保、织、植”的全链条改造思路；二期项目规划设计两栋高层塔楼，打造威海市中轴新地标，完善街区商业形态。西高东低的双塔构建门户形态；底层裙房出于对历史街区的尊重与对现代都市生活的承接，裙房立面抽象采用了胶东民居的坡顶形态，以虚代实，与老街旧貌相呼应。

周厚陶

职务：WVA建筑事务所创始人、董事长、主创设计师
执业资格：法国注册建筑师

教育背景

1994年—2003年　Ecole d' Architecture de Paris-Val-de-Seine, 法国巴黎Diplôme DPLG - Architecture
1997年—1998年　AA school of Architecture, 英国伦敦RIBA part 1

工作经历

2000年—2001年　让·努维尔工作室（巴黎）
2003年—2004年　ANMA - Agence Nicolas Michelin & Associates（巴黎）
2005年—2007年　EDAW/AECOM（北京）
2007年—2009年　GRAFT LLC（北京）
2009年—2011年　三磊建筑设计有限公司（北京）
2011年至今　WVA建筑事务所

个人荣誉

2001年　法兰西艺术学院的皮尔卡丹建筑奖
2004年　法国肖蒙特花园节景观设计大赛一等奖

主要设计作品

芬兰赫尔辛基中央图书馆
重庆中维大厦
古根海姆博物馆
珠海华发尖峰大桥东广场景观塔
金叶广场
北京爱德公寓
福州万象·九宜城
范曾美术馆
宁波国际贸易展览中心12号馆
厦门思明区白鹭洲酒店

WVA建筑事务所由法籍华裔建筑师周厚陶在2010年创立。WVA来源于英语“weave”，中文译为“编织”。WVA建筑事务所在北京开展其亚洲的业务，伴随着后现代主义的发展，WVA是一个多学科的能够提供建筑、城市规划、景观和室内设计服务的事务所。

WVA取名于术语“编织”，意为去交织，其目标是编织同一个时代环境下的不同方面。这个过程是一个企图以非线性设计来创造建筑片段，通过跨越过去和未来的时间界限，在一个项目中编织多样文化、不同城市肌理来实现新的文化识别性，探索所有从新兴结构到可实施手段的可能。

每一个项目都是一个新的开始、一个设计片段的展示、一个演化和形成城市肌理的过程。交织、连接、伸缩尺度、空间节点都被重新考虑为实现新的解读、新的交织方式。这也是WVA认为的编织是将所有这些要素连接的最好的方式。

WVA从多种合作中获得职业素养和经验。专业的技术技能使他们的业务跨越多种不同领域，从城市项目概念性的图解到建筑项目精细的施工。

WVA作为一个国际化的文化团队，通过广泛和多样的知识来落实研究。设计团队有能力通过理解和吸收多样文化来强化设计并赋予其另一个维度，设计虽然难以察觉但和人的感知相关。这就是他们所形容的文化诗意或者建筑艺术和技术之间的界线。

地址：北京市朝阳区西大望路
27号-75幢109
电话：010-8773 6318
网址：www.wva-arch.com
电子邮箱：office@wva.hk

金叶广场

Gold Leaf Mall

项目业主：内蒙古通辽金叶广场有限责任公司
建设地点：内蒙古 通辽
建筑功能：商业、城市更新
用地面积：11 300平方米
建筑面积：42 000平方米
设计时间：2016年
项目状态：建成
设计单位：WVA建筑事务所
主创设计：周厚陶
参与设计：鲍磊、陈忱、吕俊芳、徐瑞、陈侠初、李子义、代文娟、李金泽、李林遇

设计团队针对金叶广场存在的问题，如长方体的造型、外立面无序的广告排列、主次入口的不突出、下沉广场的利用率低等现状，别出心裁地采用诺亚方舟造型设计。立面采用石材肌理和现代高科技的LED动态屏展示，朝向主街道的主入口采用廊桥设计，并有效地利用下沉广场，重塑了一个现代、时尚、国际化的百货中心。

项目的全面升级改造不仅从外观设计上凸显现代气息，更在使用功能上加以改善。设计在延续当地传统文化的同时给予了这个城市新鲜的血液，唤起了人们对建筑设计的重视，这是设计师所要传达的设计精神。

福州万象·九宜城

Fuzhou Wanxiang Jiuyi Mall

项目业主：万象（福建）置业发展有限公司
建设地点：福建 福州
建筑功能：商业改造、城市更新
用地面积：45 800平方米
建筑面积：80 000平方米
设计时间：2018年
项目状态：建成
设计单位：WVA建筑事务所
主创设计：周厚陶
参与设计：Claire Cornett、盖森、李浩轩、张岱狄、鄂雅倩、董萧、王瑜、梁爽、于晨阳

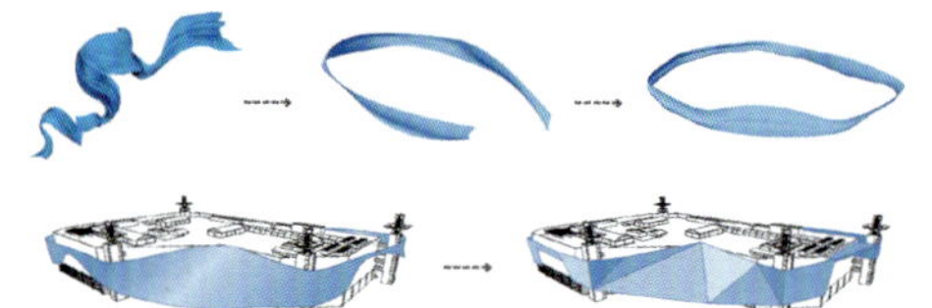

设计概念：缎带

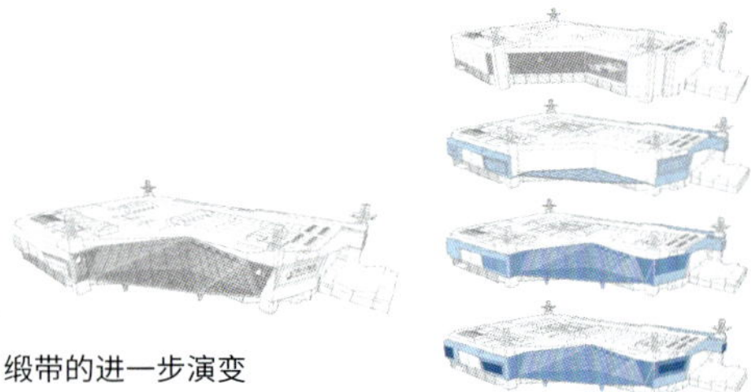

缎带的进一步演变

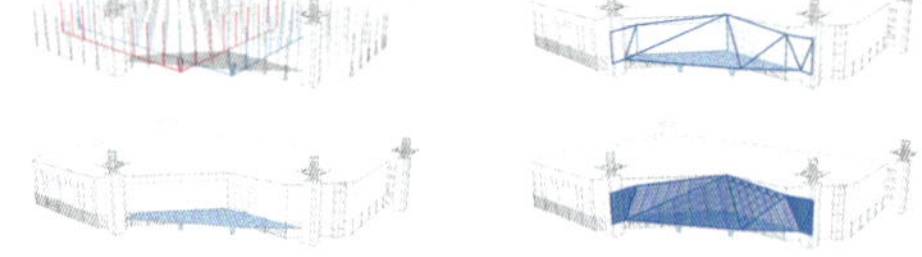

结构分析图

项目位于福州市中心区域的十字路口，交通便利，商业氛围浓厚。设计团队在工程改造中，保留了疏散楼梯塔以留存社区的集体记忆，并以此为造型母题，在现有立面中植入一条优美曲折的银色“缎带”，为立面增加层次与深度。变化的折线使各个方向的立面有机统一，成为城市街角一个前卫亮眼的景观。街区的历史与当下交织在一起，是对生活体验的重建。

在西南角的主入口处通过醒目的尺度巨大的三角形金属格栅雨棚来彰显商场的高端形象，形成舒适宜人的入口灰空间，吸引并接纳人流，并提升了广告价值。立面包含三个层级：金属板和金属百叶满足室内日照与通风需要，金属网用于覆盖需要设置框架及不需要室内采光的区域。在开窗上采用富有动感的设计语汇来适应流动的立面造型。

宁波国际贸易展览中心12号馆

Hall 12, Ningbo International Trade Exhibition Center

项目业主：宁波市国际贸易投资发展有限公司

建筑功能：会展、商业建筑

建筑面积：403 714平方米

项目状态：方案

主创设计：周厚陶

参与设计：朴炫玫、王瑜、闫明文、董萧、鄂雅倩、于晨阳、梁爽、王兴文、崔杨

建设地点：浙江 宁波

用地面积：41 651平方米

设计时间：2020年

设计单位：WVA建筑事务所

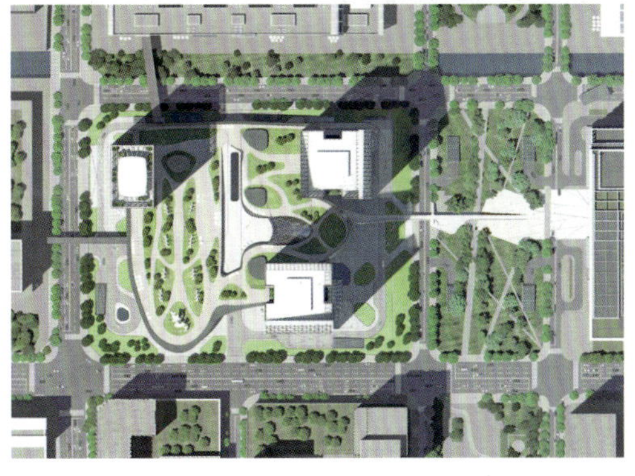

项目是一座融入帆船造型元素的现代化会议展览综合体，是一张强化宁波国际会展之都形象的城市名片，更是一个传承历史文脉、发扬城市精神的文化符号。

设计将白色作为建筑的主色调，让建筑能在不同灰度的高楼背景里显得更有识别性。在满足功能面积需求的前提下，规划设计采用3栋塔楼的形式，一方面，可以使整体空间更为开阔舒适；另一方面，作为裙房的多层会议中心得以凸显。

会议中心的建筑外形由下至上层层外挑，仿佛一艘静待起航的时代巨轮。在白天，光滑的铝制外表皮犹如随风泛起的银色海浪，曲面灵动而流畅；到了夜晚，铝板的间隙之中又透出光线，形成微妙流动的夜景。主塔楼的白色帆型幕墙倾斜向上收于天际，夜幕降临，内嵌的LED灯带点亮建筑，白色曲线化做道道流光，为绚丽迷人的宁波之夜，增添一抹璀璨景色。

范曾美术馆

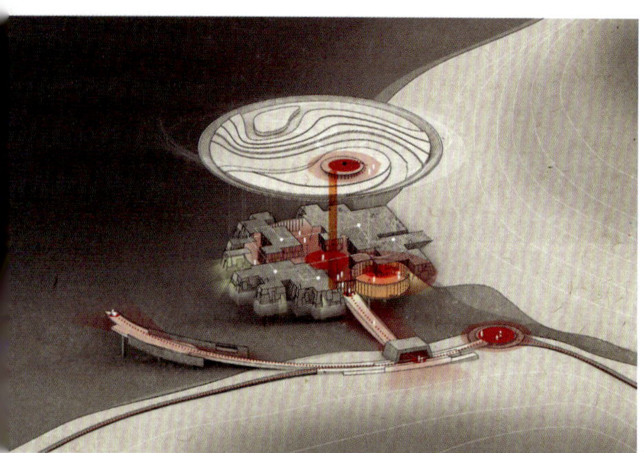

Fanzeng Art Gallery

项目业主：东方元素
建设地点：江苏 南通
建筑功能：文化建筑
用地面积：11 300平方米
建筑面积：8 470平方米
设计时间：2020年
项目状态：方案
设计单位：WVA建筑事务所
主创设计：周厚陶
参与设计：朴炫玫、王瑜、董萧、鄂雅倩、于晨阳、梁爽、王兴文、崔杨

设计植根于范曾先生的绘画理念以及国学思想，建筑以天圆地方及范曾先生山石笔触为设计灵感，以石为基托起宇宙万物。外部形式重视国风建筑语言，内部环境服务于作品本身，保证了观众对作品的欣赏与体验。

项目设计的“圆”顶，水波纹一样的景观形态，点缀了建筑空间“天圆”的主体概念，水景与露台重叠交织。同时山石形态外立面也形成了“地方”的核心建筑形态，更加丰富外立面序列的变化效果。这样的设计也充分体现了范曾先生的绘画特性，营造出具有自然性的生态建筑。

项目场地内的景观留白，可为周边人们提供休憩观景空间，增加了取景的效果，几何化的景观形态增加了建筑亮点。景观设计以廊道休息观景平台为主，与“圆”建筑相呼应，同时，当建筑倒映于水面，形成建筑别具特色的“底座”。

古根海姆博物馆

Guggenheim Museum

项目业主：古根海姆基金会　　建设地点：芬兰 赫尔辛基
建筑功能：文化建筑　　用地面积：24 000平方米
建筑面积：36 000平方米
设计时间：2014年
项目状态：方案
设计单位：WVA建筑事务所
主创设计：周厚陶
参与设计：Cristian Herraiz、Claire Gondon、Valerio Visagli、耿逸飞、鲍磊、陈忱、吕俊芳、马潇男、陈侠初、徐瑞、肖艳君、李林遇

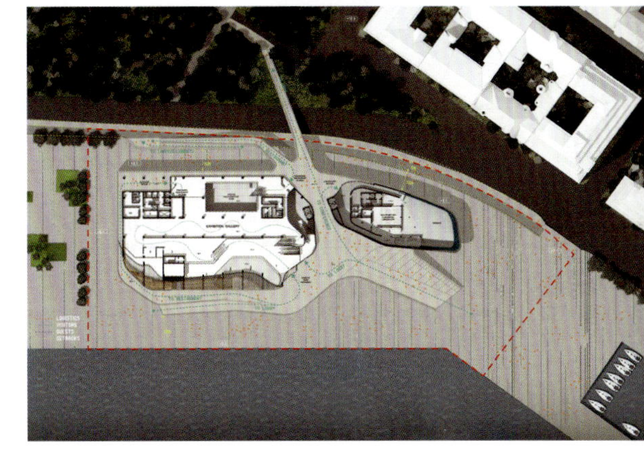

项目位于赫尔辛基南部海港，地理环境优越。设计通过展示海洋与城市、历史与当代、艺术与技术之间的对应关系，以一个独特出众的木质方舟造型赋予了博物馆地域坐标的气质，通过符号化的象征手法与周边环境建立和谐的对话。

有机的木质外壳与动态的具有城市属性的铜质立面形成鲜明的对比，这正是两种与环境相互影响且富有表现力的建筑界面之间关系的生动写照。海洋与城市共同组成了赫尔辛基长久以来的文化背景，“形式必需具备内容，而内容应当与自然呼应。”博物馆如同一座艺术的方舟和富有远见的继承者，承载着当代文化的艺术方舟从今天驶向未来，将这种文脉的继承与延续，就像阿尔瓦·阿尔托所说的那样：“建筑隶属于区域文化，而不仅仅是普世文明进程中的附属品。”

周敏

职务：华蓝设计（集团）有限公司
建筑三院建筑三所总建筑师
职称：高级建筑师
执业资格：国家一级注册建筑师

教育背景
1998年—2003年　湖南大学建筑学学士

工作经历
2007年至今　华蓝设计（集团）有限公司

个人荣誉
广西房屋建筑和市政基础设施工程勘察设计专家

主要设计作品
东盟国际商务园韩国园区
荣获：2011年全国优秀工程勘察设计三等奖
河池市第一人民医院门诊综合楼
荣获：2017年广西优秀工程勘察设计二等奖
广西百色聚丰广场写字楼
荣获：2019年广西优秀工程勘察设计二等奖
南宁市国家档案馆（含南宁市方志馆）
荣获：2019年广西优秀工程勘察设计一等奖
2019年广西优秀工程勘察设计建筑环境与能源应用二等奖
2019年全国优秀工程勘察设计二等奖

罗新烈

职务：华蓝设计（集团）有限公司
建筑三院建筑三所副总建筑师
职称：高级建筑师
执业资格：国家二级注册建筑师

教育背景
1999年—2003年　桂林工学院艺术设计学士

工作经历
2005年至今　华蓝设计（集团）有限公司

主要设计作品
北海冠岭一期
荣获：2013年广西优秀工程勘察设计一等奖
2013年全国优秀工程勘察设计三等奖
广西百色聚丰广场写字楼
荣获：2019年广西优秀工程勘察设计二等奖
南宁市国家档案馆（含南宁市方志馆）
荣获：2019年广西优秀工程勘察设计一等奖
2019年广西优秀工程勘察设计建筑环境与能源应用二等奖
2019年全国优秀工程勘察设计二等奖

梁施斯

职务：华蓝设计（集团）有限公司
建筑三院建筑三所主任建筑师
职称：高级工程师

教育背景
2003年—2008年　河北工程大学建筑学学士

工作经历
2008年至今　华蓝设计（集团）有限公司

个人荣誉
2020年中国勘察设计行业优秀抗疫人物奖
2020年中国医疗建筑设计青年领袖

主要设计作品
广西壮族自治区人民医院凤岭医院（一期）
荣获：2019年全国建筑信息模型(BIM)应用大赛第三名
广西壮族自治区人民医院邕武医院
荣获：2020年全国新冠肺炎应急救治设施设计奖二等奖
2020年全国抗疫建筑优秀设计奖

地址：南宁市兴宁区华东路39号
电话：0771-2412319
传真：0771 2438700
网址：www.gxhl.com
电子邮箱：yhui@gxhl.com

华蓝设计（集团）有限公司（简称：华蓝设计）是广西大型综合性甲级工程设计咨询企业之一。华蓝设计资质齐全，拥有21项设计咨询类资质，其中工程设计资质中的建筑行业（建筑工程）、市政行业（燃气工程、轨道交通工程除外）、市政行业城镇燃气工程、风景园林工程、轻纺行业制糖工程，工程咨询资质中的建筑、市政公用工程以及城乡规划编制均为甲级资质。2011年，华蓝设计开始开展工程总承包管理业务，是勘察设计行业较早探索设计牵头的工程总承包业务的企业之一。华蓝设计是广西第一批“全过程工程咨询试点企业”，近年来，华蓝设计以工程设计业务为基础，向设计主导的工程总承包和全过程工程咨询业务领域拓展，业务涵盖建筑工程、市政公用工程、园林景观、工业工程等领域的工程设计与工程总承包管理服务以及国土空间规划与工程咨询服务。

2018年，华蓝设计被中华全国工商业联合会、人力资源和社会保障部、中华全国总工会评为“全国就业与社会保障先进民营企业”。

东兴市公共卫生应急救治中心

Dongxing Public Health Emergency Treatment Center

项目业主：东兴市人民医院
建设地点：广西 南宁
建筑功能：医疗建筑
用地面积：18 178平方米
建筑面积：13 000平方米
设计时间：2020年
项目状态：建成
设计单位：华蓝设计（集团）有限公司
设计团队：建筑三院建筑三所

项目作为国家重点边境公共卫生应急项目，从方案设计到竣工验收，历时4个半月。项目采用一体化设计模式，团队从项目前期策划、投资控制、方案效果、医疗流程、施工图设计到施工阶段驻场设计都全程参与，呈现的效果令各方都很满意。

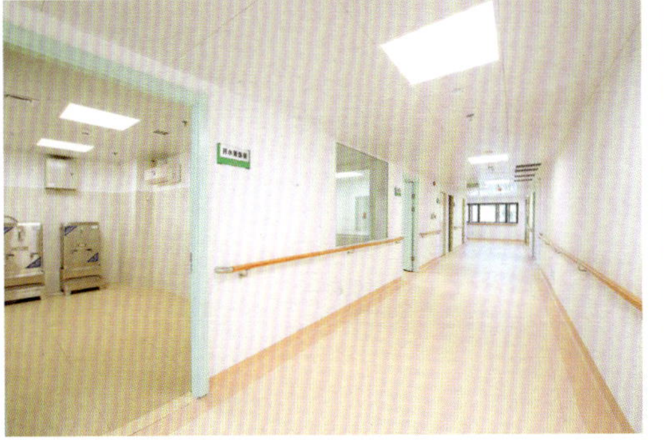

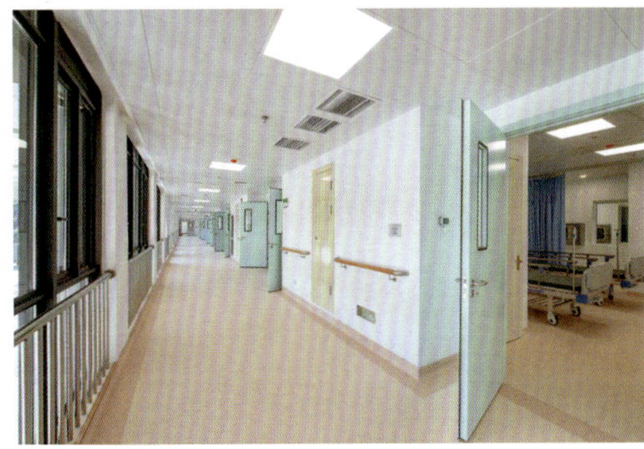

南宁市国家档案馆（含南宁市方志馆）

Nanning National Archives (Including Nanning Local Chronicles Hall)

建设地点：广西 南宁
建筑功能：文化建筑
用地面积：33 333平方米
建筑面积：33 296平方米
设计时间：2013年—2014年
项目状态：建成
设计单位：华蓝设计（集团）有限公司
设计团队：建筑三院建筑三所

“金滕之匮，石室藏之”——石室金匮为中国历史上皇家档案收藏的经典形制。这一历史悠久而富丽堂皇的建筑形态，在这次设计中得到延续。建筑风格延续了中国及地方传统文化元素，建筑根据使用功能的不同分“外盒”和“内核”两部分，浅灰色“外盒”由对外服务区、内部技术用房区、库房区等组成。

设计采用我国传统建筑中的基本元素营造出“石室”体量。玻璃体的“内核”则为中庭、花园等公共空间，采用玻璃材质和抽象广西传统建筑的手法，表现内在的“金匮”。“外盒”和“内核”两者穿插重构为一个有机整体，营造端庄稳重而不失灵气的历史文化氛围。同时，预留了二期发展用地，二期建设后可与已建档案馆有效衔接，两者结合成为一个庭院式的整体，充分保持群体外观形象的统一性和严谨性。

广西壮族自治区人民医院邕武医院

Yongwu Hospital of Guangxi Zhuang Autonomous Region People's Hospital

项目业主：广西壮族自治区人民医院
建设地点：广西 南宁
建筑功能：医疗建筑
用地面积：8 800平方米
建筑面积：12 000平方米
设计时间：2020年
项目状态：建成
设计单位：华蓝设计（集团）有限公司
设计团队：建筑三院建筑三所

项目为改扩建工程，位于南宁市高新区邕武路，是一所集医疗、预防、保健、康复为一体，并具备教学、科研功能的国家三级综合医院。它是广西壮族自治区内第一栋且规模最大的全负压隔离病房楼。

建筑采用“平战结合”设计理念，既满足“战时”疫情防控使用要求，也兼顾“平时”使用要求，并针对不同传染病设计不同病人、医务流线。项目采取一体化的设计模式，团队从项目前期策划、投资控制、方案效果、医疗流程、施工图设计到施工阶段驻场设计都全程参与，设计效果得到业主的认可，媒体报导后引发广泛关注。

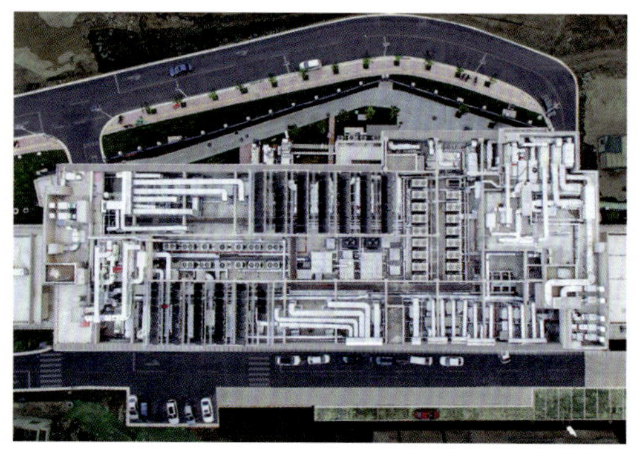

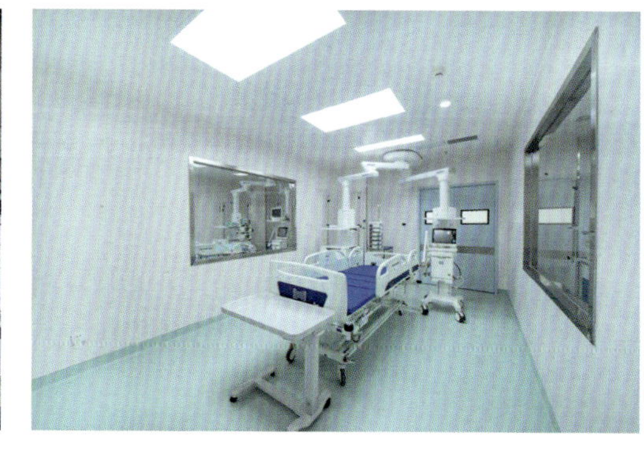

南宁市轨道交通运营控制中心综合调度指挥大楼

Nanning Rail Transit Operation Control Center Comprehensive Dispatch And Command Building

项目业主：南宁轨道交通有限责任公司
建设地点：广西 南宁
建筑功能：公共建筑
用地面积：136 231平方米
建筑面积：123 000平方米
设计时间：2011年—2015年
项目状态：建成
设计单位：华蓝设计（集团）有限公司
设计团队：建筑三院建筑三所
获奖情况：2019年广西优秀工程勘察设计二等奖

项目承担着南宁市未来20年10条线网的运营管理，是轨道交通的技术核心、管理枢纽和应急处理指挥中心。同时，还兼有为市民提供轨道交通运营情况、普及轨道交通知识展示平台的功能。

建筑综合性强，功能复杂，接口多。项目采用了国内先进的工艺设计思路，线网机房布局为同层上下左右分别对称的四个区域，每个区域实现一条线路的系统机房需求，形成由电源室、网管室和设备室三种机房的组合单元，配件设施标准化、统一化；系统线路通过竖井垂直接入，各个模块区可分期、分区独立建设管理。

建筑立面采用现代主义设计手法，立面特征突出轨道“线”元素，铝合金板与条形镀膜窗结合统一为一个整体，用灵动的线条贯穿整个建筑，有效地体现了地铁项目工程的标识性。

周红雷

职务：江苏省建筑设计研究院股份有限公司副总建筑师
职称：研究员级高级建筑师
执业资格：国家一级注册建筑师

教育背景
1987年—1991年　苏州城建环保学院建筑学学士

工作经历
1991年至今　江苏省建筑设计研究院股份有限公司

个人荣誉
1997年中国建筑学会青年建筑师奖
2008年江苏省优秀青年建筑师称号
2017年江苏省优秀勘察设计师称号

主要设计作品
泰州医药城教育教学区图书馆
荣获：2015年全国民营优秀工程设计华彩奖金奖
　　　2016年江苏省优秀工程勘察设计二等奖
　　　2017年全国优秀工程勘察设计一等奖
南京博物院二期工程
荣获：2017年全国优秀工程勘察设计一等奖
南京医科大学新基础医学教学楼
荣获：2017年全国优秀工程勘察设计一等奖
　　　2018年江苏省优秀工程勘察设计一等奖

蔡蕾

职务：江苏省建筑设计研究院股份有限公司副总建筑师
职称：高级建筑师
执业资格：国家一级注册建筑师

教育背景
1996年—2001年　西安建筑科技大学建筑学学士
2001年—2004年　西安建筑科技大学城市规划硕士

工作经历
2004年—2006年　上海现代建筑设计集团有限公司
2007年至今　江苏省建筑设计研究院股份有限公司

主要设计作品
华泰证券广场
荣获：2015年全国优秀工程勘察设计一等奖
泰州医药城教育教学区图书馆
荣获：2015年全国民营优秀工程设计华彩奖金奖
　　　2016年江苏省优秀工程勘察设计二等奖
　　　2017年全国优秀工程勘察设计一等奖
骋望骊都华庭
荣获：2017年全国优秀住宅与住宅小区一等奖
麒麟人工智能产业园首期启动区A区
荣获：2019年南京市优秀工程勘察设计一等奖

池程

职务：江苏省建筑设计研究院股份有限公司副总建筑师
职称：高级建筑师

教育背景
1992年—1996年　苏州城建环保学院建筑学学士

工作经历
1996年至今　江苏省建筑设计研究院股份有限公司

主要设计作品
淮安苏宁电器广场
荣获：2017年全国优秀工程勘察设计三等奖
汕头苏宁电器广场
荣获：2018年江苏省优秀工程勘察设计二等奖
仙林金鹰购物中心
荣获：2019年江苏省优秀工程勘察设计三等奖

地址：南京市建邺区创意路86号
电话：025-86383109
传真：025-86383109
网址：www.jsarchi.com
电子邮箱：JSAD@jsarchi.com

江苏省建筑设计研究院股份有限公司（简称JSAD）是江苏省建筑设计研究院改制企业，具有国家建筑行业（建筑工程、人防工程）甲级、城乡规划编制甲级、风景园林工程甲级、工程监理（房屋建筑）甲级、市政行业乙级、工程造价咨询乙级等资质，2013年被评定为“高新技术企业”，2015年被授予江苏省“重点企业研发机构”称号。

公司现有职工1 000余人，各类高级以上职称技术人员和各类注册人员近400人，承接各类民用及工业建筑设计、人防工程设计、市政工程、城乡规划编制、项目可行性研究、技术咨询、工程项目管理、风景园林、建筑装饰装修、建筑幕墙、送变电、光环境等专项设计业务以及建筑工程总承包、建筑工程监理业务。公司在上海、陕西、山东、安徽、海南、新疆等地设有分公司。公司为江苏省建筑工程总承包、全过程咨询首批试点单位，2019年江苏省建筑产业化示范基地（科研设计类）顺利通过验收，并被建设部评为“国家装配式建筑产业基地”。

公司坚持“精心设计、科学管理、优质服务、持续改进”的质量方针，秉承“质量第一、顾客至上、服务社会、互利共赢”的经营理念，服务客户、回报社会。

南京医科大学新基础医学教学楼

New Basic Medicine Teaching Building of Nanjing Medical University

项目业主：南京医科大学
建设地点：江苏 南京
建筑功能：教学、科研、办公建筑
用地面积：44 600平方米
建筑面积：103 000 平方米
设计时间：2010年—2012年
项目状态：建成
设计单位：江苏省建筑设计研究院股份有限公司
主创设计：周红雷、章景云、陈运、蔡蕾、江文婷、雍远

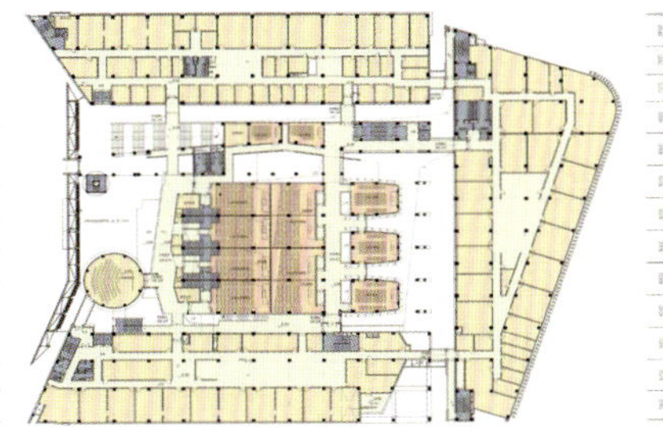

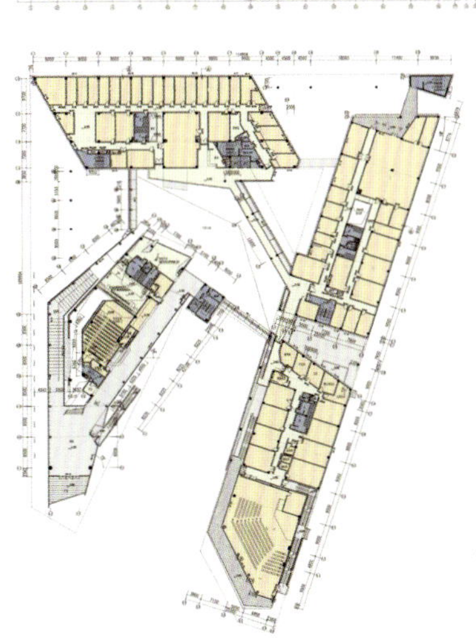

南京医科大学新基础医学教学楼打破常规教育建筑的布局模式，自然地融入环境。既充分利用南侧面向校园中心景观区的人工湖，使景观与建筑充分呼应，又通过合理布局，强化用地西侧校园主轴线的视觉通廊，使校园空间更具层次感。

建筑整合多组团教学空间，将3栋多功能的教学单元功能围合成中庭，主要交通空间通过中庭连接校园主轴线，形成校园空间到教学公共空间，再到教学使用空间的合理过渡。行政办公楼的布局延续围合统一的设计理念，建筑中庭向校园轴线及南侧湖面打开，提升室内公共空间在视觉上的开放性。建筑在临湖一侧，通过大跨度的悬挑处理，使新基础医学教学楼与科研楼成为校园景观的重要标志。

泰州医药城教育教学区图书馆

Taizhou Medical City Education and Teaching District Library

项目业主：泰州华诚医药教育投资有限公司
建筑功能：文化建筑
建筑面积：33 000平方米
项目状态：建成
设计单位：江苏省建筑设计研究院股份有限公司
主创设计：周红雷、颜军、蔡蕾、章景云、顾苒

建设地点：江苏 泰州
用地面积：20 656 平方米
设计时间：2011年—2012年

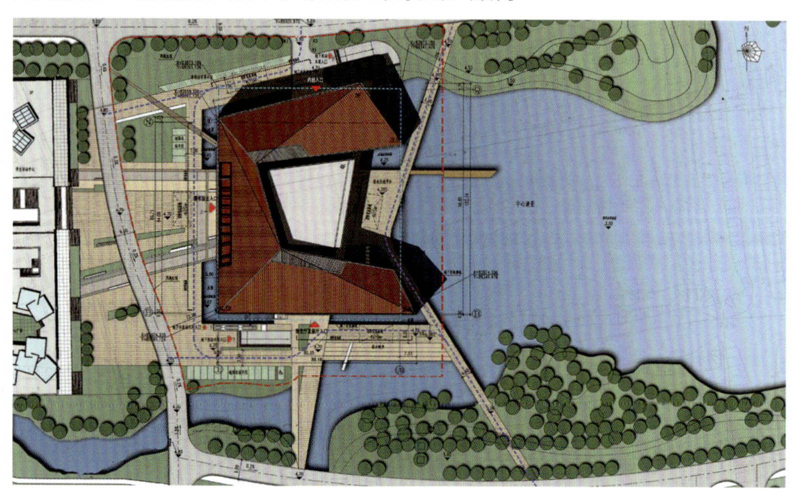

泰州医药城教育教学区图书馆位于泰州国家医药高新技术产业开发区，设计如“滨水而生，混沌正开；虽为人作，宛若天成；如璞玉静卧池畔，似智慧滋润懵懂”。既利用东侧面向中心景观区的人工湖，使景观特征得以充分展现；又通过建筑一层架空层形成视觉通廊，连接东面水体和西面的学生活动中心，使校园空间更具层次感。

设计通过现代建筑科技，采用全智能办公、控制系统。在造型上将环保理念与立面设计、功能使用相结合，南北开架阅览室设宽大通透面，东西则通过密排大进深竖向百叶遮挡过多的日照，创造技术与情感、节能与艺术相融合的现代化人性空间。

漳州市荔海文化园 Zhangzhou Lihai Cultural Park

仁山书院

水榭

精舍院落

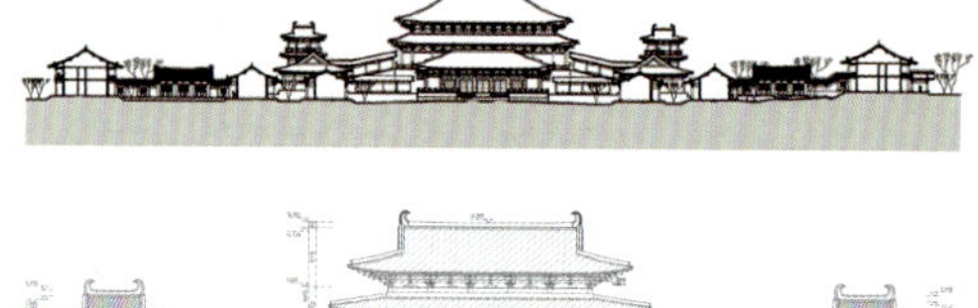

仪门

圆山精舍

星云大讲堂

项目业主：漳州九龙江圆山投资有限公司
建筑功能：文化研究、展示交流
建筑面积：32 500平方米
项目状态：停建
合作单位：河海大学设计研究院有限公司
主创设计：周红雷、王宁、蔡蕾、江文婷、万文霞、颜军、蒋志娟
建设地点：福建 漳州
用地面积：188 000 平方米
设计时间：2015年—2016年
设计单位：江苏省建筑设计研究院股份有限公司

荔海文化园项目旨在打造一个包括研究、修习、体验闽台文化和海峡两岸青少年文化创意及展示交流中华优秀传统文化的高端平台，塑造净化心灵、启迪智慧、陶冶性情的文化园区。主体建筑采用唐风，整体风格典雅大气，将中华传统文化、禅诗意境与生态山水融合于其间。设计将荔海公园山明水秀的生态环境融入禅意文化，体现清雅禅静之意，给人涤尘静思、山居之乐。

项目规划为"一轴、两心、五区"。

两心：文化广场、静心文化园。

五区：文化体验区、文化研究展示区、文化交流区、茶文化研修体验区、禅文化研习区。

一轴：文化园空间轴，从文化广场到静心文化园、文化体验区、文化研究展示区、文化交流区、茶文化研修体验区、禅文化研习区。

项目结合文化、空间、环境三要素，将传统文化融入城市实体空间，赋予并重塑城市特定区域的空间文化价值，带动城市片区的整体发展。

核心院落及中轴线上主要建筑采取唐式建筑风格，其建筑形制的要素包括屋顶形式、斗栱形式、用材尺寸，均依建筑单体在建筑群中的位置而确定等级和类别。

现存唐代木构建筑实例及绘画资料绝大多数在北方，其主要材料一般包括夯土墙体、木结构、陶瓦及绿色琉璃瓦（琉璃在唐代一般用于屋脊）。外部色彩以丹粉赤白为主，细部点缀青绿。本案考虑南北气候及审美观的差异，在唐代建筑实例的基础上，对材料和色彩进行调整，台基、墙下碱及栏杆交替采用浅灰及深灰色石材，屋顶采用青色筒瓦及浅灰色屋脊，主体木结构及薄墙板采用仿木质深棕色油饰，厚墙体用灰白色涂料粉刷。

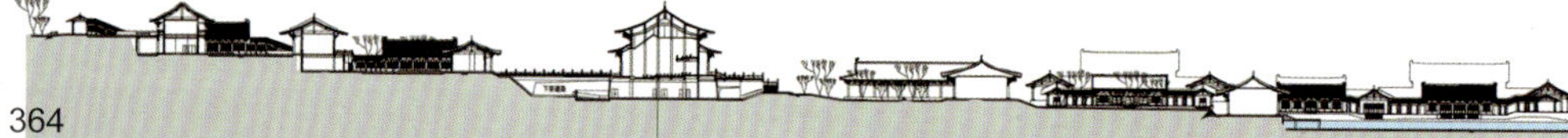

淮安苏宁电器广场

Suning Electric Plaza, Huai'an

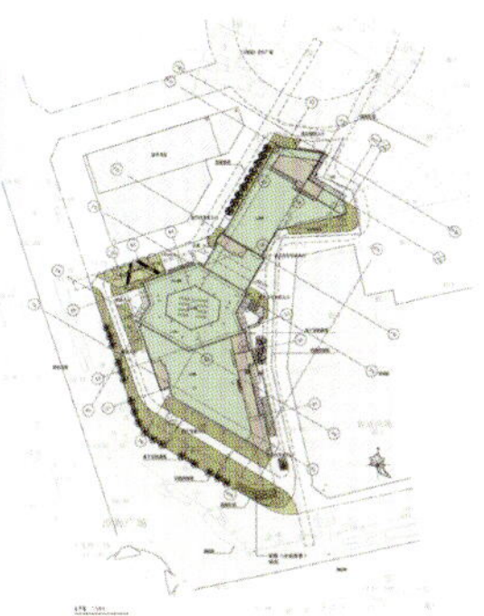

项目业主：淮安苏宁置业有限公司
建设地点：江苏 淮安
建筑功能：办公、公寓、商业建筑
用地面积：8 906平方米
建筑面积：87 819平方米
设计时间：2010年
项目状态：建成
设计单位：江苏省建筑设计研究院股份有限公司
主创设计：徐延峰、池程

淮安苏宁电器广场位于淮安市中心的淮海广场北侧，东邻新亚商城，南接淮海东路，西靠淮海北路，北为淮安书城商务大厦。项目周边交通发达，商业价值高，是一个集购物、休闲、娱乐、餐饮、办公、酒店式公寓于一体的高品质综合性建筑。项目地处繁华的商业中心，用地面积狭窄，容积率高，地下共3层，地上由41层主楼和6层高层商业组成，建筑高度为147.8米。建筑主楼形体挺拔，造型设计独特，主楼各个角部由横向的金属片与倾斜的玻璃共同形成特殊的效果，现代设计与传统美学完美融合，散发出强烈标志性的建筑美感。

仙林金鹰购物中心

Jinying Shopping Center, Xianlin

项目业主：金鹰国际房地产集团
建设地点：江苏 南京
建筑功能：商业建筑
用地面积：58 539平方米
建筑面积：167 726平方米
设计时间：2016年
项目状态：建成
设计单位：江苏省建筑设计研究院股份有限公司
设计团队：池程、江敏、周舟

仙林金鹰购物中心位于南京市仙林大学城，在学津路以东、杉湖西路以北，东北面临自然湖体。地上建筑为4层商业，地下2层为商业及停车场。该项目是一个以商业为主，购物与度假、游乐相结合的一站式家庭化全生活中心。建筑层层退台与周边的公共广场、景观湖面、大型绿地共同创造出优美的商业休闲景观，给市民提供了一个花园空间和聚会场所，为仙林地区塑造了更美的城市轮廓线。